JN277468

臨床環境学

渡邊誠一郎
中塚　武　編
王　智弘

名古屋大学出版会

はじめに

　地球環境問題が人類社会の持続可能性を脅かしている．人類の活動は，地球温暖化などの気候変化，海洋酸性化，生態系破壊と生物多様性の減少などの問題を全地球規模で引き起こしている．まさに未曾有の事態といえよう．しかし，歴史を遡れば，太古の昔から人間の営みは周囲の環境に影響を与え，広い意味での環境問題を繰り返し引き起こし，時に大量死や文明衰亡の引き金にすらなったことがわかる．人類史の底流には，その時々の環境問題を解決しようとの真摯な取り組みの結果として，新たな環境問題を惹起してしまうという皮肉な連鎖が見受けられる．根源的には生命の宿命ともいえるこの連鎖を人類がようやく自覚し始めた現在，その眼前には空前の規模の環境問題が厳然として立ちはだかってしまっている．私たちはどうしたらよいのか．

　それに答えを与えようとするのが，私たちが提案する「臨床環境学」である．医学から借りた「臨床」という語を，環境問題という「病」の現場におもむく意味に拡張したもので，さまざまな分野の研究者や学生が現場に入り，行政，市民団体，企業，NPOなどの学術分野以外の人々とも協力して，問題の「診断」を行うとともに，その「治療」に取り組む学問であるとまとめられよう．従来の環境問題への取り組みにみられた，診断と治療の分断，研究者と地域社会の人々との乖離，ローカルな活動とグローバルな取り組みの連携の欠如などの問題点を乗り越え，上述の「環境問題発生の連鎖」を絶えず意識して解決策を模索することをめざすものである．

　臨床の現場を越えて，多くの事例をより広い時空間的な枠組みの中に位置づけ直すことにより，臨床環境学を下支えする学問を，私たちは新たに「基礎環境学」と名づける．臨床医学を支える基礎医学からのアナロジーである．基礎環境学は，臨床環境学がともすれば陥る視野狭窄や地域的閉塞性を克服し，環境問題の歴史的背景や空間的連関，階層的な構造などを明らかにすることで，無数の臨床の現場に共通の基盤をもたらすことを目的とする．基礎環境学に支えられた臨床環境学こそ，私たちが直面する問題に立ち向かうために必要な新しい環境学の姿だと主張したい．

本書は臨床環境学に関する初めての教科書である．「臨床」という新たなアプローチが必要とされる背景から説き起こし，理論的側面を課題とともに解説した上で，日本・中国・ラオスで私たちが行った実践例を紹介する．また，臨床を支える基礎環境学についても，その枠組みと実際の試みを記述する．本書は教科書とはいうものの，必ずしも学生だけを対象とはしていない．「臨床」の現場におもむく研究者はもちろんのこと，行政担当者や市民団体など，学術分野以外の方々にも手に取っていただけるように意図したものである．

　臨床環境学は産声をあげたばかりの学問である．本書の記述は，まだ体系的と呼ぶには粗削りなところもあり，紹介される実践事例は，理念に追いついていないと判断される読者も少なからずおられよう．しかし，臨床環境学を発展させていかねばならないという思いは強く，現段階で記述できる精一杯のものを示すことで，読者の方々から忌憚のないご意見やご批判をいただくために，本書を上梓した．

　最後となったが，本書の出版には，執筆者以外にも多くの方々のご協力を賜り，とりわけ名古屋大学出版会の神舘健司さんには，原稿の精読を重ねてもらい，編集面で多大な貢献をいただいた．この場を借りて皆様に深くお礼を申し上げたい．

2014 年 8 月

編者一同

目　次

はじめに　i

第 I 部　環境学とは何か

第 1 章　地球学から環境学へ …………………………… 2
- 1.1　地球学から見た環境問題　2
- 1.2　現代の環境学の課題　10
- 1.3　環境学における地球学の役割　15
- 1.4　学問世界を超える環境学　18

第 2 章　環境問題から見た人類史 …………………………… 21
- 2.1　産業革命以前の環境問題　22
  - 2.1.1　人類の世界への拡散　22
  - 2.1.2　人類の拡散に伴う大型草食動物の絶滅　23
  - 2.1.3　農業と文明の勃興　25
  - 2.1.4　農業に伴う環境問題（1）——塩害　26
  - 2.1.5　農業に伴う環境問題（2）——植生伐採と土壌流失　27
- 2.2　産業革命以降のローカルな環境問題　32
  - 2.2.1　産業革命とその影響　32
  - 2.2.2　スモッグ公害　34
  - 2.2.3　光化学スモッグ公害　34
  - 2.2.4　酸性雨　35
  - 2.2.5　重金属・有機塩素化合物による汚染と生物濃縮　36
  - 2.2.6　窒素循環の変化と富栄養化　37
- 2.3　20 世紀中盤以降のグローバルな環境問題　39
  - 2.3.1　人口爆発と人間活動の拡大　39
  - 2.3.2　森林破壊　41
  - 2.3.3　オゾン層の破壊　43

2.3.4　海洋酸性化　44
　　2.3.5　絶滅と生物多様性の低下　44
　　2.3.6　人間活動による気候変化　47
　　2.3.7　人類世（人新世）の到来　51
2.4　人類史的俯瞰——環境問題発生の連鎖構造　54
　　2.4.1　繰り返される環境問題　54
　　2.4.2　問題の解決が新たな問題を生む連鎖構造　56
　　2.4.3　生命型システムに共通のメカニズム——技術・制度・遺伝子　58
　　2.4.4　導かれる教訓——先を予測する想像力の重要性　59

第3章　環境問題へのこれまでのアプローチ　62
3.1　近代科学の限界——環境問題はなぜ解決しないか　63
　　3.1.1　2つの環境問題——公害問題と地球環境問題　63
　　3.1.2　近代科学と環境問題　64
　　3.1.3　近代科学の黎明——危機の中からの科学革命　66
　　3.1.4　19世紀の近代科学——資本主義体制とディシプリンの成立　68
　　3.1.5　20世紀の近代科学——戦争と地球環境問題　71
　　3.1.6　これからの科学——持続可能な地球社会をめざして　73
3.2　戦後日本の環境行政　75
　　3.2.1　環境行政の永遠の課題——科学化・総合化・民主化　75
　　3.2.2　戦後復興と資源行政の実験　76
　　3.2.3　高度成長と公害行政の失敗　78
　　3.2.4　環境行政の確立と停滞　80
　　3.2.5　持続可能な開発と環境問題のグローバル化　82
　　3.2.6　あるべき環境行政に向けて　83
3.3　環境問題をめぐる住民運動　86
　　3.3.1　環境保全と住民運動　86
　　3.3.2　足尾銅山鉱毒事件——近代化と環境問題　88
　　3.3.3　沼津コンビナート反対運動——高度成長と環境問題　90
　　3.3.4　漁業者の植林運動——ポスト高度成長期の環境問題　92
　　3.3.5　住民運動の経験から学ぶ　95
　コラム1　東洋医学へのアナロジーで環境学を考える　99

第Ⅱ部　臨床環境学の構築

第4章　臨床環境学の提唱と課題　102

4.1　臨床の現場での新しい環境学——診断と治療の統合　103
- 4.1.1　臨床専門医を必要とする今日の環境問題　103
- 4.1.2　臨床の現場を担ってきた「治療」の専門家　105
- 4.1.3　「診断」の専門家はどこで何をしているのか　106
- 4.1.4　よりよき臨床対応を実現するために
  ——診断と治療のインターディシプリナリな協力　107
- 4.1.5　歴史の教訓に学ぶ——診断と治療の相互作用の重要性　108

**4.2　学問の垣根を越えて
　　　——インターディシプリナリからトランスディシプリナリへ　110**
- 4.2.1　インターディシプリナリな研究者像　110
- 4.2.2　インターディシプリナリな研究の壁と可能性　112
- 4.2.3　インターディシプリナリからトランスディシプリナリへ　115
- 4.2.4　市民に知は欠落しているのか，充足しているのか　116
- 4.2.5　トランスディシプリナリな研究への市民参加　119
- 4.2.6　トランスディシプリナリな大学の創造　121

4.3　臨床環境学の方法　124
- 4.3.1　地域づくりのプロセス
  ——「作業仮説ころがし」とドライビング・アクター　124
- 4.3.2　地域の診断と問題マップづくり　127
- 4.3.3　地域のデザイン　129
- 4.3.4　実践とその評価——「地域づくりは人づくり」　129
- 4.3.5　研究者の立ち位置　130
- 4.3.6　国際化する上での課題　132

4.4　実践に必要な人材の育成——櫛田川流域における研修から　136
- 4.4.1　人材育成のための臨床環境学研修　136
- 4.4.2　研修の実践　138
- 4.4.3　人材育成の効果　141
- 4.4.4　地域社会へ／からの還元　143

vi　目　次

第5章　臨床環境学の実践と展望 …………………………………… 145

5.1　森と街の再生をめざす臨床環境学——都市の木質化を通じた連携構築　146
- 5.1.1　森林と都市の関係についての診断　147
- 5.1.2　森林と都市の関係についての処方箋　152
- 5.1.3　森林と都市の関係についての治療　153
- 5.1.4　臨床環境学的アプローチとしての都市の木質化プロジェクト　164

5.2　櫛田川流域における臨床環境学　168
- 5.2.1　地域社会の縮図としての櫛田川流域　168
- 5.2.2　森林におけるシカ問題　170
- 5.2.3　シカ問題の診断と処方箋　171
- 5.2.4　地域資源を活かす治療法　175

5.3　中国の都市化についての臨床環境学　180
- 5.3.1　発展する中国社会のマクロな診断　180
- 5.3.2　ミクロな診断と処方箋　183
- 5.3.3　マクロな処方箋——市民参加による管理された成長　193

5.4　ラオスの森林をめぐる臨床環境学　197
- 5.4.1　ラオスの発展と天然資源　197
- 5.4.2　森林問題をめぐる背景　198
- 5.4.3　3つの地域における臨床環境学　199
- 5.4.4　森林を診る視点　211
- 5.4.5　森林問題への処方箋　214

5.5　診断と治療の無限螺旋としての臨床環境学　218

コラム2　臨床環境学実践の経験から見えてきたこと　222

第Ⅲ部　臨床環境学を支える基礎環境学

第6章　基礎環境学の提唱と課題 …………………………………… 224

6.1　新しい基礎環境学の必要性　225
- 6.1.1　新しい基礎環境学——従来の認識からの決別　225
- 6.1.2　臨床を支える共通の基盤——臨床環境学と基礎環境学　226
- 6.1.3　臨床の現場を越えて——多様な空間・時間スケールへの認識　227
- 6.1.4　臨床の現場から抽出される共通の課題　227
- 6.1.5　基礎環境学の構築をめざして——階層性と歴史性　228

6.2　環境問題の時間的構造——共通する発生・拡大のメカニズム　230
6.2.1　気候と歴史の関係——数十年周期変動への脆弱性　230
6.2.2　「過適応」——通底するメカニズム　234
6.2.3　なぜ「過適応」は起きるのか　235
6.2.4　長期的持続性と短期的適応性の両立可能性　238
6.3　環境問題の空間的構造　241
6.3.1　地球環境問題への国際的取り組み　241
6.3.2　地球環境問題の水平統合と垂直統合　242
6.3.3　異なるスケールと課題の連結　248
6.4　空間軸と時間軸の統合による問題解決へ　250
6.4.1　負のスパイラル　250
6.4.2　負のスパイラルから正のスパイラルへ　251
6.4.3　統合的時空間計画とマネジメント——開発と保全のバランス　252
6.4.4　地理情報の重ね合わせ——景観生態学などの展開　255
6.4.5　空間計画に対する時間軸の統合　256

第7章　基礎環境学の実践と展望　258
7.1　窒素循環の歴史的展開——化学肥料がもたらした環境問題　259
7.1.1　化学肥料の導入以前の窒素循環　259
7.1.2　化学肥料の導入による窒素循環の変化　262
7.1.3　アジアモンスーン地域における窒素循環——その歴史的変遷　264
7.1.4　持続可能な窒素循環に向けて　270
7.2　食料生産・消費構造のグローバル化　276
7.2.1　「緑の革命」による近代農業の普及　276
7.2.2　グローバル市場での商品となった余剰食糧　279
7.2.3　現在の食料システムがもたらした利点　279
7.2.4　現在の食料システムがもたらした問題　281
7.2.5　今後の食料生産　283
7.2.6　グローバル社会の中での食糧政策　288
7.3　ローカルな伝統知と科学知の融合
　　　——近代的な食料生産技術の受容と乖離　292
7.3.1　科学知および伝統知の特徴　293
7.3.2　科学知と伝統知を融合するこれまでの試み　295
7.3.3　交錯する科学知と伝統知　297

7.3.4　科学知と伝統知の融合に向けて　302
　　コラム3　比較優位の原理と，経済のグローバル化の背景　306

終章　新しい環境学をめざして ……………………………………… 309
　　終.1　環境問題の解決に貢献する学問とは　309
　　終.2　臨床環境学の6つのキーワード　310
　　終.3　基礎と臨床の連携による問題解決をめざして　312

あとがき　313
索　引　315

第Ⅰ部

環境学とは何か

第1章 地球学から環境学へ

1.1 地球学から見た環境問題

(a) 地球と生命の共進化

　約46億年前，銀河系の一角のガスと塵の塊（分子雲コア）の収縮によって太陽系が形成され，塵の集合で生じた無数の微惑星の合体によって地球などの惑星が生まれた．高温状態で形成された地球は，微惑星の集積の終了とともに冷却し，表層に海洋を湛える水の惑星となった．地球内部（中心からコア，マントル，地殻の層構造を成す）の活動は表層環境を強く支配した．コアの液体の鉄の運動は地磁気を生み出し，マントルの対流運動は地殻とマントル最上部から成るプレートを動かし，地殻活動を誘起し，水を含むマグマから軽い大陸地殻を生じさせ，数十億年をかけて大陸面積を増大させるといった変化を駆動した．

　40億年前頃までには，海洋中で生命が誕生したと考えられている．25億年前までには太陽放射エネルギーで水（H_2O）を分解し，有機物の化学エネルギーと還元力（電子を供与する力）を生み出し，酸素（O_2）を発生させるタイプの光合成（H_2O酸化型光合成）を行うシアノバクテリアが生まれ，海洋や大気の組成を大きく変化させていった．海洋でのO_2の蓄積により，酸素呼吸を担う細胞内器官ミトコンドリアを持つ真核生物が登場して，5.5億年前の多細胞動物の爆発的な多様化につながるとともに，大気上部にはオゾン層が形成され，太陽からの有害な紫外線を遮蔽して，生物の陸上進出を可能にした．火山活動や隕石落下などによる環境変動は生物の大絶滅などを引き起こしたが，生命はそれを乗り越え，時に大気組成や表層環境を能動的に変化させ，多様性を拡大してきた．これを**地球と生命の共進化**という．

　種としての**ヒト**（*Homo sapiens*）は数十万年前のアフリカで誕生し，8-10万年

前にアラビア半島を経由して世界中に広がっていったことが，世界中のヒトのDNA の分析から明らかになっている（ネアンデルタール人などとの混血も確認されているが割合は少ない）．約 1 万年前には農耕牧畜を開始し，文明を築き，科学・技術を発展させ，18 世紀後半には西欧で産業革命に突入した．人類活動はローカルにはさまざまな環境問題を引き起こしてきたが，20 世紀後半になると人類活動の影響は全地球規模でも顕著になり，地球環境問題が強く意識されるようになった．

　大気・海洋・地殻上部・氷床などの地球表層とそれを覆う生態系・土壌，さらに人類社会までを一体のものとして扱い，それらが太陽放射のもとで繰り広げるダイナミックな活動も含めて**地球生命圏**と呼ぶ（渡辺他 2008）．しかし，上述の地球史の全景を見渡す時，マントルやコアの活動も表層環境に大きな影響を与えてきたことがわかり，こうした地球史的タイムスケールでは生命を含む地球全体を地球生命圏と呼ぶべきだと気づく．1995 年以降，太陽以外の多くの星の周囲に惑星が発見されており，宇宙において惑星系は普遍的な存在であることがわかってきた．こうした**系外惑星**の中には**ハビタブルゾーン**——中心にある星からの距離（軌道半径）がちょうど惑星上に液体の水（海洋）を保持するのに適当な範囲——にあるものが次々と発見されている．つまり，惑星と生命が共進化する惑星生命圏は宇宙に数多く存在することが期待される．惑星と生命が共進化して人間という存在や科学という営みを生み出すに至った過程を明らかにし，地球の歴史を構築する学問が**地球学**である．

(b) 地球環境問題

　地球環境問題の本質は，化石燃料である石油や石炭など再生不能な資源に依存した人類活動の急激な肥大化が，オゾン層の破壊や大気中の二酸化炭素（CO_2）濃度上昇による地球温暖化など全地球規模に影響を及ぼすとともに，将来の資源枯渇を加速することから，人類社会の安定的な持続を脅かしていることにあると捉えられている．いわゆる**地球温暖化**について，IPCC[1]の第 5 次評価報告書では「気候温暖化は明白であり，1950 年代以来観測された多くの変化はここ数十年か

---

1) **気候変動に関する政府間パネル**（Intergovernmental Panel on Climate Change）：気候変化に関する研究の集積と整理のための国際的な専門家による政府間機構．

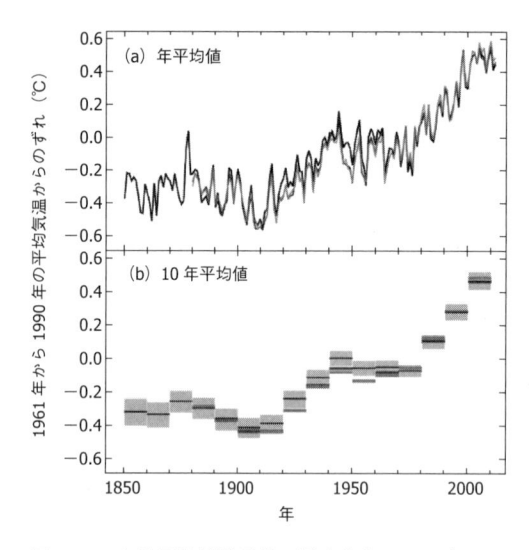

図1.1.1 全球平均気温偏差の経時変化．1961年から1990年の平均気温からのずれを (a) 年平均値と (b) 10年平均値について示した（IPCC 2014）

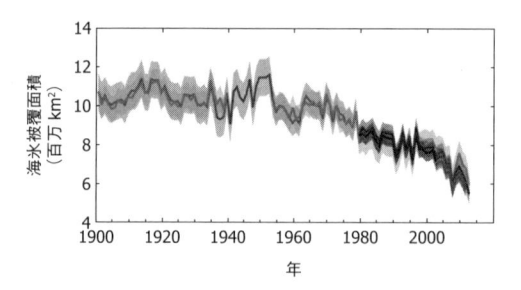

図1.1.2 北極の夏の海氷被覆面積の経時変化（IPCC 2014）

ら数千年にわたって経験されたことの無いものである．大気と海洋は温暖化し，氷雪の量は減少し，海水準と大気中の温室効果ガス濃度は上昇してきた」と結論づけている（IPCC 2014）．1980年からの30年間で，海陸あわせた地表の平均気温（全球平均気温）は約 0.5℃上昇し（図1.1.1），この30年間は少なくとも北半球においては過去1400年間で最も温暖な時期であった．また，グリーンランド氷床や世界の山岳氷河は減少し，北極圏の夏季の海氷面積はこの30年間で2/3となっている（図1.1.2）．氷床・氷河の融解は海水の熱膨張とともに海水準の上昇につながり，その上昇量は1993-2010年の間の平均で3.2mm/年に達している．「宇宙船地球号」の中で人類社会の寄与が無視できない大きさとなり，気候変化や生態系の変質，大気・水・土壌などの汚染を引き起こしている．このことが人類の価値観，すなわち地球における人類社会のあるべき存在様式の描像に大きな変更をもたらしつつある．

現在の地球環境問題を考える時，45億年超の地球史を持ち出すことは「牛刀をもって鶏肉を割く」のきらいありと言われるかもしれない．しかし，その消費が地球温暖化をもたらしている化石燃料は長年の生命活動の産物が地下に蓄積・熟成されて形成されたものであること，あるいはさまざまな要因による気候変動

とそれに対する生命圏の応答の実例が記録されていることなどを思い起こせば，地球史こそ，私たちが学ばねばならない多くの情報の源泉に違いないことに思い至る．タイムスケールがまったく違うからこそ，短く見積もっても数億年以上かけて蓄積された化石燃料を数百年で消費し尽くしそうな（生涯の貯財をわずか10分間ほどで蕩尽することに換算される）人類活動の勢いは，まさに地球史的な大事件と実感される．

(c) 人類活動の地球へのインパクト

人類の活動は地球全体のエネルギー循環や物質循環にもはや無視できないインパクトを与えている．以下ではそのことを定量的に見ていこう．

地球生命圏は，太陽放射（外部エネルギー源）と地熱（地球内部熱源）によって駆動されている．エネルギーフラックス（単位面積あたり単位時間に流れるエネルギー）で見ると，大気上面に降り注ぐ太陽放射は，地球の表面積（$5.1 \times 10^{14} \mathrm{m}^2$）で平均すれば，$1 \mathrm{m}^2$ あたり340W（つまり $3.4 \times 10^2 \mathrm{W/m^2}$，いわゆる太陽定数の1/4，なお W＝J/s）あるのに対し，地熱フラックス（平均地殻熱流量）はその0.02％（$6.9 \times 10^{-2} \mathrm{W/m^2}$）に過ぎない．ただし，太陽放射は地面・海洋表層（外洋で海面から数百m程度まで）に届くだけであり，地下や深海では地殻からの熱フラックスが卓越する．また，地震や噴火，地殻変動を引き起こしているのは地熱であり，太陽放射に比べ時間的空間的に局在化する傾向がある．

太陽放射（短波放射）エネルギーフラックス（F）の30％は雲や地表（地面もしくは海面）で反射・散乱され可視光のまま宇宙空間へ戻る[2]が，47％が地表に，23％が大気に吸収され，これら70％の吸収分は最終的には赤外線として宇宙空間に放出される（地球放射もしくは長波放射，赤外放射）．地表からの赤外放射の90％程度は大気中の H_2O や CO_2 などの**温室効果ガス**に吸収され，それが地表と宇宙空間に再放出される．地表から伝導や対流という顕熱の形もしくは水蒸気として潜熱（蒸発時に地表の熱を吸収し，凝縮時に上空で熱を放出する）の形で運ばれるエネルギー（F の30％程度）も最終的には大気に熱として渡され，地表と宇宙空間に再放出される赤外放射の一部となる．大気から地表に再放出される赤外放

---

[2] 入射太陽放射に対する反射光（地球放射は含まない）の割合を（ボンド）**アルベド**という．アルベドは氷期には増大するなど地球史的には変動してきた．

射は F とほぼ同じ大きさに達する．これが大気の**温室効果**であり，地表温度は平均 290 K 程度と，宇宙空間から見た地球の温度（放射平衡温度，地球放射が宇宙に放出される大気上空の温度に相当）255 K に対して高く保たれる（以上の数字は IPCC 2014 に基づく）．

太陽放射エネルギーの一部は植物など一次生産者による光合成によって化学エネルギーに固定され，炭素を含む有機物として生命圏に供給される．地球全体の一次生産者の光合成量から呼吸量を差し引いた**純一次生産量**（NPP）はエネルギー換算でおおよそ 80 TW（$=8.0\times10^{13}$ W，テラ T は 10 の 12 乗），炭素原子（C）の質量換算（炭素換算質量：単位はグラム炭素：gC）で 60 PgC/年（$=6.0\times10^{16}$ gC/年，ペタ P は 10 の 15 乗）程度と推定され（Ito 2011），地球の表面積で割ると 0.16 W/m^2 となる．

人類活動は光合成一次生産という生態系の枠をはみ出し，化石燃料や石灰石（すなわち数億年にわたる過去の光合成産物の蓄積）を消費して維持されている．人類の年間エネルギー消費量は 2010 年には 120 億原油換算トン（経済産業省資源エネルギー庁 2012）に達しており，これは，16 TW（$=1.6\times10^{13}$ W）に相当し，地球の表面積で割ると 3.1×10^{-2} W/m^2 となる．太陽放射に比べて小さいが，地殻熱流量の 45 %あるいは地球全体の NPP の 20 %に達していることは人類活動の巨大さを示している．しかし，地表のエネルギー収支に人類が与える影響は，大気に排出される CO_2 の温室効果を通じた寄与の方がはるかに大きいことが，**放射強制力**を見ればわかる．ある要因（例えば CO_2）による放射強制力とは，1750 年時点の平衡大気構造と地表面温度を仮定し，その要因（現在の CO_2 量）を加えることで生じる大気上端（対流圏界面）での放射収支の変化量のことで，値が正ならば平衡となる地表面温度が上昇すべきことを示す．全要因による 2011 年の放射強制力は 2.3 W/m^2 となっていて，うち人為的温室効果ガスの放出の寄与は 3.0 W/m^2 に達するが，エアロゾル[3]放出の効果（-0.9 W/m^2）は冷却に働いてこれを緩和している（IPCC 2014）．この値を上記の人類の廃熱量（3.1×10^{-2} W/m^2）と比較すると，地球温暖化（すなわち正の放射強制力）をもたらしているのは人類の廃熱ではなく排出温室効果ガスの効果であることが確認される．

---

3) 大気中に浮遊する固体もしくは液体の微粒子で，海塩粒子や火山灰などに由来する天然起源のものと，化石燃料の燃焼などで放出される人為起源のものがある．

産業革命以降の人類のエネルギー消費量の増大は，爆発的な人口増と一人あたりのエネルギー消費量の増大の複合効果である．世界人口は 1900 年に 16 億人であったものが 2000 年には 60 億人と，100 年間で 3.8 倍となっている．これに対しエネルギー使用量は 1900 年の 8 億原油換算トンが，2000 年には 100 億原油換算トンと 100 年間で 13 倍に達している．エネルギー使用量の増加率はほぼ世界経済のそれに等しい (McNeill 2000)．こうした成長が限界に達しつつあるのは明らかである．

(d) 地球表層の物質循環と人類活動

物質循環に目を向けよう．水惑星と言われる地球だが，全質量に占める海洋の割合は 0.023 % に過ぎない．マントル中には海洋の 5-10 倍の質量の H_2O が蓄えうる（たとえば，岩森 2007）と言われるが，これを考慮しても水の地球における質量比はせいぜい 0.1 % 程度に過ぎない．しかし，地表を見れば，海洋は約 7 割を覆って世界中を連結する一方で，十分な広さの大陸の存在を許す絶妙な量にある．地球の表面の凹凸の程度はプレート運動による隆起と水の浸食作用のつりあいで決まっている．大陸の形成にも水が重要な役割を果たしており，水とマグマの反応によって安山岩や花崗岩を主成分とする大陸地殻が形成されてきた．岩石中に含まれる水は海洋プレートの沈み込みとともに地下に運ばれるが，高圧下で含水鉱物が分解されると放出され，日本列島のような沈み込み帯でのマグマ生成を促進し（水の存在は岩石の溶融開始温度を下げる），最終的には火山ガスなどとして大気・海洋に戻される．

地球表層での水循環は水蒸気潜熱による熱輸送，雲による太陽光の反射・散乱，水蒸気の温室効果，氷床の**アイス・アルベドフィードバック**（気温低下で氷床量が増えると太陽光の反射率が増え，ますます気温が低下し，逆に気温上昇では氷床量が減りますます気温が上昇するという連関），山岳や土壌の浸食，金属イオン（Ca^{2+} など）や CO_2 の溶解・運搬などを通じて表層環境を支配している．世界の年平均降水量は 880 mm であるが，地域差が非常に大きく，中緯度地域や極域では降水量が極端に少ない地域が分布する．300 K における水の気化熱 44 kJ/mol を用いると上記の年平均降水量に見合う量の水を蒸発させるのに 68 W/m^2 のエネルギーフラックスを必要とする．これは太陽放射 F の約 20 % に相当する．大陸からの水蒸気供給，特にその時間的安定化には植物の蒸散という生命圏の寄与が大

きい．

次に**炭素循環**について概観する．地球表層の炭素は主に炭酸塩の形で存在するが，生体，遺骸，化石燃料などの有機炭素の形でも分布する．地球表層には地下から火山ガスとして CO_2 の形で供給される．大気中の CO_2 は植物などの光合成によって生命圏に取り入れられ（下式で右向き），呼吸によって生命圏から供給される（下式で左向き）．

$$6CO_2 + 6H_2O \longleftrightarrow C_6H_{12}O_6 + 6O_2$$

一次生産者自身の呼吸による消費分を差し引いた純一次生産量（NPP）は，地球全体で前述のように 60 PgC/年程度と推定されている．

海洋においては，炭素は CO_2 の溶解平衡を通じて大気と交換され，真光層[4]での植物プランクトンの光合成により有機炭素や炭酸塩として海洋生命圏に供給される．生物遺骸と殻は沈降し，深海で再溶解するか海底に堆積する．深海に移行した炭素は平均 2 千年程度で一周する海洋深層水の大循環（大西洋，インド洋，太平洋を結ぶ海水の大循環）で運ばれ，湧昇域で大気に CO_2 として放出される．

こうした炭素循環に対し，人類は化石燃料の燃焼と土地利用変化（森林伐採による農地化など）を通じて大気に CO_2 を排出し，大きな影響を与えるようになっている．1750-2011 年までに人類活動で放出された CO_2 総量（土地利用変化分を含む）のうち 240 PgC が CO_2 として大気に蓄積され，155 PgC が海洋に吸収され，約 100 PgC が生命圏に蓄積したと推定されている．

大気中の CO_2 濃度は，産業革命以前は 280 ppm（1 ppm = 10^{-6}）であったが，1980 年代後半には 350 ppm を超え，2010 年代半ばには 400 ppm に達しようとしている（この濃度は少なくとも過去 80 万年間の最高値である）．CO_2 を主とする温室効果ガスは，1951 年から 2010 年までの間に世界の平均気温を約 0.9 ± 0.4°C押し上げる寄与をしたと見積もられている（IPCC 2014）．CO_2 の人為排出量の 3 割を吸収する海洋では，表層海水が酸性化（pH が 0.1 程度低下）して，サンゴなどの生物に悪影響が出始めている．熱帯林やタイガの大規模な伐採や焼き払いは CO_2 の放出や炭素吸収源の減少をもたらすだけでなく，生物多様性の減少や先

---

4) 自身の呼吸をまかなうだけの光合成ができる光が届く深さを補償深度という．海面から補償深度までの層を**真光層**（euphotic zone）という．生物の感光限界の深さ（補償深度より深い）までの層である有光層（photic zone）とは区別される．

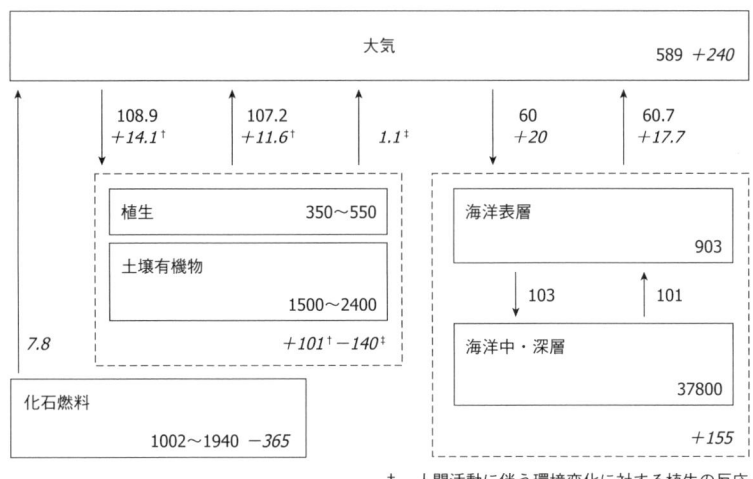

```
┌─────────────────────────────────────────────────────────────┐
│                    大気              589  +240              │
└─────────────────────────────────────────────────────────────┘
   ↑↓         ↑↓          ↑↓         ↑            ↓     ↑
 108.9      107.2        1.1‡       60          60.7
 +14.1†    +11.6†                   +20         +17.7
       ┌─────────────────────┐   ┌─────────────────────┐
       │  植生      350〜550 │   │  海洋表層           │
       │                     │   │              903    │
       │  土壌有機物         │   │         ↓103  ↑101  │
       │         1500〜2400  │   │  海洋中・深層       │
 7.8   │          +101†-140‡ │   │            37800    │
       └─────────────────────┘   │              +155   │
 ┌──────────────────┐            └─────────────────────┘
 │ 化石燃料         │
 │   1002〜1940 -365│
 └──────────────────┘
```

† 人間活動に伴う環境変化に対する植生の反応
‡ 土地利用の影響

図 1.1.3 地球上の主な炭素循環のうち速度の速いものを模式化した．単位は PgC．ボックス内の数値は貯留量，矢印脇の数値は 1 年間の移動量であり，ともに 1750 年時点での推定値だが，イタリックは 21 世紀初頭（貯留量は 2011 年時点，移動量は 2000-2009 年の平均値）における人間活動の影響である．年間 1.0 PgC 以下の炭素の流れは無視した（IPCC 2014 を一部改変）

住民の伝統的生業や文化的営みの剥奪などにもつながる深刻な問題を引き起こしている．

人類の化石燃料の燃焼による CO_2 排出量は 2000-2009 年の平均として炭素換算質量で 7.8 PgC/年と推定され，地球全体の NPP の 13％程度に相当する．また，人間による土地利用変化によって 1.1 PgC/年程度の CO_2 が大気に放出されていると推定されている（図 1.1.3）．なお，人類（約 70 億人）が呼吸で吐き出す CO_2 は炭素換算で 2 PgC/年程度であるが，これは食物，すなわち究極的には光合成によって大気から生命圏に固定された炭素を大気に返している分であり，大気 CO_2 量の正味の増加にはつながらない．農地における NPP は約 8 PgC/年程度と見積もられ，全 NPP の 13％程度を占めるに至っている．

他にも人間活動がその循環に大きな影響を与えている元素がある．窒素（N）とリン（P）は枯渇しやすく，生命圏にとってその生長を律速する元素であるため，人間活動の影響が大きい．都市の生ゴミや合成洗剤，農地への過剰施肥は，灌漑や天水を介して周辺の湖沼や内海に流入し富栄養化をもたらす．その結果，

シアノバクテリアや藻類の大量繁殖による低酸素化や産生される毒素などによって魚介類が死滅する（水の華，赤潮）．窒素について言えば，大気（不活性な N_2 が主成分）から陸域にもたらされる活性窒素（アンモニア，硝酸塩，二酸化窒素，有機態窒素など）フラックスは，化学肥料の投下などによって，この100年間で約2倍（窒素換算質量：0.27 PgN/年）となっている（7.1節）．

　こうした数値からわかることは，人類の活動が地球生命圏の振る舞いを大きく変化させるレベルに達していることである．その結果，環境汚染，地球温暖化，生物多様性の減少といった環境問題が，世界規模で起こっている．地域的な環境問題は有史以来起こり続けており，イースター島の悲劇など枚挙に暇がない（2.1節）．地球全体がイースター島になったともいうべき状況が現代の地球環境問題の特徴である．私たちは，一方で古くからのさまざまな文明を蝕んだ環境問題とそれへの人間社会の対応の歴史（問題の解決が新たな問題を生む連鎖構造：2.4節）に学びつつ，他方で今日の地球規模の環境問題という，"Something new under the Sun" (McNeill 2000) ともいうべき人類史上未曾有の状況を十分認識して，物事を考えていく必要がある．

　一方，地球史的な時間で見れば，生命圏の活動が地球環境を激変させた例はいくつもある．太古代末期（約7億年前）に地球の全球が凍結をしたとされるが，その原因を生命活動に求める説——たとえば，陸上進出した地衣類（藻類と菌類の共生体）による風化促進によって Ca^{2+} などが大量に海に供給され，大気 CO_2 分圧を下げたことで寒冷化した——が唱えられている．あるいは，石炭紀後期からペルム紀にかけて（今から約3億年前）の氷河時代は，その直前に大陸に大森林が形成され，分解されにくいリグニン（木部を構成）が地中に埋もれたため，大気中の CO_2 分圧が下がり寒冷化したと考えられている．このように現在の人為的な地球環境の変化は，大きさという面では地球生命圏史上では決して未曾有とは言えない．しかし，その変化の速度はきわめて大きく，地球環境問題は21世紀の人類にとっては大きな試練と言えよう．

1.2　現代の環境学の課題

　環境とはある主体が認識する周囲の世界である．つまり，地球環境とは人間から見た地球生命圏である．ただし，主体である人間自身が地球生命圏（あるいは

都市や社会）の一員であり，その活動は周囲の環境を変化させてきた．古くから人は生活する場において厳しい自然を手なずけ，里山・田園・牧草地といった**二次的自然**という緩衝帯をめぐらし生活してきた．しかし，その背後には無尽蔵の絶対的な存在としての自然（ピュシス）があり，それが環境の中核（＝自然環境）であるという認識が古代ギリシア以来の西欧の自然観であった．

　こうした自然観は近代西欧自然科学を育む土壌となった．自然の絶対性を前提に，人間存在とは独立に，その固有の性質（ネーチャー）を客観的に明らかにする探究が進められ，要素還元と相互作用記述を軸に自然認識を深めていった．得られた自然に関する科学的知識を使って，自然をコントロールする技術を開発し，化石燃料などの地下資源を開発して，産業革命を進行させていった．科学と技術が社会を発展させ，大量生産・大量消費によって，国家・国民が豊かになると喧伝された．産業革命以降，都市域を中心に深刻化した公害も比較的ローカルなものと捉えられ，科学と技術によって克服されるべきものとされ，自然観の見直しにはつながらなかった．そして20世紀後半には，経済のグローバル化に伴い，アメリカ合衆国や西欧，日本などの先進国は未曾有の繁栄を享受し，21世紀初頭には，世界最大の人口をもつ中国やインドが凄まじい経済成長を遂げつつある．

　しかし，こうした成長の負の側面として20世紀終盤に顕在化した地球環境問題は，大量消費がもたらす資源枯渇に対する危機意識とともに，西欧的自然観の改変を強く迫るものであった．自然環境は人の営みとは無関係に決まるという概念から，人類活動もその一部である地球生命圏の枠組みの中で人と自然の関係を捉え直すべきことを地球環境問題は突きつけた．無尽蔵な自然環境に依拠して発展を続ける人類社会という考え方は限界に達し，宇宙船地球号の乗客として，地球の資源と浄化力の有限性を十分理解した生き方に転換することを迫られている．これが現代の環境学の大きな課題である．

　これはある意味で，客観的な対象認識と価値自由（価値中立）を基本とする近代西欧自然科学のあり方に1つの限界が突きつけられていると捉えられる．地球環境問題は認識・行動主体である自己を含む総体的な問題である．その対処を担う**環境学**においては，客観的な分析による処方箋の立案のみでは限界があり，ぶつかりあう価値観の中で，いかに意思決定をして，複雑な利害を調整しながらも物事を前に進めるのかという方法論が必要で，めざすべき未来の姿（大局的価値観）を共創して新しい学の形を作っていく取り組みまでを内包するダイナミック

なものでなくてはならない（3.1 節）．

　西欧における自然と人為を対峙させる考え方は，自然科学と人文社会科学の間に乖離を生じさせた背景となっている．しかし，地球環境は人間から見た地球生命圏であることから，その考究には文理融合が不可欠である．環境学の構築には，人類活動も含めた地球生命圏の様態をさまざまなスケールで総合的に記述すること（**診断**）から複雑な制約の下で人類社会の持続可能な未来をデザインすること（**治療**）までを，文理の別にとらわれず一貫して組み立てることが必要である．アジアが伝統的に保持してきた，自然と人間は 1 つであり，両者の調和を大切にするという考え方をさらに深めていく必要があろう．

　ではこれからの人類が目指すべき社会のあり方はどのようなものであろうか．それは一言で言えば「**循環型社会**」である．太陽光や風力，地熱，バイオマスなどの自然エネルギーや再生可能資源に立脚し，利用効率を高めることでエネルギー・資源消費量を大きく削減し，廃棄物の環境負荷を最小限にとどめ，リユースやリサイクルの割合を最大化することで資源の循環的利用を行う**持続可能な社会**である．言い換えれば，地球生命圏の一員として，人類が節度を十分にわきまえつつ，調和の取れた繁栄を継続していけるようにデザインされた社会である．化石燃料などの再生不能資源の蓄えが尽きる前に循環型社会への転換を可能な限り進めることが，21 世紀の人類に共通の課題といえる．

　太古から人類が営んできた伝統的社会は基本的には循環型社会に近い．もちろん，鉄精錬などのための森林伐採や灌漑農法に伴う塩害など，持続可能性を脅かす環境問題は古代から多く発生しており，そうしたことが一因となって衰亡した文明は数知れない．こうした歴史に学び，環境問題の構造を分析することは重要である（第 2 章）．しかし，前近代においては人類の環境負荷は全地球的に見れば小さく，基本的には地球生命圏のエネルギー・物質循環にさしたる影響を与えることなく暮らしを営んできたといえる．ただし，その生活は一部の富裕層を除いて貧しく，乳児死亡率は高く，感染症や戦争による致死率も高く，干ばつや冷害などによる飢饉の脅威にも常にさらされていた．産業革命以降の歩みも，すぐには貧困問題や健康問題を解決するものではなかったが，基本的人権や社会保障の考えが次第に浸透していった．ようやく 20 世紀になって，先進国では平均的な生活水準が向上し，医療システムも整い，多くの国民が快適な生活を享受できるようになったが，これは大量生産・大量消費・大量廃棄に根ざした過渡的な状

況といわざるを得ない．

　大量廃棄型社会から循環型社会への移行は人類にとって容易ではない．人々が「健康で文化的な最低限度の生活を営む権利」（日本国憲法25条）を有する以上，前近代的循環型社会に戻ることはできず，一度手にした快適さを捨てることも難しいので，めざすべきは快適さも維持した21世紀的循環型社会である．だが，その抽象的な定義は明快でも，その具体的な実装や実現への道筋は思い浮かべることすら難しい．さらに，国家の経済状況の間には現在大きな格差があり，その中で先進国が開発途上国にCO_2排出量の制限を促したり，天然林保全や生物多様性維持のために開発抑制を働きかけたりしても，途上国側からは現状の経済格差の固定化を押しつけるものと反発を招くこととなる．こうした困難さは，地球温暖化懐疑論や資源枯渇幻想論を生み，**気候変動枠組条約締約国会議**（COP）などの場においても，対処の先送りが繰り返される．将来世代から「蓄えが尽きるであろう子孫につけ（核廃棄物など）まで回して放蕩し続けていた」と批判されても反論はできない状況が続いている．

　こうした状況を勘案すると，問題はグローバル化しているが，循環型社会への取り組みはローカルにそれぞれの地域がその実情に応じて社会実験として始めるしかない．取り組みを開始した先進的な地域が増えるにつれて，それぞれがネットワークを介して横につながることで，情報を交換して長所を学び欠点を正しながら，循環型社会に向けたグローバルな流れを作ることができる．"Think global, act local"という標語のもとに，ヨーロッパを中心に先進国のいくつかの地域では循環型社会への動きが広がりつつある．その中でさまざまな新しい技術が開発されるとともに，リサイクル法，拡大生産者責任（Extended Producer Responsibility：EPR），環境税（炭素税），排出権取引（Emission Trading），再生可能エネルギーの固定価格買い取り制度（Feed-in Tariff）などの循環型社会に向けた制度や考え方も提案され（たとえば，Turner et al. 1993），試されている．地方分権はこうした地域の取り組みを促進するために有効と考えられる．

　しかし，グローバルな問題とローカルな問題が現状の環境学においてシームレスにつながっているかと言えばはなはだ心許ない．地域の問題を相互に比較することにより，共通の構造を浮き上がらせるようなアプローチを，時間をかけて進めていく必要がある．循環型社会への移行の間のさまざまな破綻リスクをいかに回避していくかが人類の大きな試練である．

ヒートアイランド，大気汚染，水質汚濁，土壌汚染，交通問題，廃棄物問題など現代の環境問題が最も深刻化しているのは**巨大都市**（メガシティ）であるが，循環型社会を構築するのが最も難しいのも巨大都市である．地方都市と周辺の農村をつないだ地域内でモノの循環をなるべく閉じるようにすることで環境負荷を低減する「地産地消」という考え方があるが，消費力のきわめて旺盛な大都市を含めてこのような地域単位をつくることは不可能に近い．大量廃棄型社会において，公害などの問題を引き起こしながらも消費面で中核的な役割を果たしてきた大都市が，循環型社会の中でどのような進化を遂げるべきかを考えていく必要がある．大都市の問題を語らないまま，地方都市や農山村における循環型社会だけを語ることには批判も多いが，まずは，可能な単位で循環型社会のモデルを構築することは有効である．過渡的な状況として，グローバル経済圏に結びついた古い消費型の大都市と新しい循環型の農村・地方都市が共存するという構造が近い将来に生まれる可能性がある．

　循環型社会がどの程度の人口を支えられるか（**人口収容力**）には，まだ明確な答えは出ていない．現在の穀物生産量は，計算上なら120億人程度の人口を支え得るものだが，実際にはかなりの部分は家畜の飼料に回され，先進国の豊かな食生活を支えている．また，現代の穀物生産に欠かせない化学肥料や農薬，農業機械・設備の多くは石油など再生不能資源に依存しているため，循環型社会において同程度の単位面積あたりの収量を得ることは容易ではない．一方で遺伝子改変などバイオテクノロジーによる増産に期待する向きもある．循環型社会における農業生産や食生活のあり方が決まらないと人口収容力は決まらないが，それはまさに「豊かさとは何か」といった価値観の問題とも絡み，なかなか答えの出ない問題なのである．なお，出産抑制で人口を維持する長寿社会は必然的に高齢化社会となることにも留意が必要である．

　21世紀に入り，世界のいたるところで深刻な環境問題が発生している．こうした状況は大局的には大量消費・大量廃棄型社会から脱却できないまま経済発展を追い求めている現代世界のひずみに端を発しているが，地域の自然環境や歴史的要因，社会的・文化的背景，周辺国との関係などによって，個々の問題はきわめて多様な様相を帯びている．そのため，あらゆる環境問題に対応できる処方箋を作ることはできない．環境問題の起こっている地域の現場に入って，住民や行政，企業，NPOなどと語り合いながら調査を進め，環境問題の診断から治療ま

でを一貫して行うことが必須である．また，学問世界に閉じず，地域の住民や行政，企業，NPO などと協働して現場主義に基づいた実践的な知のあり方を構築しなくてはならない．これが本書で述べる**臨床環境学**の立場である（第 4 章）．治療行為が思わぬ副作用を生み，新たな環境問題を引き起こすリスクにも留意しながら，社会実験を通して 21 世紀的循環型社会の形を模索していかねばならない．

また，各地で実践される環境問題への取り組みの知見を総合して，空間的，時間的な大きな枠の中に据え直し，相互比較しながら環境問題が含む共通の構造や治療法の副作用などを検討することが求められる．こうした臨床環境学を支える共通の基盤となる学問を私たちは**基礎環境学**と呼ぶ（第 6 章）．

現場に立脚した臨床環境学とそれを支える基礎環境学をともに構築していくことが，持続可能な社会の構築に向けて重要な役割を果たすと考えている．

1.3　環境学における地球学の役割

現在の環境学研究の大きな問題点は，理系から文系にわたる多様な学問分野が密接に関係するものでありながら，その連携がなかなかうまく機能しないことである．ここ数十年で，環境○○学，△△環境学という学問が多く生まれたが，これらの学における「環境」は，既存学問分野に新規な香味を施すスパイスだと言えなくもない．「環境学」を作ろうとそれぞれから要素を集めても，何かスパイスの寄せ集めになってしまい，新たな料理（＝学問分野）とはならない．素材となる既存学問分野との関係においてスパイスが引き出せていた貴重なものがそれでは失われてしまう．

このように，環境学の体系化は提唱されているがなかなか実現しない．物理学は共通の原理・手法で諸学を束ねることで体系化がやりやすい．しかし，環境学はそのようなやり方での体系化は困難である．

物理学は対象ではなく方法論によって統合された学問分野であり，それは「**要素還元型科学**」と要約できる．素粒子，原子，細胞，星といった基本要素で構成される系において，要素の性質と要素間の相互作用を記述することで系の振る舞いを明らかにする．物理学は自然科学の代表とみなされるが，宇宙科学や，地球科学，生物学といった対象科学においても力を発揮する．しかしそれら対象科学

の中には要素還元型科学とは異質な性格の科学が含まれている．それは「**歴史構築型科学**」と呼ぶべきもので，究極的にはビッグバンによる宇宙の形成から現代社会まで時間軸に沿って系の生成流転を記述するものである．歴史構築型科学において，系の時間変化はいくつかのステージに分けられ，各ステージを記述するモデルとステージをつないで全体のストーリーを構築するシナリオによって構成される（渡邊 2013）．そこでは要素は不変のものではなく，進化のステージとともに変化する．

地球科学は地球の質量・半径や日心距離，化学組成などを所与のものとして，連続体力学や熱力学などの物理学を駆使して応用物理学的に現在の地球を語る要素還元型科学的部分がある．しかし，なぜ今の地球の状態が実現されているかは歴史をたどって初めて明らかにできる．地球の質量・半径や日心距離，化学組成なども所与のものとはせず，惑星形成論によってある程度説明され得るものとみなす．つまり，歴史構築型科学としての地球科学（地球学）こそが，現在の地球環境を説明する土台となる．

地球の過去の環境変動は，地層（化石）や海底・湖底のボーリングコア，氷床・氷河のコアなどから読み出すことができる．長年の研究により，惑星や月による地球の軌道要素や自転軸の周期的変化，あるいは太陽活動や隕石衝突などの外的要因の下で，地球と生命の相互作用により，地球環境はさまざまな変遷を経てきたことが明らかになっている．たとえば，恐竜が闊歩した中生代後期の白亜紀（0.66-1.45 億年前）などは両極付近まで森林が存在した超温暖期であり，氷期と間氷期が繰り返すようになった[5]のは今から 260 万年前頃から（第四紀氷河時代）であることなどが知られている．現在の地球温暖化の状況を比較する対象としては，白亜紀の超温暖期や氷期から間氷期へ遷移する際の昇温期の古環境（変化）が重要な情報を与えてくれる．

環境学は変化を予測し未来を的確に選び取る学問ともみなされる．地球学がもたらす過去の地球環境の歴史に学んで現在を理解するという視点は，その先の未来へと接続される．IPCC による地球温暖化予測（2.3.6 小節）は診断におけるその典型例である．時間発展方程式（与えられた源泉項に対して物理量の時間変化を

---

5) 氷期-間氷期サイクルといい，当初は 4 万年周期，最近 80 万年間は 10 万年周期が卓越している．氷床量の変動とともに大気 CO_2 濃度にも同期した変化がみられる．

与える微分方程式）の源泉項（人為的 CO_2 排出量など）に過去の推定値と将来の予測値（CO_2 の排出シナリオなど）を代入することによって，大気中の CO_2 濃度や気温・降水量分布の変化などを計算できる．しかし，方程式にはいくつものパラメータ（係数）があり，それらは理論や観測で必ずしも正確に決められるものばかりではない．特に生命圏の諸過程には多くの不確定性があり，むしろデータに合うようにパラメータが調整されているのが現状である．こうしたアプローチでは過去のデータとの合致度を高めるのは比較的容易であるが，そのことが将来をより良く予測することにつながるかは自明ではない．それはパラメータを調整する範囲が過去のデータのある期間（地球温暖化なら概ね 1900 年から現在まで）に限られるため，その範囲を逸脱するような将来の状況において，予測の有効性は保証されないからである．

IPCC などが予測する将来像は，人間活動に関するシナリオごとにその影響を加味して現在から単純延長されたものである．しかし，過去の地球の気候を見ると一種の相転移によって，大きく異なる気候状態（レジーム）に遷移した例がたくさんある．よって，人類活動が地球環境に与える負荷が急激に増大している現在において，最も重要な将来予測は相転移がいつ頃起こり，その結果どのような気候状態が実現されるかなのである．その意味では，数学的にいえば，通常の微分方程式系による局所的アプローチではない大域的な解析が求められる．それを可能にする重要な戦略が，さまざまな時代の古環境復原による地球の気候状態の大域的把握である．ただし，古環境復原には時空間分解能の制約が強いため，数値シミュレーションを併用した実態解明が必要となる．

環境学との関係から考えると，地球学には環境学の重要な構成パーツとしての側面の他に多様な学問分野を統合する手法範例としての役割があると考えられる．環境学の方が統合すべき学問領域がより広いという困難はあるが，地球科学が地質学や地震学，気象学や海洋学といった個別分野を統合する形で発展し，さらに生命科学と連携して地球学となった流れから，環境学が学ぶべき点は多い．

個別分野の統合には，まずは各分野が内包する暗黙の仮定や土台を明確にすることが求められる．それを行うには，地域の環境問題の全体像をまずは一枚の図上に書き込んでいく作業が有効である．これを「**問題マップ**」（4.3.2 小節）と呼ぶ．エネルギーや物質の循環であれば，エネルギーとか物質量といった保存量があるため，こうした作業は行いやすいが（図 1.1.3），生物多様性や経済価値（お

金),幸福度,アメニティなど質的にまったく異なった個別分野の重要指標を図の上に置いて相互関係をつけていく困難に立ち向かわなくてはならない.合意形成を促す議論においては,各**ステークホルダー**(問題に関する利害関係者)の価値観を明確化し,主張と併置することが有効である.「問題マップ」は常に暫定的なものであり,現場で皆が智恵を出し合い少しずつでも整理していく作業こそ,臨床環境学に求められている.

地球学においては,「作業仮説ころがし」という手法が有効である(熊澤他 2002).作業仮説づくりの試行錯誤の流転が地球学の営みであり,以前よりも「都合の良い」まとまった考えを得ることを各時点で探求してきた.これに倣って,地域づくりの実践を社会「実験」ととらえて,仮説の検証とさらなる仮説の刷新というプロセスを連鎖させていくように進めることができよう.これを臨床環境学における「**作業仮説ころがし**」と呼ぶ(4.3節).

環境学は複雑な問題を扱うからこそ,例えば『成長の限界』(Meadows et al. 1972)が提示したようなシンプルな切り口をいくつも用意すべきである.プレートテクトニクス革命など地球学にはそうした視点の範例がある.グローバル(全球)とローカル(地域)の関係に関しては,地球学のネットワーク/システム的思考が,異分野相互理解には「地球の理解」を目標に複雑さを言い訳にせず共通理解を深めてきた経緯がそれぞれ役立つ.東日本大震災を経て認識された,安全安心学との連関はリスクガバナンスという視点を提供する.

1.4 学問世界を超える環境学

この章では,学問内での連携(**インターディシプリナリ**,inter-disciplinary)を中心に考察してきたが,新しい環境学の実現には実社会のすべての当事者が関与するクロスセクターの連携関係である**トランスディシプリナリ**(trans-disciplinary)が必要となる(4.2節).社会の中で問題解決の枠組みを作るにはすべての当事者の関与が必要であり,その中で「学問世界の役割」を,自己満足に終始することなく,広い視野で確立していくことが求められている.

地域の問題に取り組む人々には,学問世界での成果や声望に結びつく部分にしか関与してこなかった学界や研究者のあり方に対する不信感がある.一方で研究者の側からは,現場で取り組む人々には専門的知識やグローバルな視点,議論の

論理性が不足していて，それを説いてもなかなか浸透しないという不満がある．これらの相互不信は，現場を共有し，トランスディシプリナリな土俵を設定して，その中の議論によって，それぞれの当事者の目的と果たすべき役割を調整していくことによって軽減できる．

地域の問題を現場において診断から治療までを一貫して扱う臨床環境学ではトランスディシプリナリなアプローチは欠かせない．その場において研究者の果たす役割は，単に意思決定の判断材料となる専門知識を提供する専門家に留まらず，**ファシリテータ**（中立な立場から，議論を円滑に進め，参加者の相互理解が深まっていくように介入する調整者）として交通整理をすることまで求められる．相互理解を促進するには問題に対する各当事者の（多くは無意識の）前提や立場を明確にするところから始めなくてはならない．そのことによって，ステークホルダーの間の表面的な利害の下に見えなくなっている共通の土台を見いだすことができ，意見の相違はあっても保持される信頼関係の構築が可能となる．大学人は象牙の塔から歩み出て，持続可能社会に向けた各地域の取り組みにさまざまな形で参画していくべきである．さらに，そうした参画を通じて各地域の取り組みを客観的に分析するとともに，相互に比較することで，構造的な問題群を明らかにしつつ，より広域的な連携や国際的な協調を先導することが切実に求められている．

その上で，環境問題の解決に向けた具体的な処方箋を共同作業によって作っていくことができる．具体的な目標となる将来像を，実施計画と達成時期をセットにして複数用意して議論を重ねることが必要となる．一般に達成までに要する時間が長いため，現役世代と（仮想的）将来世代の間の利害の合理的調整といった未解決の問題を扱う必要がある．必ずしも合意形成は得られない中で，将来の破局を回避するために意思決定をしていかなければならない緊迫した状況がしばしば発生する．選択された処方箋の実施に当たっては，推移を継続的に監視しながら，軌道修正や中止決定ができるように配慮しなくてはならない．地域ごとにこうした社会実験を積み重ね，その効果や副作用を広く共有し，失敗の経験を活かしながら，新たな挑戦を続け，循環型社会への軟着陸を達成しなければならない．

参考文献
岩森光（2007）：沈み込み帯とマントルでの水循環．地学雑誌 116（1），174-187．

熊澤峰夫・伊藤孝士・吉田茂生編（2002）：『全地球史解読』第7章，東京大学出版会．
経済産業省資源エネルギー庁（2012）：『エネルギー白書2012』．
渡邊誠一郎（2013）：太陽系形成論成立過程に見る「モデルとシナリオ」．*Nagoya Journal of Philosophy*, 10, 146-174.
渡邊誠一郎・檜山哲哉・安成哲三編（2008）：『新しい地球学——太陽-地球-生命圏相互作用系の変動学』，名古屋大学出版会．
Eagleman, J. R. (1980): *Meteorology: The Atmosphere in Action*, Van Nostrand.
IPCC (2014): *Climate Change 2013: the Physical Science Basis. Working Group I Contribution to the Fifth Assessment Report of the Intergovernmental Panel on Climate Change*, Cambridge University Press.
Ito, A. (2011): A Historical Meta-analysis of Global Terrestrial Net Primary Productivity: Are Estimates Converging? *Global Change Biology*, 17, 3161-3175.
McNeill, J. R. (2000): *Something New Under the Sun: An Environmental History of the Twentieth-Century World*, Norton.（J. R. マクニール著，海津正倫・溝口常俊監訳（2011）：『20世紀環境史』，名古屋大学出版会）
Meadows, D. H., Meadows, D. L., Randers, J., et al. (1972): *The Limits of Growth*, Universe Books.（D. H. メドウズ・D. L. メドウズ・J. ランダース他著，大来佐武郎監訳（1972）：『成長の限界』，ダイヤモンド社）
Turner, K., Pearce, D., Bateman, I. (1993): *Environmental Economics: An Elementary Introduction*, John Hopkins University Press.（R. K. ターナー・D. ピアス・I. ベイトマン著，大沼あゆみ訳（2001）：『環境経済学入門』，東洋経済新報社）

第 2 章 環境問題から見た人類史

　第 1 章で見たように地球環境問題は人類にとって未曾有かつ喫緊の課題である．しかし，見方を変えれば人類は太古から広い意味での環境問題を引き起こし続けてきたと言える．本章では，こうした人類史における環境問題の様相を概観し，その本質を考察していく．

　環境問題という視点からの人類史上のエポックは，18 世紀後半からの産業革命と 20 世紀中盤以降の環境問題のグローバル化にある．そこで，まず 2.1 節では，人類の世界への拡散と文明の発祥に端を発する，生態系へのインパクト，灌漑農法の発達に伴う土壌表層の塩類濃度の増加（塩害），植生伐採と土壌流失について述べる．続いて 2.2 節では，産業革命以後に発生した比較的狭い地域での環境問題，すなわち公害に焦点を当てる．煤煙によるスモッグ公害，排気ガスによる光化学スモッグ，酸性エアロゾルの溶解により生じる酸性雨，重金属・有機塩素化合物による汚染と生物濃縮，湖沼・内湾の富栄養化を取り上げる．2.3 節では，20 世紀中盤以降に顕在化したグローバルな環境問題を扱う．食糧生産力の増大は世界人口の爆発を引き起こし，急増するエネルギー需要を賄うため，産業や社会の石油依存が高まり，CO_2 などの温室効果ガスが大気中に蓄積した．それらの結果，森林破壊，オゾン層の破壊，海洋の酸性化，生物多様性の低下，気候変化が世界規模で引き起こされ，地球生命圏は人類世と呼ぶべき時代に入ったことを論ずる．

　2.4 節では，これらの環境問題を俯瞰し，ある問題の解決が新たな問題を生む連鎖構造が環境問題の底流にあることを示す．この連鎖構造は技術・制度・遺伝子などの生命型システムに不可避な特徴であり，先を予測する想像力を身につけて対処していくしかないことを説明する．

2.1

産業革命以前の環境問題

本節では，人類が8.5万年前に世界への拡散を開始してから，18-19世紀の産業革命に至るまでの間に生じさせた環境問題について概説する．

2.1.1 人類の世界への拡散

約12万年前から約1.15万年前までの**最終氷期**と呼ばれる時代においては，地球の平均気温は現在よりも4℃から8℃ほど低く，北米や北欧には広大な氷床が広がっていた．そして，これらの氷床が膨大な量の水を陸面に固定していたことにより，海水準は現在に比べ低く，約2万年前の最終氷期の最寒冷期で最も低く約140m，最終氷期の終わる1.2万年前においても約70m低かったと推定されている（大河内 2008）．そのため，たとえば東南アジアにおいては，スマトラ島，ボルネオ島，ジャワ島はインドシナ半島と地続きであり[1]，またユーラシア大陸と北米大陸の間のベーリング海峡は地続きで陸橋を形成していた．このような地理的条件下において，現生人類は拡散を行った．

アフリカの大地溝帯に発生した現生人類が，世界各所に拡散した経路や時期については，世界各地の民族から収集された遺伝子サンプルの系統解析，考古学的

---

[1] この陸塊はスンダランドと呼ばれ，その面積はインドの2倍にも達した．また当時，オーストラリア大陸とニューギニア島も地続きであった．スンダランドとオーストラリア大陸の間は多くの島嶼が点在しており，これらの島伝いにオーストラリア大陸に移住することは，たとえ航海技術が未熟であっても可能であったと想像される．なお，当時のスンダランドと当時のオーストラリア大陸との間には，ウォレス線，またはウェーバー線と呼ばれる動物種組成の大きな断絶が存在するが，これはこの地理的障壁の両側において，それぞれ独自の進化が起きた結果である（Holt et al. 2013）．

資料，さらにいつ拡散の機会が開け閉じたかを示す気候記録を総合的に用いることで，かなり詳細な推定が行われている（オッペンハイマー 2007）．それによると，アフリカ大陸以外の全ての現生人類は，約 8.5 万年前に紅海を渡ったごく小さな集団の末裔とされる．ある推計では，その移動は，ただ一度のみ，わずか 150 人ほどの集団で行われたという（ウェイド 2007）．紅海を渡った人類は，インド洋沿いに東へ分布を拡大し，東南アジアを経て，約 6.5 万年前までにはオーストラリア大陸に到達したようである．

このインド洋沿いルートによる人類の拡散は速やかに行われた一方で，当時厳しい寒冷気候にあったユーラシア大陸内部における拡散は，より長い時間を要した．ユーラシア大陸全域に満ちた人類が，ベーリング陸橋を通って北米大陸に到達したのは，2.5-2.2 万年前頃と推定されている．その後，最終氷期の終わりにロッキー山脈の東側に生じた氷河の切れ目，いわゆる「無氷回廊」を抜けることで南下に成功し（太平洋岸沿いのルートを南下したという説もある．関 2012），約 1.2 万年前にはチリ南端に到達，ついに南極大陸を除く主だった陸地の全域に人類は拡散した．

2.1.2　人類の拡散に伴う大型草食動物の絶滅

言語を介した高度なコミュニケーション能力，そして弓や投槍器のような道具を駆使する人類は強力な狩猟者であり，人類が進出した地域の動物相に，大きな影響を与えた（表 2.1.1）．たとえば，オーストラリア大陸においては，人類到達以前には，有袋類，単孔類，鳥類，爬虫類に属する 20 属かそれ以上の大型獣が生息していたが，これらはすべて，オーストラリア大陸に人類が到達した後の約

表 2.1.1　過去 10 万年間に絶滅した陸上大型動物（成獣の体重が 44 kg 以上）の属の数（Wroe et al. 2006）

地域	絶滅属数	現存属数	合計属数	絶滅率（％）
オーストラリア	19	3	22	86.4
南米	46	12	58	79.6
北米	33	12	45	73.3
ヨーロッパ	15	9	24	60.0
アフリカ	7	42	49	14.3

4万年前までに一斉に絶滅している．オーストラリア北東部において採集された沼地土壌コアを用いて，糞生菌[2]の胞子量の増減を調べた研究によると，大型草食動物の生物量は，約12万年前と7.4万年前に生じた大きな気候変動に対してはほとんど変化しなかったものの，比較的気候の安定していた4.1万年前に激減したことが示されている（Rule et al. 2012）．またこの地域から発見された人類活動を示す考古学的資料の推定年代は，最古のもので4.9万年前であり，それらは4.0万年前までにかけて拡大している．こうした事実から，この生物量の激減は人類の狩猟圧によるものと考えることが，最も合理的である．また，このような大型獣の絶滅は，乾燥地帯であるオーストラリア内部や，多湿地帯のオーストラリア南東部でも同時期に生じており，このことも，この一斉絶滅における気候変動の関与を否定している．

　これら大型草食動物は，地表面の草本を摂食することで，山火事の発生頻度を下げるという機能を果たしてきた．先の沼地土壌コアの記録によると，4.1万年前に糞生菌の胞子量が激減した直後に，炭質粒子量とイネ科草本の花粉量とが急増している．これは，これまで大型動物によって食べられていた草本が残存するようになり，これが燃焼の拡大を助けることで山火事の頻度が急増したことを示している．このような自然発生による山火事の増加と，おそらくは人間による野焼きも手伝い，元々この地域を広く覆っていた雨緑樹林（乾季に落葉し，雨季に葉をつける樹木林）は徐々に姿を消し，山火事に適応した生理的特性を持つ硬葉樹種（ユーカリなど）から構成される森林へと置き換えられていった．

　北米大陸においては，マンモス，マストドン，地上性ナマケモノといった大型動物が，狩猟民族クローヴィス人の到達後まもない1.2-1.0万年前にかけて絶滅した．ただし，この絶滅の主要因の1つは，気候変動であると考えられている．なぜならば，アメリカ北東部における湖の堆積物に含まれる糞生菌胞子の記録から，これらの大型動物群は，クローヴィス人が到達する以前である1.4万年前頃に生物量の急激な減少が生じ，そのまま絶滅まで回復しなかったことが推定されるからである（Gill et al. 2009）．この時期は，ベーリング・アレレード期と呼ばれ，一時的に温暖な気候が生じていた．しかし，北米では肋骨の間にクローヴィ

---

[2] 糞生菌は，草食動物の糞においてのみ胞子形成を行う菌類である．その胞子量は，特に大型草食動物の活動による影響が大きいことから，大型草食動物の生物量の良い指標となる．

ス型槍尖頭器が刺さるなど，明らかに人によって狩られた形跡のあるマンモスの骨が多く見つかっていることから，少なくとも，これら衰退に向かっていた大型動物の絶滅を人類が早めたことは確実といえよう（ダイアモンド 2000）．

2.1.3　農業と文明の勃興

　地球軌道要素の周期的変動の影響で，最終氷期の寒冷気候がやや緩むと，大気中の温室効果ガスが増加して，この微細な変化を増幅した．温暖化が進むにつれて，北米と北欧の巨大氷床が解け**アルベド**（太陽光の反射率）が減少し，それがさらに大気を暖めた（アイス・アルベドフィードバック，1.1 節）．このようにして 1.15 万年前には最終氷期が終わり，現在の間氷期（**完新世**と呼ばれる）が始まった．完新世は，少なくとも過去 42 万年間において，最も長期にわたって気候が安定した時期の 1 つである．

　この完新世の温暖で安定した気候環境に育まれ，人類は文明を発達させてきた．約 1 万年前には，イラン西部のザグロス山脈の山麓地帯において，雨水に頼る**天水農業**が始まっていた（小林 2005）．約 7000 年前には，メソポタミア南部のバビロニア地方（現在のイラク南部）の乾燥地帯にシュメル人が定住し，**灌漑農業**を始めた．栽培されていたのは主に大麦であったが，小麦やアワなどの穀類，またタマネギやニンニクなどの野菜類も作られた．現在，世界各地で最も利用されている栽培植物の原種は，元々この地域に自生していたものが多い（ダイアモンド 2000）．また，牛，豚，羊，ヤギの原種も，この地域に生育していた．これらの栽培植物，または家畜化された動植物は，採集生活をやめて農耕牧畜を始めた人々に，穀物，野菜，ミルク，動物繊維などの多様な生活資源を提供し，さらに輸送や耕起の効率的な手段までも与えることになった．そして農業がもたらした余剰食糧は，シュメル人社会が農民以外の職業を持つことを可能にし，支配階級，専門職人，商人といった職業の分化が生じた．これら専門職への給与はほとんど大麦で支払われたが，このような実質的な通貨が誕生したことで，より複雑な社会の形成が可能となり，約 5000 年前までには最古の都市文明が勃興した．

2.1.4 農業に伴う環境問題（1）——塩害

　シュメル人は行政や経済に関わる膨大な記録を粘土板に残したため，その社会の様子は詳しく判明している．それによると，主要な穀物生産地域における大麦の収量倍率（一粒の種籾が何倍になるかの倍率）は，紀元前 2350 年には 76 倍に達していたが，その約 250 年後には，この値は約 20 倍にまで下がってしまった（岸本他 1989）．この時代において，食料生産力は国力そのものである．農業生産の大幅な低下はシュメル人社会を衰退させ，紀元前 2000 年頃には周囲の遊牧民族の襲撃に対抗できなくなったことで王朝の崩壊を招き，人類最古の文明を拓いたシュメル人は，その後，歴史の表舞台に上がることはなかった．

　シュメル文明末期に大麦の収量倍率が低下した理由は，灌漑農法に伴う土壌表層の塩類濃度の増加，すなわち**塩害**[3]であったと考えられている（小林 2005）．バビロニアは高温かつ乾燥した気候であり，現在のイラク平野部においては，7，8月の日中には気温がしばしば 50℃にも達し，そして年降水量は約 150 mm 以下であり，農耕を行うためには灌漑は不可欠であった．そこでこの地域では，雪解け水の氾濫によってユーフラテス川から溢れた水を運河を通じて溜め池に蓄え，作物の成長期である夏季に溜め池から畑に灌漑を行う農法を行っていた．しかし，十分な排水や休耕を伴わない灌漑は，塩害を引き起こすことがある．なぜならば，半乾燥帯においては，土壌深層に塩化ナトリウム，硫酸ナトリウム，硫酸カルシウム，硫酸マグネシウムといった塩類が集積していることが多く，そのような土壌層に灌水が到達すると，塩類が溶け，地表の乾燥に伴って毛細管現象によって吸い上げられることで，地表面に析出してしまうからである．また，乾燥地帯を流れるユーフラテス川の水は塩類を多く含有しており，これもバビロニアの農地に塩害をもたらした．

　塩害は，過去の環境問題では決してない．20 世紀後半にソビエト連邦は，無

---

[3] 土壌の塩類濃度が高くなると，土壌水の浸透圧が増加する．植物の根は浸透圧の差を利用して吸水しているので，そのような土地では，植物の根の吸水機能の低下が起きる．さらには，たとえば土壌水のカルシウム濃度が高くなると，カリウムの吸収率が妨げられるといった，養分元素の吸収に関する拮抗作用も生じることで，生育障害が生じる（久馬 2005）．このような塩害が生じた土地を回復させるためには，大量の水を用いて湛水と排水を繰り返すことが基本であり，豊富に水の使えない地域においては困難な場合が多い．

謀な灌漑計画のもとで，約 7 万 km^2 にも及ぶ広大な綿花地帯を中央アジアに作り上げた．これは九州と四国を合わせた面積を上回る．当初こそ計画通りに大量の綿が収穫され，ソ連は綿を自給できるようになったばかりではなく，世界第 2 位の綿の輸出国とまでなった．しかし，やがてウズベキスタンの綿花地帯の半分，トルクメニスタンの 8 割までもが塩害の影響を受けるに至り，綿花の生産量は落ち込んだ．さらに，灌漑のための取水が河川流量を減少させたことで，アラル海に大幅な面積の縮小と，塩類濃度の増大をもたらし，周辺域の生態系を壊滅させるに至った（マクニール 2011）．また塩害は，灌漑以外の人為的要因によっても生じる場合がある．タイ東北部においては，その面積の 2 割程度に塩害が生じていると推定されている．これは，この地域で 20 世紀後半に行われた大規模な森林伐採によって，蒸散量が激減したことで地下水位が上がり，低位面の地表に塩類の析出をもたらしてしまったためである（三浦・タルサック 1991）．

2.1.5 農業に伴う環境問題（2）——植生伐採と土壌流失

農業は，**土壌流失**と，それに伴う農業生産力の低下という，他の環境問題を引き起こす場合がある．なぜならば，作物が農地を覆うのは一年の限られた期間だけなので，むき出しとなった土壌が風雨にさらされて，浸食が加速するからである（モントゴメリー 2010）．特に斜面の場合には，むき出しの土壌は植被で覆われた同等の土壌の 1 万倍以上の早さで浸食が進む場合すらあるという（太田 2012）．また，耕作を続けると，落ち葉などの有機物の土壌への供給量が減ることに加えて，酸素が土壌深くまで入り込みやすくなることによって，土壌有機物が減少する．土壌中の有機物は，浸食への耐性をもたらす効果を有しているため，一般に長く耕作を続けるほど土壌流失は生じやすくなる．

土壌中の有機物が土壌浸食への耐性をもたらすのは，そのような有機物を摂食する土壌生物が土壌粒子を固まりとしてまとめ上げるからであり，そのメカニズムは，菌糸による縛着，細菌から分泌される多糖類による接着，またミミズが有機物を土壌と一緒に摂食し消化管を通過する過程における機械的圧縮などが含まれる（久馬 2005）．また，このような土壌生物の働きは，土壌に空隙を豊富に作ることで，土壌の透水性と保水力を増やし，土壌を降水に対して飽和しにくくさせる．そのために，地表面を水が流れるような状況を減少させ，これも土壌流失

の防止に大いに寄与している．

　土壌が風や水によって他の土地から運び込まれるケースや，火山からの降灰があるケースを除けば，土壌の厚さは，母岩の風化による土壌生成速度と，流失速度とのバランスによって決定される．ある推定によれば，世界の陸地において 1 ha あたり土壌生成速度[4]は平均 570 kg/年である．これは厚さにすると 0.057 mm 程度であり，10 cm の表土ができるまでには 1750 年が必要となる（久馬 2005）．このように土壌の生成とは千年単位の時間を要する事象であり，よって一度土壌を流失させてしまった農地が自然回復することは，人間社会の時間尺度においては望むことは難しい．

　このような土壌流失とそれに伴う農業生産力の低下という環境問題は，農業がさまざまな地域に拡大するにつれ，顕著となってきた（モントゴメリー 2010）．例えば，完新世に入ってからのギリシアでは，草原からオークの森林へと植生が変わり，数千年かけて厚い土壌が形成されていた．しかしこの地に，広範囲におよぶ耕作と放牧が開始されると，土壌は速いペースで谷へ海へと流されていった．握り棒を使った局所的な天水農業から，景観全体を切り拓いて鋤で耕す大規模な農業への移行は，この土壌流失に拍車をかけた．古代ギリシア人は農業に伴った土壌の浸食を抑えるために，土壌に有機物を補給し，また斜面の農地を階段状にした．それでも，アテネ市周辺の丘陵地帯は，紀元前 600 年頃にはすべてはげ山となり，市への食糧供給に困難を生じさせた．これら農業に伴った土壌の衰退は，その後のローマ帝国においても繰り返され，結果的に西洋文明の中心地を，メソポタミアからギリシア，ローマ，さらに西方へと突き動かす役割を果たした．

　このような，植生破壊と土壌流失が文明にもたらした致命的な影響は，世界各所でしばしば生じたが，とりわけ広く知られているのは南太平洋のイースター島の事例であろう（ダイアモンド 2005）．遺物（人が食べたネズミイルカの骨）の放

---

[4] 土壌は岩石（母岩）の風化により生じるが，その風化は単純な物理化学的な作用ではなく，生物学的な作用に強く依存している（久馬 2005）．すなわち，植物の根の呼吸や土壌生物の呼吸により，土壌中に CO_2 が排出され，これらが土壌水に溶けて酸性を持ち，それにより母岩を溶解させるのである．また植物は，粘土や腐植のマイナス荷電によって保持されている NH_4^+ や K^+ などの陽イオンを遊離させて吸収するために，根から有機酸を分泌することでイオン交換を行っており，これも土壌水の酸性度を高める．さらに，根が母岩の亀裂を力学的に押し広げることによっても，母岩の風化は促進される．

射性炭素測定などから，遅くとも10世紀までにはイースター島に移民がたどり着いたと推定されている．堆積物中の花粉記録から，人が移住する前のこの地は，亜熱帯林によって覆われていたことがわかっている．移住後，人口は順調に増加し，巨大石像の建造が始まるなど独自の文明を発達させてきた．その間，耕作に加え，木材や燃料を得るための森林伐採が進行し，これに伴って土壌流失も加速していった．人口が1万5000人前後と最大になった15世紀初頭に森林伐採は最盛期を迎え，そして15世紀初頭から17世紀には森林はほぼ姿を消していた．そして17世紀後半には，食糧不足を背景として部族間で争いが頻発し，この頃には食人までも行われた痕跡が残っている．太平洋上の孤島であるイースター島では，環境が劣化しても移住は可能な選択肢ではなく，そもそも冒険的な航海を試みようにも，舟を作る材料となる木材は既に残っていなかったと思われる．かくして，18世紀にヨーロッパ人が島を発見した時には，人口は2000-3000人にまで落ち込み，島の文化も破壊されていた．現在においても，イースター島には，薄い土壌の上に貧弱な植生が広がっている．

　このような不適切な農業に伴う土地の荒廃や土壌流失は，近世のアメリカ南部において，きわめて速いペースで生じた（モントゴメリー 2010）．アメリカにおける初期の植民地経済は，イギリスへのタバコ輸出に強く依存していた．タバコは，大西洋を渡る長い航海にも耐え，またその高い運賃に見合うだけの利益をもたらす生産物だったからである．しかし，タバコは代表的な食用作物の10倍以上の窒素と，30倍以上のリンを土壌から奪う．そのため，肥料を投入しない当時の収奪的農法においては，新たに開拓した土地であっても，5年間栽培を続けるとその土地には何も育たなくなった．植被を失い，土壌がむき出しとなった土地が放棄され，そのような土地では夏の激しい雨が降るたびに，大量の表土が河川へと押し流されていった．適切な管理を行わずに斜面を開墾したことも，土壌流失に拍車をかけた．北米大陸において，このように収奪的な農業が行われたのは，ヨーロッパから新大陸にもたらされた様々な病原菌（天然痘・麻疹・インフルエンザ・チフス・ジフテリア・おたふく風邪・百日咳・ペストなど）によって先住民社会が壊滅的に縮小したためであり，弱体化した先住民を駆逐しながら，新たな土地を得ることが容易であったためである．

　農業は必ずしも土壌を疲弊させる非持続的な営みではない．たとえば，定期的な洪水に依拠した農業が行われていたナイル川流域や，水田農法が行われている

表 2.1.2 現在における世界主要河川の土壌流入量．土壌流入量は観測値，浸食速度は，1m³の土壌重量を0.5トンと仮定して計算した（御代川 2003）

河川	集水域面積 (10^3 km²)	土壌流入量 (10^6 トン／年)	浸食速度 (mm／年)
黄河（中国）	752	1866	5.0
ガンジス（インド）	1480	1669	2.3
アマゾン（ブラジル）	4640	928	0.40
インダス（パキスタン）	305	750	4.9
長江（中国）	180	506	5.6
オリノコ（ベネズエラ）	938	389	0.83
エーヤワディー（ビルマ）	367	331	1.8
マグダレナ（コロンビア）	240	220	1.8
ミシシッピー（米国）	327	210	1.2
マッケンジー（カナダ）	1800	187	0.21

中国の長江流域のように，持続性の高い農業システムを有していた地域においては，現在に至るまで盛んに農作物が生産され，その結果として，これら地域における文明も長く持続した．このように，文明が持続する条件を数千年スケールで俯瞰すると，少なくとも産業革命以前においては，持続的な食料生産こそが，その基本的条件の1つと言うことができるだろう．しかし，土壌流失もまた歴史時代だけの環境問題では決してない．表2.1.2は現在における世界主要河川への土壌流入量と，各河川の集水域面積，それらから推定した土壌浸食速度である．この表の地域において，先に示した土壌生成速度（0.057mm/年）をはるかに上回る土壌流失が生じていることがわかる．

参考文献
ウェイド，ニコラス著，沼尻由起子訳（2007）『5万年前——このとき人類の壮大な旅が始まった』，イースト・プレス．
大河内直彦（2008）：『チェンジングブルー——気候変動の謎に迫る』，岩波書店．
太田猛彦（2012）：『森林飽和』，NHKブックス．
オッペンハイマー，スティーヴン著，仲村明子訳（2007）：『人類の足跡10万年全史』，草思社．
岸本通夫・富村伝・山本茂他（1989）：『世界の歴史2 古代オリエント』，河出書房新社．
久馬一剛（2005）：『土とはなんだろうか？』，京都大学学術出版会．
小林登志子（2005）：『シュメル 人類最古の文明』，中央公論新社．
関雄二（2012）：最初のアメリカ人の探求．印東道子編『人類大移動——アフリカからイースター島へ』，3章，朝日新聞出版，pp. 61-82．
ダイアモンド，ジャレド著，倉骨彰訳（2000）：『銃・病原菌・鉄——1万3000年にわたる人

類史の謎』，草思社．
ダイアモンド，ジャレド著，楡井浩一訳（2005）:『文明崩壊――滅亡と存続の命運を分けるもの』，草思社．
マクニール，J. R. 著，海津正倫・溝口常俊監訳（2011）:『20世紀環境史』，名古屋大学出版会．
三浦憲蔵，サブハサラム・タルサック（1991）: 東北タイにおける森林破壊による土壌の塩類化と植林による防止対策．土壌の物理性，63，1-59．
御代川貴久夫（2003）:『環境科学の基礎（改訂版）』，培風館．
モントゴメリー，デイビッド著，片岡夏実訳（2010）:『土の文明史』，築地書館．
Gill, J. L., Wiliams, J. W., Jackson, S. T., et al. (2009) : Pleistocene Megafaunal Collapse, Novel Plant Communities, and Enhanced Fire Regimes in North America. *Science*, 326, 1100-1103.
Holt, B. G., Lessard, J. P., Borregaard, M. K., et al. (2013) : An Update of Wallace's Zoogeographic Regions of the World. *Science*, 339, 74-78.
Rule, S., Brook, B. W., Haberle, S. G., et al. (2012) : The Aftermath of Megafaunal Extinction : Ecosystem Transformation in Pleistocene Australia. *Science*, 335, 1483-1486.
Wroe, S., Field, J., Fullagar, R., & Jermin, L. S. (2006) : Megafaunal Extinction in the Late Quaternary and the Global Overkill Hypothesis. *Alcheringa*, 28, 291-331.

2.2
産業革命以降のローカルな環境問題

　本節では18世紀から19世紀にかけて拡大した産業革命と，それがもたらした人間活動の変化，そしてその結果として生じた環境問題について概説する．なお，本節は比較的狭い地理範囲で生じた環境問題についてのみ扱い，主に20世紀中盤以降に顕著となったグローバルな環境問題は次節にて解説する．

2.2.1　産業革命とその影響

　18世紀に蒸気機関が実用化されると，人間は，化石燃料が持つ化学エネルギーを動力に変換することが可能となった（マクニール 2011）．蒸気機関による動力は，人力や家畜の筋力，水力や風力といった従来の利用可能な動力に比べて，安定的に利用でき，さまざまな場所で使用でき，そして桁違いの力量を持っていた．そのような，化石燃料を用いた動力機械の普及により生じた産業と社会の変革は，**産業革命**と称される．さらに1880年以降に実用化が進んだ内燃機関は，蒸気機関に比べ小型・軽量で，取扱も容易であったため，動力機械の利用可能な場面を拡大させた．たとえば，アメリカのライト兄弟が1903年に世界初の本格的な有人飛行を成功させた飛行機には，ガソリンを燃料とする内燃機関が搭載されていた．これら一連の動力機械の技術的発展と普及は，人間活動の幅と量を一気に拡大した．たとえば，工場制機械工業によって商品の効率的な大量生産が可能となり，それら商品や，また多くの人々が，頻繁に長距離を往来するようになった．

　産業革命は，18世紀にイギリスを中心にして始まり，19世紀にヨーロッパ・アメリカ・日本に順次拡大した．産業革命の引き金となったのは，18世紀初めのトーマス・ニューコメンやジェームス・ワットによる石炭を燃料とした蒸気機関の発明と改良である．これら蒸気機関が炭鉱の排水ポンプの効率を高め，石炭

の採掘能力を高めたことで，蒸気機関はそれ自身の利用を急激に拡大させた．さらにエイブラハム・ダービーによる製鉄用コークスの発明も，石炭の熱利用効率を大きく高めた．

産業革命がもたらした蒸気船や汽車などの革命的な輸送手段は，物資の大量輸送を可能とし，都市への産業・人口の集中と工業都市化を急激に進めた（たとえば，湊他 1977）．また産業革命を通した工業・機械の技術革新の需要を背景に，19世紀は科学技術の発展が著しく，近代科学の基礎はほとんどこの時期に築かれたと言っても過言ではない（3.1節）．

産業革命によりいち早く資本力・軍事力の増強に成功したイギリスを中心とするヨーロッパ主要国は，そのエネルギーと資源の需要の増大を背景に，19世紀にアジア・アフリカ地域で植民地主義を展開した．この時期はまた，人類による地球表層の改変がグローバルに開始された時期であり，特にアジアでは農耕地拡大やプランテーションの展開による森林破壊がすでに大きく進行していた．このような土地被覆改変は，蒸発散変化や地表面のアルベド（太陽光の反射率）や粗度長（地面の空気抵抗を表す指標）の変化などにより，アジアモンスーン気候をすでに変化させていた可能性も指摘されている（Takata et al. 2009）．

20世紀に入ると，ドイツで**ハーバー・ボッシュ法**（7.1節）と呼ばれる大気中の窒素をアンモニアとして固定する技術が開発され，大量の化石燃料エネルギーを前提とした窒素肥料の工業的生産が可能となった．これは土地が肥沃でないヨーロッパでの農業生産を飛躍的に増加させた．その結果，産業革命が始まったばかりの19世紀初頭には2億人弱であったヨーロッパの人口は，20世紀初頭で約4億人，20世紀終わりには6億人近くと，急激に増加した．このような産業構造の変化と人口増加は，ヨーロッパの都市域を中心に深刻な大気と水の汚染をもたらしたが，まだ全球レベルでの環境汚染としては顕在化していなかった．

その後，第一次世界大戦から第二次世界大戦にかけて，途中に世界大恐慌という世界経済の大停滞時期を挟みつつも，近代的な経済活動は欧米諸国から，世界レベルへと拡大した．これには，ヨーロッパの帝国主義国家によるアジア・アフリカ・南米などでの植民地拡大がヨーロッパ人の移民・移動を促したこと，また日本の東アジアにおける経済活動が急速に活発化したことなどに起因している．このような経済の世界的な発展は，同時に環境問題を世界レベルに拡大する結果にもつながった．

2.2.2 スモッグ公害

産業革命以降の人為的環境変化が人間社会にもたらした負の影響は，20世紀中盤頃までは，主に局所的な環境問題，すなわち**公害**として顕在化した．その1つが，**エアロゾル**（大気中の微粒子，浮遊粒子状物質）の増加である．もともとエアロゾルは，砂漠の砂の巻き上げなどの自然活動によっても生じるが，人間活動に伴って増加しているのは，石炭・石油などの燃焼や，森林・焼畑などの火災（バイオマス・バーニング）によるものである．特に19世紀以降のエネルギー革命に伴う産業構造の変化は，工業都市の形成，拡大と都市域でのエアロゾル汚染を急激に進行させた．

たとえば，産業革命の発火点となったイギリスにおいては，石炭の燃焼に伴った媒煙による黒い霧である**スモッグ**（smog：smoke と fog の混成語）公害が深刻となり，ロンドンでは，1879-80年の冬期のみで約3000人が，スモッグによる肺疾患等により死亡している．その後の煙突排煙規制や工業における燃焼効率の上昇といった努力にもかかわらず，1952年12月4日からの1週間に発生したスモッグ（Great Smog of 1952 と称される）は，4000人もの市民を死亡させ，これを契機として1956年にイギリスでは大気汚染防止法が制定され，以降，ロンドンのスモッグ公害は収束を見せた（マクニール 2011）．しかしスモッグ公害は，現在においても，特に都市や工業が急速に成長した発展途上国（たとえば中国やインド）において，引き続き深刻な被害をもたらしている．たとえば，世界銀行の調査によると，中国には世界の最も汚染された20都市のうち16都市が存在し，大気汚染が主要因とみられる中国国内の死亡者数は毎年75万人に達するという（McGregor 2007）．近年は大気中に浮遊する微粒子のうち粒子径が概ね 2.5 μm 以下のものを PM2.5 と呼び，健康への悪影響が大きいとして注目されている．

2.2.3 光化学スモッグ公害

1940年代にロサンゼルスの盆地付近において，目がチカチカする，喉が痛いといった症状を示す大気汚染が発生した（御代川 2003）．この大気汚染は，煤煙や霧などが見えなくとも発生するという，従来の大気汚染にはない特徴を示し，そして晴れた日の昼間に発生した．その後の調査により，この大気汚染の原因物

質は，工場や自動車の排気ガスから発生した窒素酸化物や炭化水素といった一次汚染物質が，太陽光に反応したことにより生じた，**オキシダント**と呼ばれる強力な酸化作用を持つ二次汚染物質群であることが判明した．オキシダントは酸化剤という意味を持つ総称であり，その実体には，オゾン・二酸化窒素・硝酸ペルオキシアシルなどが含まれる．このうちオゾンは 0.2 ppm といったごく低濃度（現在の大気中 CO_2 濃度が約 400 ppm である）であっても，目や鼻の粘膜に影響を与える（御代川 2003）．このようなオキシダントによる大気汚染は，**光化学スモッグ**と称される．光化学スモッグは，日本においては 1970 年頃をピークに頻発し，例えば 1970 年 7 月には東京都杉並区の環状七号線の近くにある高校において，生徒が次々と昏倒する事件が生じている（石 1996）．

2.2.4 酸性雨

1960 年代には，ヨーロッパでは，各都市からの硫酸塩エアロゾル（SO_x），硝酸塩エアロゾル（NO_x）が偏西風循環によって広域に輸送・拡散され，これらが降水に溶け込んで生じる**酸性雨**が大きな問題となった．特にこの酸性雨により，ヨーロッパ各地の都市建築物だけでなく，遠く離れた森林の枯死や，大気汚染そのものの影響は小さかった北欧諸国においても湖沼の酸性化が引き起こされ，湖沼の生態系への影響が深刻になった．1979 年，欧州で締結された長距離越境大気汚染条約（ジュネーブ条約）により，ようやくその防止のための対策が始まり，被害は軽減された．しかし近年では東アジアにおいて，特に中国における工業の発展に伴った酸性雨被害が顕著となっている．

図 2.2.1 は，化石燃料の燃焼によって主に放出される硫酸塩エアロゾル量の変化を示しているが，特に 1900 年

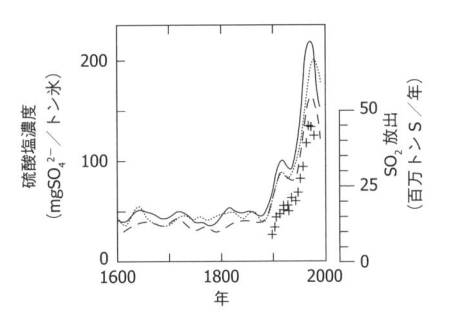

図 2.2.1 グリーンランド氷床に沈着した硫酸塩エアロゾル濃度の時系列変化（線，スケールは左軸）．この変動が，主に工業活動に伴って放出されたエアロゾルに由来することを示すため，米国とヨーロッパから放出された SO_2 量の時系列変化と対比させた（プラス記号，スケールは右軸）．なお，氷床中の濃度変化を示す線からは，大きな火山活動に伴って生じた一時的な値の急上昇は除去してある（IPCC 2001）

代後半に急激に増加していることがわかる．近年，少し減少傾向が見られるのは，先進国による大気汚染規制などによる効果が現れているためである．これらのエアロゾルは，気候環境にも影響を与える．そのメカニズムとは，大気の混濁度を高めて太陽の直達光を遮る直接効果に加え，雲の凝結核となって雲の量を増やして，やはり太陽光を遮る間接効果によるものである．このように，エアロゾルは全体としては地球大気を冷却する効果を持つが，すす（black carbon）などの一部のエアロゾルには，太陽光を直接吸収して大気を暖める方向に働くものもある．

2.2.5　重金属・有機塩素化合物による汚染と生物濃縮

　冶金および化学産業が発達した地域においては，排煙や排水，あるいは廃棄物の土壌投棄を通じて，銅・鉛・亜鉛・カドミウム・クロムなどの**重金属やヒ素による土壌汚染**が生じた．1880年代に，栃木県の足尾銅山から排出された重金属が，渡良瀬川下流域やその周辺農地に深刻な汚染をもたらした**足尾銅山鉱毒事件**（3.3節）は，広く知られている．また，1955年には富山県の神通川流域で**イタイイタイ病**が報告されたが，それは鉱山廃水により汚染された水田で生産された米などを介して体内に摂取されたカドミウムによる慢性中毒であった（田中 2003）．重金属は土壌中に長期間にわたり滞留するため，それらによる土壌汚染は修復が難しい．渡良瀬川流域の河床堆積物や流域各所の土壌では，現在においても，ヒ素・銅・鉛・亜鉛の汚染が，上流域から下流域までの広範にわたり残存している（神賀・田切 2003）．

　カドミウムや水銀などの重金属や，また殺虫剤として広く使用されていたDDD（ジクロロ-ジフェニル-ジクロロエタン）やDDT（ジクロロ-ジフェニル-トリクロロエタン）といった有機塩素化合物は，化学的に安定しており生体内で変性や代謝されず，さらに尿を通じて排出されにくいため，食物を通じて摂取されると生体の脂肪組織などに蓄積しやすい．そのため，これらの物質の体内濃度は，食物連鎖の段階を上がるほど（たとえば植物プランクトン→動物プランクトン→小さな魚→魚食性の大きな魚→人間）高くなるという**生物濃縮**が生じることで人間に健康被害をもたらす（川口 2012）．1956年に熊本県水俣市にて正式に確認された**水俣病**は，工場の廃液に含まれていたメチル水銀が魚介類に生物濃縮され，これを食べた住民に神経疾患を生じさせたものである．

2.2.6 窒素循環の変化と富栄養化

窒素は，炭素に続いて大きな乾燥バイオマス重量比を占める生体の構成元素である．窒素は，空気の体積の78％を気体窒素（N_2）が構成するなど，対流圏内において豊富な元素である．しかし，この気体窒素は化学的に安定した分子であり，多くの生物は，アンモニアや硝酸塩といった活性窒素しか代謝することができない（川口 2012）．よって，これら活性窒素の利用可能量が，多くの生態系において生物の成長速度を制限する主要要因の1つとなっている．

気体窒素をアンモニアに変換するハーバー・ボッシュ法が20世紀初頭に開発されると，この方法により固定された活性窒素は，化学肥料として世界の農地に散布されるようになった．化学肥料は，特に20世紀後半のいわゆる緑の革命（7.2節）以降，その使用量が急増したために，地球の窒素循環の主要な担い手に人間活動が加わった（7.1節）．活性窒素は容易に水に溶け，耕作地から流出してしまうため，作物の成長における窒素制限をなくすために，作物が吸収できる以上の窒素を散布する傾向がある（ダン 2013）．このような流出した窒素は，特に湖沼や内湾・内海といった水循環が滞る水域において富栄養化を起こし，プランクトンを大量に増殖させアオコや赤潮を発生させる場合がある．このような富栄養化は，しかしながら，都市排水に含まれる窒素やリンが引き起こす場合が多い．近年では，アジア諸国の急速な都市化に伴った富栄養化が顕著となっている（5.3.2小節）．

富栄養化によりプランクトンが異常に増殖した水域においては，そのような増殖した微生物が行う呼吸や，またこれら微生物の死骸が分解される過程において，水中の溶存酸素が消費されるため，**貧酸素水塊**を発生させ，魚類などに大量死をもたらす場合がある．特に養殖漁業は，富栄養化の生じやすい沿岸域において行われるために，被害を受けやすい．また，活性窒素が土壌微生物に酸化されることで生じる一酸化二窒素（N_2O）は，これまでの人間活動に伴って排出された温室効果ガスの中で，CO_2とメタン（CH_4）に続く**放射強制力**（大気における温暖化効果，1.1節）をもたらしており（IPCC 2007），農作地への大量の窒素散布は，人間活動による気候変動を促進する効果を持つ．

参考文献

石弘之（1996）：環境保護運動の成立と発展．梅原猛・伊東俊太郎・安田喜憲総編集，石弘之・沼田眞編集『環境危機と現代文明（講座 文明と環境 第11巻）』，9章，朝倉書店．

神賀誠・田切美智雄（2003）：渡良瀬川流域および宮田川流域の河川堆積物と土壌の汚染の現状――足尾銅山と日立鉱山の閉山後の汚染レベル．地質学雑誌，109，533-547．

川口英之（2012）：生態系の構造と機能．日本生態学会編『生態学入門 第2版』，9章，東京化学同人，pp. 210-226．

田中修三編著（2003）：『基礎環境学――循環型社会をめざして』，共立出版．

ダン，チャールズ（2013）：化学肥料で"肥沃"になった地球の未来．ナショナルジオグラフィック日本語版，2013年5月号，日経ナショナルジオグラフィック社．

マクニール，J. R. 著，海津正倫・溝口常俊監訳（2011）：『20世紀環境史』，名古屋大学出版会．

湊秀雄・西川治・磯田浩・浜田隆士・横山正（1977）：『地球人の環境』，東京大学出版会．

御代川貴久夫（2003）：『環境科学の基礎（改訂版）』，培風館，pp. 109-110．

IPCC (2001) : *Climate Change 2001 : the Scientific Basis. Contribution of Working Group I to the Third Assessment Report of the Intergovernmental Panel on Climate Change*, Cambridge University Press.

IPCC (2007) : *Climate Change 2007 : the Physical Science Basis. Contribution of Working Group I to the Fourth Assessment Report of the Intergovernmental Panel on Climate Change*, Cambridge University Press.

McGregor, R. (2007) : 750,000 a year killer by Chinese Pollution. *The Financial Times*, July 2, 2007.

Takata, K., Saitoh, K. & Yasunari, T. (2009) : Changes in the Asian Monsoon Climate during 1700-1850 Induced by Preindustrial Cultivation. *Proc. Nat. Acad. Sci., USA*, www.pnas.org_cgi_doi_10.1073_pnas.0807346106.

2.3

20 世紀中盤以降のグローバルな環境問題

本節では主に 20 世紀中盤以降に顕著となったグローバルな環境問題について解説する．この時代は，人間活動が対流圏内の地球のシステムに大きな影響を与える新たな要素となったため，特に人類世（人新世）とも呼ばれている．

2.3.1 人口爆発と人間活動の拡大

20 世紀の中盤から後半にかけて，資本集約的農法が世界的に普及した．これにより，食糧生産量が大幅に増大すると（これは「緑の革命」と呼ばれる．7.2 節），公衆衛生の向上と相まって，爆発的な人口増が生じた．世界人口は，産業革命前の 1750 年頃には 8 億人だったが，産業革命がドイツ・フランス・米国といった国々への波及が完了した 1900 年頃には 16.5 億人に倍増し，1950 年には 25 億人，そして緑の革命を経て 2000 年には 61 億人，2011 年には 70 億人を突破した（図 2.3.1）．この 20 世紀後半の人口爆発においては，緑の革命の影響を大きく受けたアジア・中南米における人口増大が特に著しいことが特徴である．

この時期は同時に，中近東諸国などにおける石油生産の増大と，大型石油タン

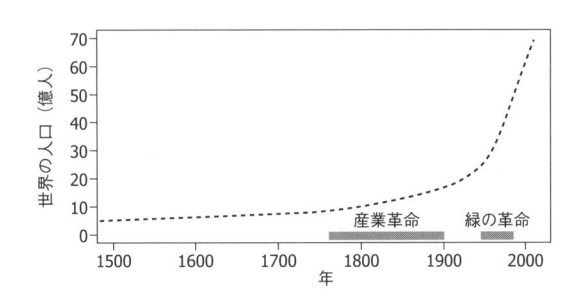

図 2.3.1　1500 年から 2010 年までの世界人口推移

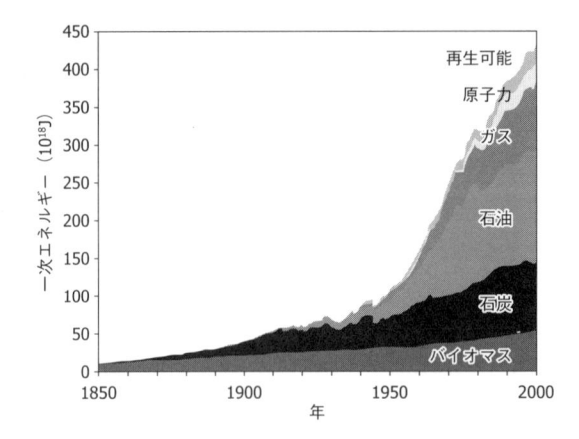

図 2.3.2　1850年から2000年までの世界のエネルギー構成変化．化石燃料の消費は，産業革命以降，特に20世紀中盤以降に急速に拡大し，2000年までに世界のエネルギー消費の約80％を占めるようになった（Steffen et al. 2007）

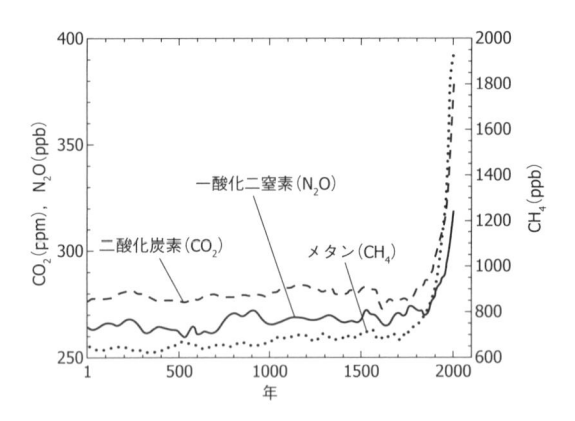

図 2.3.3　西暦1年から2005年までの主な温室効果ガスの大気中の濃度の変化（IPCC 2007）

カーやパイプラインといった石油の輸送技術の発達を背景として，産業や社会が石油への依存度を高めたことでも特徴づけられる．図2.3.2は1850年以降の世界の一次エネルギー消費量変化であるが，特に1950-1960年頃以降のエネルギー量増加は顕著である．このような石油消費量の急速な増大は，大気中のCO_2，CH_4，N_2Oといった**温室効果ガス**を大幅に増加させている（図2.3.3）．たとえばCO_2で

は，1850年頃に280 ppm程度，第二次大戦が終結した1945年には310 ppm程度であったのが，第二次世界大戦後の世界的な高度経済成長に伴って急増し，2013年5月には400 ppmに達している．また，これとほぼ同様の時系列変化が，CH_4とN_2Oについても観察されている．この400 ppmというCO_2濃度は，過去数十万年続いた氷期-間氷期サイクルに伴うCO_2濃度変化のサイクル（180-280 ppm）を大きく逸脱する値であり，少なくとも過去数十万年の気候サイクルにおいては異常な値であると言える．このような20世紀中盤以降の，人口爆発と，人間活動の幅と量の拡大により，人間活動による環境への影響は，それら以前とは異なる様相を呈するに至った．

2.3.2 森林破壊

過剰な森林伐採は，文明黎明期からの主要な環境破壊である（2.1節）．しかし産業革命以降，特に20世紀後半以降における人間活動の増大に伴って，南米やアフリカなど，これまで文明の影響が比較的小さかった地域における森林破壊が顕著となった．1990-2010年における世界各地域の森林面積変化の推定では，ヨーロッパとアジア域では耕作地の放棄や植林などの影響により森林面積が回復する傾向も見られるが，南米とアフリカにおいて依然として大規模な森林破壊が生じている（図2.3.4）．南米・アフリカ・東南アジアに分布する熱帯林は，2007年の推定値で世界の森林バイオマスの約72％を占めており（Pan et al. 2011），また

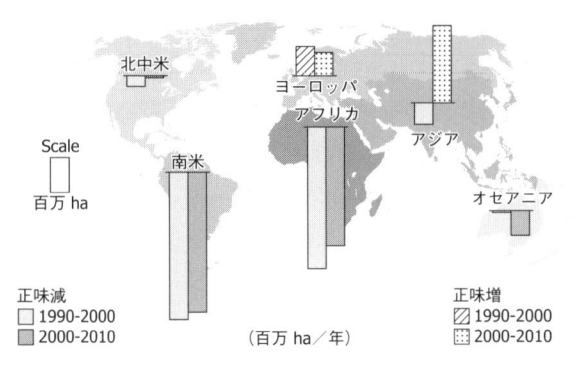

図 2.3.4 1990-2010年の世界各地域における森林面積の変化
（FAO 2010）

世界の動植物の過半数の種数を含み，その破壊が地球の炭素循環や生物多様性に与える影響は甚大である．

森林は，降水の土壌への浸透を促し（地表が林床植生や枯死物で覆われていると，降水は効率的に土壌へ浸透される）表層流失を防ぎ，また根が土壌表層を保持することによって，土砂流出の抑制や山崩れを防止する機能を持つ．ローカルに見ても，太平洋戦争直後の日本では，戦時中の無秩序な伐採などにより全国の山林が荒廃した状態におかれたが，これは1945年9月の枕崎台風において広島県を中心に大規模な山崩れや洪水を頻発させた．その後も，1947年のキャスリーン台風による関東地方の未曾有の大氾濫をはじめ，連年のように土砂水害に見舞われる状況にあった（太田 2012）．このため，保安林整備臨時措置法（1954年）や治山・治水緊急措置法（1960年）などの計画的な事業制度が始まり，特に後者は砂防事業や河川事業を含んだ水系一貫の治山治水事業として，その後の日本における国土保全政策の基本方針となった[1]．また，森林における降水の土壌への浸透促進は，上記のような土砂流出の抑制や山崩れの防止機能だけではなく，河川流量の極端な変動を抑制し，洪水緩和や河川水の資源としての価値を高めるという，いわゆる「**緑のダム**」機能をもたらしている．現在においては，日本の保安林の67％が，緑のダム機能を期待した水源涵養保安林に指定されている（蔵治・保屋野 2004）．

森林破壊の要因は，酸性雨による間接的なものもあるが，現在までの最も主要な要因は，農地・放牧地などの用途への土地利用転換と，暖房や調理のための薪炭の入手である．暖房や調理のための熱源は，20世紀以降，薪炭から化石燃料，そして電気へと移行してきた．しかし，現在においても，世界の木材生産量の63％程度（210万 m^3）は薪炭として利用されている（Botkin & Keller 2010）．特に，サハラ以南，中米，東南アジアの多くの発展途上国において，薪炭は依然として主要な燃料である．適切な伐採量と管理の下における，森林からの燃料採取は持続可能な営みである．しかし，これらの国々では人口の増加速度が高く，それに

---

1) しかし，このような戦後の治山事業と森林の回復による土砂流出の抑制は，海岸浸食という別の環境問題を生じさせることとなった（太田 2012）．わが国においては，1978年から92年までの年平均で，毎年160ヘクタールの浜辺が消失しており，それ以前の70年間の平均値の2倍以上の速度である．また，治水事業に伴った河川の護岸化は，生き物のすみかを奪うことにより，都市近郊において生物多様性の低下をもたらすこととなった．

伴って必要な燃料の量も増加してきており，薪炭林は過剰に利用されているケースが多い．同様に，放牧や焼畑といった，適切な頻度と方法においては持続的な伝統的営みであっても，人口増によって，それらが過度に行われると，土壌流失などが起きることで，不可逆的な森林・植生の破壊が生じる．

2.3.3　オゾン層の破壊

　大気上端における太陽放射エネルギーのうち6.8％が，紫外線（波長 $0.38\,\mu m$ 以下の光線）によるものである（真木 2000）．しかし大気は紫外域の光線，とりわけ $0.315\,\mu m$ 以下の短波長の紫外線を吸収する性質があり，そのために地表付近においては $0.29\,\mu m$ 以下の紫外線は通常ほぼ検出されない．このような大気の役割は，陸上で生物が活動する基本的な環境を整える上で重要な役割を果たしている．なぜならば紫外線（とりわけ $0.26\,\mu m$ 付近の紫外線）は，遺伝子の本体であるDNAによく吸収され，この吸収された紫外線のエネルギーが，DNA分子を不安定にすることで遺伝子の正常な機能を損なうからである．大気中で，紫外線を主に吸収しているのはオゾン分子（O_3）であるが，陸上生物の最初の証拠が得られているのは，大気中のオゾン濃度が徐々に増加し，それが現在の50-60％程度に達したシルル紀（4.43-4.19億年前）である（岩坂 2010）．

　大気中オゾン分子濃度のピークは，緯度や季節によって異なるが高度20-25 km付近の成層圏にある．このオゾン分子は，$0.24\,\mu m$ 以下の紫外線をエネルギーとして大気中の酸素分子（O_2）から生成され，そしてできたオゾン分子はより波長の長い $0.32\,\mu m$ 以下の紫外線を吸収して酸素分子に分解される．大気中のオゾン濃度は，この生成と消失のバランスにより決まっている（真木 2000）．

　フロンなどの塩化化合物から出る塩化酸化物 ClO_x などの微量気体成分は，この消失反応の触媒として働くことにより，大気中のオゾン濃度を低下させる．フロンは化学的に安定，人体に無害，安価という特長を持つため，冷蔵庫やエアコンの冷媒，スプレーのガス，半導体の洗浄などに広く利用されてきた．地表で廃棄されたフロンは対流圏ではほとんどが分解されず，成層圏に達し，特に最も気温の低い両極の成層圏に集積される．その結果，南極の上空でオゾン密度が異常に小さい状態（**オゾンホール**）が，南極の春にあたる9-10月に発生することが，1970年代の終わりに発見された（和田 2002）．その後，フロンの生産と使用はモ

ントリオール議定書などで国際的に規制されることとなり，その結果，フロンの大気中濃度は 1990 年代以降ピークを過ぎ緩やかに減少している．しかしそれは 2010 年現在でも依然として高い状態にあり，南極上空では大規模なオゾンホールが毎年発生している（気象庁 2012）．

2.3.4　海洋酸性化

過去の人間活動（化石燃料の燃焼と土地利用）によって放出された CO_2 のうち，累積で約 20 ％が陸域に，約 31 ％が海洋にそれぞれ吸収され，その残余の約 48 ％が大気中 CO_2 濃度を上昇させている（図 1.1.3）．このうち海洋に吸収された CO_2 は，水と反応して水素イオンを生じさせることで（$CO_2+H_2O \rightarrow HCO^-+H^+$），**海洋酸性化**を生じさせている．酸性化が進行した海水には炭酸カルシウム（$CaCO_3$）が溶けやすくなるため，海洋酸性化は，炭酸カルシウムの殻や骨格を有するサンゴや貝類といった生物に悪影響を与える（野尻 2007）．このような海洋酸性化による海水 pH の低下幅は，産業革命から 2010 年現在までに 0.1 程度であるが，海洋生態系への影響が少しずつ報告されはじめている．現在のペースで大気中 CO_2 濃度が増大し続けた場合には，海洋表層の pH は最大 0.4 程度減少すると予想されており（Feely et al. 2004），その場合の海洋生態系への影響は大きいと考えられている．たとえば，海洋酸性化と海水温の上昇（海水温度が 30℃以上の状態が続くと，サンゴに白化と呼ばれる現象が発生し死滅する場合がある）の双方の影響によって，日本近海の熱帯性・亜熱帯性サンゴの生息可能な海域は，2030 年代か 2040 年代までに消失する可能性も指摘されている（Yara et al. 2012）．

2.3.5　絶滅と生物多様性の低下

絶滅とは，ある生物種のすべての個体が消え去ってしまうことである．絶滅は，自然現象の 1 つであるが，近年の人間活動は絶滅速度を 2 桁以上高めていると推定されており（Leadley et al. 2010），私たちは地球史的な大絶滅の最中に生きている．絶滅を生じさせる人間活動は，産業革命以前には乱獲が中心であったが，産業革命以降には，農地や放牧地の拡大などによる生息地の破壊と分断，侵略的外来種，農薬などのさまざまな要因が加わり，そして今後は気候変動が加わると考

えられている（佐藤他 2012）．

　絶滅は生物多様性の大きな減少要因となることで，人間が生態系から受け取る恩恵，すなわち**生態系サービス**を縮小させる場合がある．ここで生態系サービスとは，生態系の働きのうちで，人間の便益に適うものをすべて包括した概念である．ここには，土壌形成や栄養塩の循環といった生態系全体の基盤を整える機能，土壌・大気・水循環・気候の調整機能，食料・燃料・さまざまな材料の供給機能，また文化やレクリエーションの場の提供などが含まれる（Costanza et al. 1997）．ただし，人間の生態系の仕組みに関する知見は限定的であり，絶滅や生物多様性の減少が，今後人間社会にもたらす影響については，不明な点がきわめて多いことに留意する必要がある．すなわち，思いもかけない災難を人間社会にもたらす可能性もあるし，さして影響しない可能性もある．しかし，一度絶滅させた種を取り戻すことができないという不可逆性がある以上，予防原則的な観点から，生物多様性を保全する努力は怠ってはならない．また，現在の生物多様性は，40億年にわたる生命進化の産物であり，その存在自体が貴重であり，人間の経済的利害のみから価値を論ずることには倫理的な問題もあるだろう．

　以下，現代において絶滅や生物多様性の減少を生じさせている2つの主要な人為要因について，解説する．先史時代に人類が絶滅させた大型草食動物と，それが生態系へ与えた影響については，2.1節にて例を挙げた．

(a) 生息地の破壊と分断

　近世から現在にかけての絶滅の最大要因は，土地利用に伴う生息地の破壊と分断化である．特に森林は，高い生物多様性を有するため，森林の破壊は絶滅や生物多様性の縮小に直接的な影響を与える．Living Planet Index（LPI）は，広く利用されている生物多様性の指標の1つであり，世界各所の陸上・海洋の脊椎動物の個体群サイズを集計したものである．WWF（2012）は，このLPIの時系列変化を2688種・9014集団もの大規模な調査から算出し，1970年から2008年までに世界全体で約28％（陸上生物だけの場合約25％）の減少，熱帯域の生物だけを対象に算出した場合は約61％（陸上生物だけの場合約45％）もの減少になると報告している．他方で，温帯域の生物を対象に算出した場合には31％（陸上生物だけの場合約5％）の増加になるという結果も示している．これらの結果は，先に述べたように，近年の森林破壊が特に熱帯域を中心に生じており，逆に温帯域で

は森林面積の増大が見られているというトレンドに一致するものである．

　生息地の縮小が限定的であっても，生息地が農地や都市などによって細かく分断され，そのような生息地の間で個体群が往来できなくなる場合には，絶滅が生じやすくなる．なぜならば，分断された小個体群は，さまざまな集団遺伝学的要因（近親交配率の増加，弱有害突然変異遺伝子の蓄積，人口統計学的リスクの増大）が重なることで脆弱になることが知られ，それにより個体群数が減少して，それらの要因がさらに強く働くようになるという，いわゆる「絶滅の渦」と呼ばれる個体群縮小のフィードバックが生じるからである（佐藤他 2012）．たとえば，タイの国立公園においてインドシナトラとアジアゾウの生息有無を調査した結果によると，1400 km^2 以上の公園では両種とも生息していたが，500 km^2 以下の公園では，その 2/3 以上でいずれの種も生息が認められなかった．また，面積が小さくとも，これらの動物の生息が確認された公園は，いずれも大きな国立公園と隣接しているという（湯本 1999）．そのため，種多様性を安定的に保持するためには，なるべくまとまった面積の保護区を設定するか，保護区の間で動物の移動ができるように留意することが大切である．

(b) 外来種

　本来の生息地の外から，人為的に移動された種は外来種と呼ばれる．人間は，食用，観賞用，ペットとして，多くの生物種を移動させてきた．たとえば北米の農作物と家畜の大半は，欧州や南米などから運ばれた外来種である．また，海洋生物の場合は，船舶のバラスト（おもり）水や，船底への生体の付着によって，意図せずに運搬された外来種も多い．世界有数の国際港湾であるサンフランシスコ湾では，その一部水域においては，生息する種の 90％ までもが外来種であるという（マグラス 2005）．外来種のうち，個体数を大幅に増加させ，在来の生態系に大きな影響を与えるものは**侵略的外来種**と呼ばれる．米国では，侵略的外来種による被害額は年間 1400 億ドル以上と推定され，また絶滅が危ぶまれている動植物種の 40％ 以上が，何らかのかたちで侵略的外来種の影響を受けているという．

　一度定着させてしまった侵略的外来種の駆除は，きわめて困難である．オーストラリアでは，19 世紀中頃にイギリスからアナウサギが導入されたが，やがて定着に成功し個体数を増やしたアナウサギは，既存の生態系を破壊したのみなら

ず，農作物に多大な被害を与えるようになった．第二次大戦後，農地における人手不足と気候条件の両要因が重なり，耕作地帯におけるアナウサギの数は記録的に増加してしまった．そこで1950年に，ウサギに感染するミクソーマウイルスの散布を行ったところ，それは野火のように拡がりアナウサギに99％以上もの高い死亡率をもたらし，その個体数を大幅に減少させることに成功した．しかし，アナウサギがミクソーマウイルスに対する耐性を獲得したことで，数年後には死亡率は約50％にまで低下し，その後も死亡率は下がり続けた（Fenner 1983）．同時に，ミクソーマウイルスにも弱毒化した進化が生じたため（「宿主であるアナウサギの死亡率を下げるという突然変異がこのウイルスの拡散に有利であったため，そのような弱毒株が元々の強毒株と入れ替わった」と説明されている），やがてオーストラリアのアナウサギ個体数は回復に向かった．

2.3.6 人間活動による気候変化

2.2節において，アジアモンスーン気候は，すでに18世紀までにはこの地域の土地利用改変により変化していた可能性があることについて述べた．しかし産業革命以降，特に20世紀中盤以降の大気中の温室効果ガスとエアロゾルの顕著な増加，および土地利用による地表面改変といった人為的な環境変化は，ほぼ間違いなく現在の気候に影響を与えていると考えられている．

(a) 人間活動による地球温暖化

図2.3.5は，複数の**大気海洋結合大循環モデル**[2]（以下気候モデルと略する）を用いて，1900年からの全球平均気温変化をシミュレートした結果である（IPCC 2007）．これによると，実測されている1960年頃からの顕著な温暖化傾向は，太

---

[2] 地球全体における大気と海水の循環をシミュレーションするための，コンピュータープログラム．そこでは大気と海洋を三次元の格子で表現し，各格子をシミュレーションの単位としている．そして大気や海水の流れを記述する運動方程式に，太陽放射・蒸発・雲の生滅・降水に伴うエネルギーの変換や移動という熱力学的要素を加えて，地球という回転球体の表面に広がる大気と海水の流れを数値的に計算している．なお，海水の流れは膨大な熱エネルギーを輸送しており，気候形成に大きく影響しているため，これを扱うことは気候シミュレーションにおいて欠かせない．

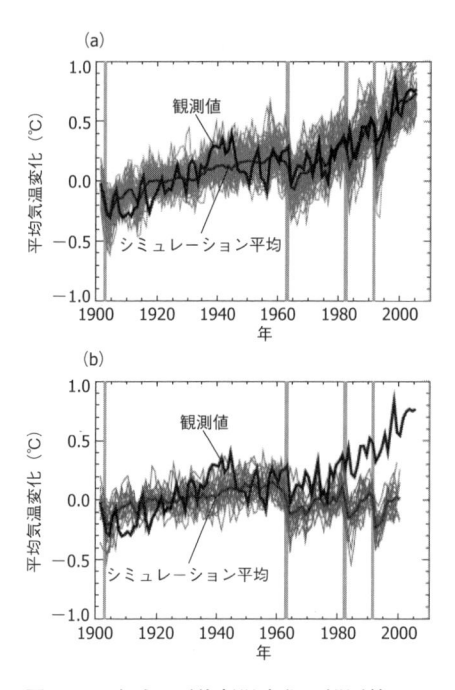

図 2.3.5 全球の平均気温変化を観測値とシミュレーション出力との間で比較した．(a) には，自然要因と人間活動による放射強制力変化の両方を考慮した計算結果が示されており，細線は個々のシミュレーション出力，太線は全シミュレーションの平均値を示している．(b) は，自然要因による放射強制力変化のみを考慮した計算結果であり，細線・太線は (a) と同様である．灰色の縦線は，大規模な火山噴火が生じたタイミングを示している（IPCC 2007）

陽活動や火山噴火などの自然の気候変動要因のみを考慮したシミュレーション（図 2.3.5b）では再現されず，そこに人間活動の影響（温室効果ガス＋エアロゾル）を加えたシミュレーション（図 2.3.5a）で再現されることが示された．なお，1960-70 年頃に，実際の気温がやや下降傾向になっているが，これはインドネシアのアグン火山の噴火の影響に加え，人間活動起源のエアロゾルが非常に増えた時期に対応している．1970 年以降には再び温暖化傾向が生じているが，この時期の温暖化は北半球の中・高緯度の特にユーラシア大陸上で強いことが観測されており，そしてこれと似た空間分布が気候モデルからも再現されている．図 2.3.6 は，この人間活動の影響を加えたシミュレーションにおいて，人為的な環境変化の各要素が，地球の放射強制力に与えた変化量を見積もったものである．それによると，温室効果ガスはプラス，エアロゾルはマイナス，土地利用変化などによるアルベド変化はマイナスになっているが，合計すると，温室効果ガスの効果が効いて，プラス，すなわち，地表面を暖める方向に働いていたことが示されている．

　これらの気候モデルに，今後の温室効果ガス増加のパターンから計算される放射強制力の変化を与えることで，将来の気候を予測することが可能である．温室効果ガスの増加パターンは，今後の人間活動のあり方に大きく依存するため，IPCC の気候変動予測では，グローバルスケールでのいくつかの産業活動の規制（計画）ごとに複数の温室効果ガス排出シナリオを用意し，それぞれのシナリオ

2.3 20世紀中盤以降のグローバルな環境問題

放射強制力項		放射強制力 (W/m²)	空間的広がり	確度
人為起源	長期間滞留する温室効果ガス	CO₂ 1.66 [1.49〜1.83] N₂O 0.16 [0.14〜0.18] CH₄ 0.48 [0.43〜0.53] ハロカーボン類 0.34 [0.31〜0.37]	地球規模	高い
	オゾン 成層圏／対流圏	−0.05 [−0.15〜0.05] 0.35 [0.25〜0.65]	大陸〜地球規模	中程度
	CH₄から発生した成層圏の水蒸気	0.07 [0.02〜0.12]	地球規模	低い
	地表面アルベド 土地利用／積雪上のすす	−0.2 [−0.4〜0.0] 0.1 [0.0〜0.2]	局地的〜大陸規模	中程度〜低い
	エアロゾル 直接的効果	−0.5 [−0.9〜−0.1]	大陸〜地球規模	中程度〜低い
	エアロゾル 雲アルベド効果	−0.7 [−1.8〜−0.3]	大陸〜地球規模	低い
	飛行機雲	0.01 [0.003〜0.03]	大陸規模	低い
自然起源	太陽放射	0.12 [0.06〜0.30]	地球規模	低い
	人為起源合計	1.6 [0.6〜2.4]		

放射強制力 (W/m²)

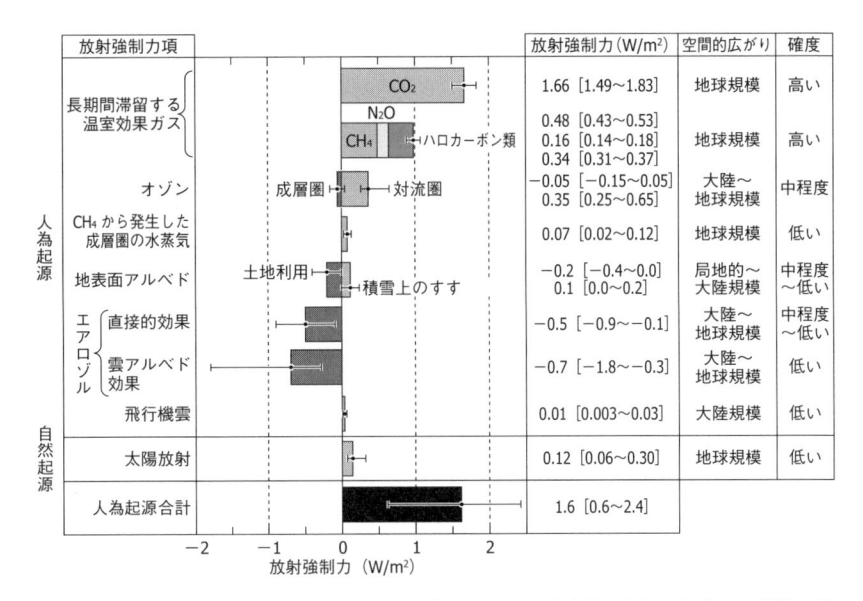

図 2.3.6 1750年から2005年までの人間活動が，地球の放射強制力に及ぼした影響の推定平均値，およびその90％信頼区間．火山エアロゾルは，影響が一時的であるためこの図には含まれていない．科学的理解水準の非常に低い放射強制力要素についても，この図に含まれていない（IPCC 2007）

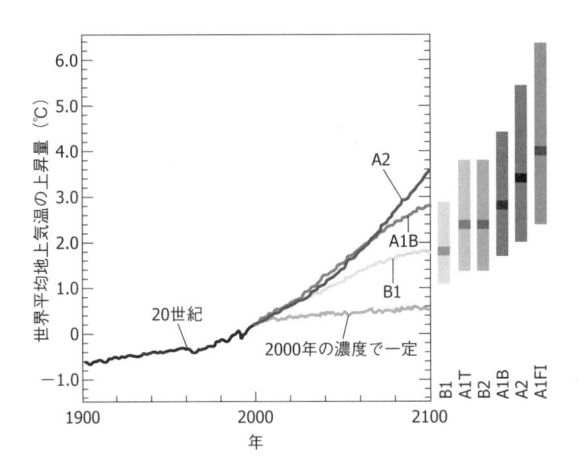

図 2.3.7 いくつかの温室効果ガス排出シナリオにもとづいた2000年から2100年までの全球地上平均気温の変化予測．それぞれの線は複数の気候モデルの出力を平均したものであり，それらの陰影は±1標準偏差の範囲を示している（IPCC 2007）

ごとに予測のシミュレーションを行っている．図 2.3.7 は，シナリオごとの 2100 年までの全球地上気温の予測を示している．産業活動への規制が最も厳しいシナリオである B1 シナリオは，温室効果ガスの排出量は 2050 年までは緩やかに増加するが，その後は減少し，2100 年には 1980 年頃のレベルに戻るというものであるが，それでも，全球の地上平均気温が 1.8℃程度の上昇が予測されている．より現実的な温暖化ガス排出シナリオである A1B シナリオに沿った予測では，2-3℃程度の上昇が予測されている．このような気温変化（地球温暖化）予測は，政府間の温室効果ガス規制に関する国連の条約（気候変動に関する国際連合枠組条約；UNFCCC）の締約国会議（COP）において，議論の出発点になる数値となっている．

(b) 気候変動予測における信頼性

気候変動予測において常に問題になるのが，予測に用いられている気候モデルの信頼性（あるいは不確実性）である．IPCC 第四次報告書の気候変動予測に利用されている気候モデルからは，全球スケールの平均気温予測において，互いによく似た傾向が出力されており（図 2.3.7），これはこれらの気候モデルが一定の信頼性を持つことを示唆している．しかし，地域ごとの気候予測の信頼性は，未だに高いとは言えない．特に，対流性の雲と降水が卓越する熱帯やモンスーン地域においては，気候モデルの格子点以下の小さなスケール（1-100km 程度）で生じる放射や潜熱のエネルギー過程が卓越している．そのため，現在の気候モデルは，これらのプロセスの再現について，限られた観測データに基づく**パラメタリゼーション**という経験的な近似を行っており，系統的な再現・予測の不確実性が排除できない．そのため，これらの地域においては，特に降水現象の予測信頼性は高くない．

気候変動に伴って，降水を含む水循環システムがどう変化するかという問題は，人間活動のみならず，生態系全体へ強く影響する重要な問題である．とりわけ，干ばつ・洪水の頻度や程度の変化，あるいは氷河への影響を含む雪氷圏への影響とフィードバックは，重要性の高い問題である．「地球温暖化」の深刻さは，この水循環システムへの影響がどの程度かということにかかっているとすら言えよう（沖 2012）．しかしながら，気候システムにおける水循環の役割は非常に複雑であり，その気候へのフィードバックを含んだ仕組みは十分に理解されておらず，

これが気候変動予測における大きな不確実性要因にもなっている．

2.3.7 人類世（人新世）の到来

1.15万年前から現在にかけての完新世（Holocene）においては，気候も物質循環も，比較的安定な状態が続いていた．しかし産業革命以降，これらは徐々に変化し，その変化の割合は20世紀に入るとさらに大きくなり，そして20世紀後半に入ると，この節で述べてきたように，大気圏・水圏・地圏・生命圏の全てにおいて劇的なシステムの変化が生じた．例えば，主要な温室効果ガスの1つであるCO_2は，これまでに過去数十万年続いてきた氷期-間氷期サイクルの変動幅を大きく逸脱するレベルにまで上昇しており，しかもその濃度はさらに増大することが見込まれており，このような大気の化学組成の大きな変化は，現在と将来の気候システムに大きな影響をもたらすものと考えられている．また，CO_2のような温室効果ガスの増加に加えて，エアロゾルの増加や地表面改変とそれらの複合的なプロセスも，地球表層あるいは気候システムへ大きなインパクトを与える可能性が指摘されている．オゾンホール研究で有名なノーベル賞科学者P. クルッツェンは，現在を人間活動が地球システムに大きな影響を与える新たな地球史時代に突入したと捉え，これを**Anthropocene**（**人類世**あるいは**人新世**）と命名している（Crutzen 2002）．

気候システムは，これまでも自然要因による変動を繰り返してきた．すなわち大陸移動や火山活動，あるいは隕石衝突などの地球内外からの大きなインパクトで改変され，ここにゆっくりとした生命圏の進化も加わって，次の準平衡的なシステムへと進化することを繰り返してきた（丸山・磯崎 1998）．産業革命以降，とりわけ20世紀後半以降の人間活動は，ここに新たに加わった気候システムの変動要因である．人類は，完新世を通してほぼ維持されていた水・物質循環系や生態系の準平衡状態のいくつかについて，すでに限界あるいは**急激な転換点（tipping point）**を超える変化を与えた可能性が指摘されている．国際科学会議（ICSU）は人間活動による地球システム変化を示す重要な指標として10の事象（気候変化・海洋酸性化・成層圏オゾン減少・窒素循環変化・リン循環変化・全球的な淡水利用変化・土地利用変化・生物多様性減少・大気へのエアロゾル負荷増加・化学物質汚染）を取り上げ，その中で特に生物多様性・窒素循環・気候変化（温暖化）

については，すでにこれまでの準平衡状態が維持できる限界を大きく超えてしまっているとの警告を発している（Rockstrom et al. 2009）．

　これらの変化は個別に生じているわけではなく，地球システムにおける相互作用の結果として生じている．そのため，今後の人間活動が，非線形な地球システムにどのような影響を与えるのかについては，不確実な点も多い．しかし，このような現状を理解し，その変化を予測し，そして対策を立てることができるのは人類だけである．人類が地球を理解するという試みは，したがって，人類にとって地球はどのような存在であり，どうあるべきかを考える行為にもつながるものである．人類世とは，人類がそのような認識を持つに至った時代としても定義できるだろう．

参考文献

岩坂泰信（2010）：オゾン層の破壊．住明正・松井孝典・鹿園直建他著『地球環境論（新装版 地球惑星科学 3）』，6 章，岩波書店，pp. 139-170.

太田猛彦（2012）：『森林飽和』，NHK ブックス．

沖大幹（2012）：『水危機，本当の話』，新潮社．

気象庁（2012）：オゾンホールの経年変化．気象庁ホームページ，http://www.data.kishou.go.jp/obs-env/ozonehp/diag_o3hole_trend.html

蔵治光一郎・保屋野初子編（2004）：『緑のダム』，築地書館．

佐藤永・嶋田正和・竹門康弘他（2012）：生態系の保全と地球環境．日本生態学会編『生態学入門 第 2 版』，10 章，東京化学同人，pp. 227-263.

野尻幸宏（2007）：ココが知りたい温暖化，海洋と大気の二酸化炭素の交換．国立環境研究所地球環境研究センター『地球環境研究センターニュース』，2007 年 4 月号，http://www.cger.nies.go.jp/ja/library/qa/6/6-1/qa_6-1-j.html

真木太一（2000）：『大気環境学』，10 章，朝倉書店．

マグラス，スーザン（2005）：侵略しつづける外来生物．ナショナルジオグラフィック日本語版，2005 年 3 月号，日経ナショナルジオグラフィック社．

丸山茂徳・磯崎行雄（1998）：『生命と地球の歴史』，岩波書店．

湯本貴和（1999）：『熱帯雨林』，岩波書店．

和田英太郎（2002）：『地球生態学（環境学入門 3）』，岩波書店．

Botkin, D. B. & Keller, E. A. (2010): *Environmental Science, Seventh Edition*, Chapter 13, Wiley, pp. 242-263.

Costanza, R., D'Arge, R., De Groot, R., et al. (1997): The Value of the World's Ecosystem Services and Natural Capital. *Nature*, 387, 253-260.

Crutzen, P. J. (2002): Geology of Mankind : the Anthropocene. *Nature*, 415, 23.

FAO (2010): *Global Forest Resource Assessment 2010*.

Feely, R. A., Sabine, C. L., Lee, K., Berelson, W., Kleypas, J., Fabry, V. J. & Millero, F. J. (2004):

Impact of Anthropogenic CO_2 on the $CaCO_3$ System in the Oceans. *Science*, 305, 362-366.
Fenner, F. (1983) : Biological Control, as Exemplified by Smallpox Eradication and Myxomatosis. *Proc. R. Soc. Lond.*, B218, 259-285.
IPCC (2007) : *Climate Change 2007 : the Physical Science Basis. Contribution of Working Group I to the Fourth Assessment Report of the Intergovernmental Panel on Climate Change*, Cambridge University Press.
Leadley, P., Pereira, H. M., Alkemade, R., et al. (2010) : *Biodiversity Scenarios : Projections of 21st Century Change in Biodiversity and Associated Ecosystem Services*, Secretariat of the Convention on Biological Diversity, Motreal. Technical Series no. 50.
Pan, Y., Birdsey, J. F., Houghton, R., et al. (2011) : A Large and Persistent Carbon Sink in the World's Forests. *Science*, 333, 988-993.
Rockstrom, J., et al. (2009) : Planetary Boundaries : Exploring the Safe Operating Space for Humanity. *Ecology and Society*, 14, 32.
Steffen, W., Crutzen, P. J. & McNeill, J. R. (2007) : The Anthropocene : Are Humans Now Overwhelming the Great Forces of Nature. *AMBIO*, 36(8), 614-621.
WWF (2012) : *Living Planet Report 2012*.
Yara, Y., Vogt, M., Fujii, M., et al. (2012) : Ocean Acidification Limits Temperature : Induced Poleward Expansion of Coral Habitats around Japan. *Biogeosciences*, 9, 4955-4968.

2.4

人類史的俯瞰
―― 環境問題発生の連鎖構造 ――

2.4.1 繰り返される環境問題

　本節の目的は，2.1-2.3 節で詳述した，人類史上のさまざまな環境問題の意味を，俯瞰的に理解することである．一般に環境問題といえば，産業革命以来，各国で頻発したいわゆる公害問題と，近年の地球環境問題だけが，それに当たると考えている人は多い．しかし広い意味での**環境問題**は，人類の誕生とともに始まった．特に狩猟用の道具の開発と高度な集団的狩りの技術の習得により，人類は当初から多くの大型哺乳類を絶滅に追いやってきた．もっとも遺伝子の突然変異により特別な性質を獲得したある生物種が，他の生物種を絶滅に追いやることは，生命の歴史の中では普遍的に起きてきたことである．それゆえ，狩猟民による野生生物の捕獲は，環境問題とはいえないのではないかという疑問もあろう．しかしそれは逆に，人類を含むすべての生物が環境と何らかの相互作用をしており，広い意味での環境問題を引き起こして来たと理解すべきであり，「人類は遺伝子のみならず，技術や制度の改変によっても急速にその存在状態を変えることができたがゆえに，きわめて広範囲にわたって環境問題を引き起こしてきただけ」ともいえるのである．

　狩猟採集に加えて農業牧畜という新しい生業を獲得したのち，人類は急速に，さまざまな環境問題を引き起こしてきた．農地の拡大に伴う土壌の流出や，乾燥地域における過度な灌漑による塩害などである．農地の拡大は，それ自身が森林伐採などを通して野生生物の生息地を圧迫し，生物多様性の縮小を伴う多くの生物種の絶滅も引き起こしてきた．こうした塩害や土壌流出，土地利用の改変は，今日にも続く普遍的な環境問題であるが，産業革命以降は，加速度的にさまざま

な環境問題が発生してきた．石炭の燃焼に伴う大気の汚染や酸性雨，鉱山の開発による鉱毒の排出，工業的窒素固定法の発明に伴う化学肥料の大量投与と富栄養化，さらには，近年のフロンガスの排出に伴うオゾン層の破壊や，温室効果ガスの大気への蓄積に伴う地球温暖化などである．

つまり，人類の歴史は，それ自身，環境問題の歴史であったと言っても過言ではない．現在の私たちが，過去に起きた環境問題を一方的に振り返った場合，積み重ねられてきた環境問題は，人間の愚かさの象徴のように見える．イースター島の住民が，部族間の抗争のためにモアイ像を乱立させるという，現代人にはよく理解できない目的のために，数少なくなった島の森林の伐採を進めて行ったとき，果たして彼らはどうして，森林資源の枯渇に伴う生活基盤の消失という，彼ら自身の首を絞めることになる行為を続けてしまったのか．実際のところ，イースター島にはさまざまな不幸な制約があった．絶海の孤島で他所との交流ができなかったことに加えて，大陸から遠く離れてエアロゾルによる土壌の肥沃化が期待できず，緯度が高く比較的寒冷でサンゴ礁が未発達で沿岸漁業が成立せず，森林の回復を促す降水量も少なかったこと，そして何よりも，島が $160\,\mathrm{km}^2$ 程度と中途半端なサイズであったことが，彼らの判断を誤らせた大きな原因であったとされている．島が十分に小さければ，すべての住民が島の環境の劣化を自分の問題として認識できたであろうし，逆に，島が十分に大きければ，森林伐採を進めても数百年で森を切り尽くすことはなかったかもしれない．環境劣化の全貌をつかむには島が少し大きすぎ，一方で，環境劣化の影響を遅らせるには島が少し小さすぎたことが，彼らの不幸であった．その時々に，イースター島の住民は，彼らなりの論理で最善の選択をしようとした結果，島の環境は崩壊してしまったのだろう．

人類史上に起きたすべての環境問題は，その点では，イースター島と全く同じであると考えられる．環境を破壊することを目的に環境問題を引き起こした先祖たちは，だれもいない．しかしその時々の最善の選択が，しばしば大きな環境問題を引き起こしてしまった．このことの意味を，どう考えるべきか．そこに環境史を考える最大の目的がある．

2.4.2　問題の解決が新たな問題を生む連鎖構造

環境問題の歴史として，人類史を俯瞰した場合，過去に発生したさまざまな環境問題には，ある共通の背景があることに気づかされる．それは，すべての環境問題が人類による積極的な環境への働きかけの結果として生じたものであり，そしてその働きかけとは，人類が，その当時抱えていた，広い意味での既存の環境問題を解決するために行われたものであった，ということである（図2.4.1）．

効果的な狩猟道具を開発した氷河期の人々や，農業という新しい生業を発明した完新世の人々は，慢性的な食糧不足という，ある意味で最も大きな環境問題に悩まされていた．問題を解決するための彼らの取り組みは，結果として，大型哺乳類の絶滅や，土壌の流出，土地の改変，人口の急増などの新たな環境問題を生み出した．灌漑農法を発明したメソポタミアの人々は，乾燥地域における低い農業生産力の克服という大きな目標を持って，計画的に水路の建設を進めたに違いない．その結果，一時期メソポタミアの文明は，大きな繁栄を迎えたが，乾燥地での灌漑農法が引き起こした塩害は，急速に彼らの生活基盤そのものを破壊していった．石炭は古くから知られていた燃料であるが，木炭に比べて硫黄分が多く汚い燃料とされていた．しかし，拡大する鉄鋼業の木炭需要を満たすために森林

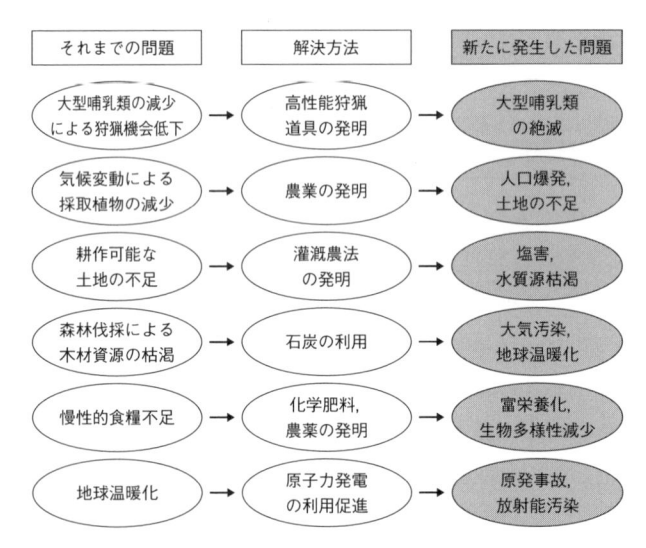

それまでの問題	解決方法	新たに発生した問題
大型哺乳類の減少による狩猟機会低下	高性能狩猟道具の発明	大型哺乳類の絶滅
気候変動による採取植物の減少	農業の発明	人口爆発，土地の不足
耕作可能な土地の不足	灌漑農法の発明	塩害，水質源枯渇
森林伐採による木材資源の枯渇	石炭の利用	大気汚染，地球温暖化
慢性的食糧不足	化学肥料，農薬の発明	富栄養化，生物多様性減少
地球温暖化	原子力発電の利用促進	原発事故，放射能汚染

図 2.4.1　人類史における環境問題の連鎖構造

伐採が進み過ぎたため，石炭の燃焼を中心にした化石燃料の消費に切り替えられた．つまり，森林資源の枯渇という環境問題を解決するために，化石燃料の利用が進められたわけである．化石燃料の大規模な利用は産業革命を促し，大気汚染や酸性雨の発生と，近年の温室効果ガスの増大による地球温暖化という，新たな環境問題を引き起こすことになった．工業的窒素固定による化学肥料や病害虫を効果的に駆除するための農薬は，世界各地の農地に大量に投入され，慢性的な飢餓という最大の環境問題に悩まされていた人類の食糧需要を満たすことになった．しかし，化学肥料や農薬が，人口の急増という大きな問題とともに，土壌・水域の富栄養化や生物多様性の減少という新たな環境問題を引き起こすことになったのは周知の事実である．

つまり，人類史上，すべての環境問題は，先行する別の環境問題の解決のための切り札として導入された新しい技術の副作用として生じたといってよい．なぜ，「新しい技術」には，しばしば大きな副作用が伴っているのか．そのメカニズムは，問題ごとに多種多様であるが，一般論として述べるならば，それまでの自然には存在していなかった「新しい技術」を自然に対して初めて導入するのであるから，何らかの反作用が，自然から跳ね返ってくることは，むしろ当たり前と考えるべきである．逆に言うと，人間と環境の相互作用という形で，**問題の解決が新たな問題を引き起こす連鎖構造**が，環境問題の底流には横たわっているのである．

この事実を，私たちはどう受け止めるべきだろうか．あらゆる科学技術は，環境問題の発生の原因であり，忌み嫌うべきものであるという意味で，「反科学技術論」のような立場もありうる．逆に，人類の歴史をこのように描写するのは，問題の解決に尽力した私たちの先祖への冒瀆であるという意味で，あくまでも「科学技術万能論」を主張する立場もあるであろう．しかし実際には，どちらも正しくない．「問題の解決が新たな問題を引き起こす」という環境問題の特質は，客観的な事実である．そして，「問題の解決に尽力する」ということは，だれにも止められない普遍的な人類の性向である．問題の解決に反対し，サボタージュしても，新しい技術や制度が，問題解決に効果的なものであれば，それが広まることを防ぐことはできない．私たちは，この事実を客観的に受け止めて，環境問題が発生・拡大しないように，有効な手立てを考える必要がある．

2.4.3 生命型システムに共通のメカニズム——技術・制度・遺伝子

「問題の解決が新たな問題を引き起こす」という環境問題の特徴は，その技術的な側面に留まらない．既存の環境問題を解決するための「新しい技術」は，人間が創意工夫で発明するものであるが，広い意味での環境問題として，政治や経済の停滞といった社会の問題を考えた場合，人間が考案する「新しい制度」も，問題の解決をめざしたものであるといえる．資本主義経済に対するアンチテーゼとしての社会主義経済や，その対極にあるものとしての新自由主義経済などは，その時々の政治経済上の問題を解決するために導入され，一定の成果を挙げた．しかし，そうした「新しい制度」は，往々にして，官僚の腐敗や経済の停滞，バブル経済の発生や格差社会の到来などの，大きな副作用を社会に与え続けている（図 2.4.2）．

一方で，自然の突然変異によって生じる「新しい遺伝子」も，地球生命史の中で，さまざまな既存の問題の解決と大きな問題の発生をもたらしてきた．図 2.4.3 には，約 20 数億年前に起きた H_2O 酸化型の光合成生物の出現の功罪を表している．地球史の比較的早い段階から，光合成によるエネルギーの獲得は行われていたが，当初は硫黄酸化型の光合成生物が主流であり，そのエネルギー獲得の効率は非常に低かった．遺伝子の突然変異によって 20 数億年前に，シアノバクテリアが，H_2O 酸化型の光合成システムを導入した最初の細胞として登場して以来，貧栄養状態にあった生態系への有機物供給量は飛躍的に増大したと考えられるが，同時に，廃棄物としての酸化型酸素，すなわち O_2 分子が，海水や大気に溜まり始めた．当時の生物の大部分は，絶対嫌気的，すなわち O_2 分子の存在を激しく嫌う微生物たちであり，海水と大気に充満し始めた O_2 ガスは，当時，最大の環

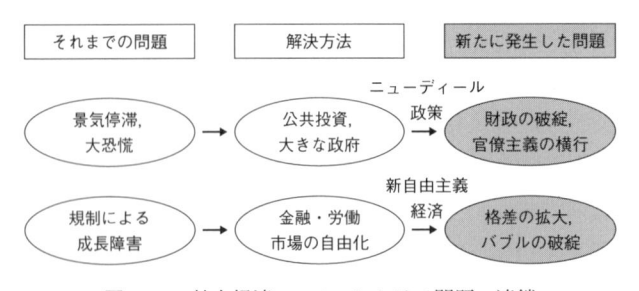

図 2.4.2 社会経済システムにおける問題の連鎖

2.4 人類史的俯瞰

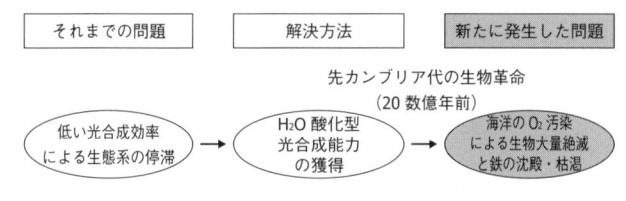

| それまでの問題 | 解決方法 | 新たに発生した問題 |

先カンブリア代の生物革命
(20数億年前)

低い光合成効率による生態系の停滞 → H_2O酸化型光合成能力の獲得 → 海洋のO_2汚染による生物大量絶滅と鉄の沈殿・枯渇

図 2.4.3 海洋生態系における問題の連鎖

境問題となったことが，容易に想像できる．

このように，環境問題の解決が新たな環境問題を発生させるという，「環境と生命の相互作用のメカニズム」の背後には，技術・制度・遺伝子などの「複製・伝播される情報ユニット」からなるすべての**生命型システム**が関与している．環境問題は，生き物がいるところには，どこにでも存在するものであり，生命と環境の間には不可逆的な相互作用が，常に働いているのである．

2.4.4 導かれる教訓――先を予測する想像力の重要性

全ての環境問題の背後に，「既存の問題の解決による新たな問題の発生」という，生命型システムに普遍的な連鎖構造が存在しているのだとしたら，その状況を乗り越えるために，私たちは，どのようにすればよいのだろうか．根源的な問題の連鎖構造を断ち切る方法は，果たして存在するのか．環境史の研究と教育から導かれるべき教訓はただ1つ，「問題解決の後に起こるであろう新たな問題」を事前に想像する力を身につけることに尽きる．

これまでの環境問題への学問的なアプローチは，主に理学系・人文学系などの研究者による問題の「解明」を前提にして，工学系・農学系・法学系などの研究者が問題の「解決」を，最終的に提案することであった．「問題解明型」の研究者は，情報を一方的に「問題解決型」の研究者に発信するだけで，自らは，「問題解決型」の研究者の環境へのアプローチの仕方を把握することは皆無であった．一方の「問題解決型」の研究者も，自らの研究が，環境問題の最終的な解決に直結するものであるとの自負から，自らの研究内容を，再度，「問題解明型」の研究者に提示する必要性を感じていなかった．両者はあくまでも，一方通行の関係だったのである（図2.4.4）．

しかし，「問題の解決の先には，必ず新たな問題の発生がある」としたら，ど

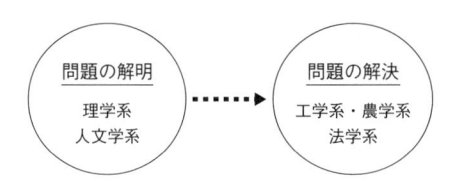

図 2.4.4 これまでの環境問題への学問的なアプローチ

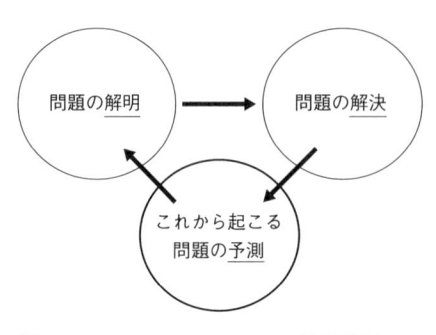

図 2.4.5 これからのあるべき環境問題へのアプローチ：解明・解決・予測の三角形のサイクル

うなるであろうか．問題の「解明」から「解決」に向けた流れを，さらに，問題の「予測」にバトンタッチしていかねばならないことがわかる．図2.4.5に示すような，三角形のサイクル，つまり，解明⇒解決⇒予測⇒解明⇒解決⇒予測…の無限サイクルとして，新しい環境学を構築していく必要性があるのではないだろうか．このようなことを言っていると，「環境学者が，自分たちの雇用の長期保証を願って，自らの能力の限界をさらけ出しているだけ」と批判されるかもしれない．しかし，ここで敢えて指摘したいのは，これまでの「既存の問題の表面的な解決をもって環境問題の終了を宣言する」という浅薄なアプローチこそが，より大きな環境問題の発生を招いてきた，という事実である．原子力を例に挙げるならば，温室効果ガスによる地球温暖化の防止の切り札として，「原子力発電」を天まで持ち上げ，高速増殖炉などの原子力関連技術ですべてのエネルギー・環境問題が解決するかのような幻想を振りまき，思考停止状態に陥ったことこそが，放射能汚染という大きな環境問題を招く原因となったといえる．すべての問題解決策には，何らかの副作用，すなわち新たな問題発生の可能性が常に秘められているという認識を前提に，副作用の発生を事前に察知する不断の努力を続けなければならない．

　この点で，「オゾンホール」と「地球温暖化」の問題への取り組みの経験は，貴重である．両者は，近代科学史上で初めて，これから起きるであろう環境問題を「予測」することを，研究の重要な柱に据えた取り組みだったからである．もちろん，まだ起きていない現象を正確に予測することは，既存の問題のメカニズムを解明することよりも数段難しいが，地球温暖化の予測については不確実な部分は多いものの，オゾン層の破壊は，原因物質であるフロンガスの大気上層への

蓄積の途上で正確に予測され，早期にフロンの全面使用禁止というモントリオール議定書の締結につながった．温室効果ガスの主要な成分である CO_2 の排出削減をめぐっては，未だ全く予断を許さない国際情勢であるが，過去20年以上にわたって，温室効果ガスの排出量削減が，国際的に議論されてきたことの意味は大きい．

　もとより，こうした予測研究自身が，純粋な予測を目的とするのではなく，政治的・経済的な思惑で突き動かされていることも，事実である．フロンの全廃に関しては，世界の化学トップメーカーが代替製品の開発に成功し，フロン全廃によって，むしろ市場の独占が期待できるという，特殊な経済的インセンティブがあったことが指摘されている．また，温室効果ガスの削減に向けた交渉は，冷戦後の国際情勢に共通の政治目標を設定するための方便だったという解釈もある（米本 1994）．一方で，この地球温暖化問題の解決を先取りする形で原子力発電を促進した結果，原発事故による放射能汚染という巨大な環境問題を引き起こしてしまったということも，重大な事実として受け止めなければならない．その背後には，よく知られているように，冷戦後の核兵器と核燃料の管理をめぐる深い国際的な緊張関係がある．

　そうした経済的・政治的なインセンティブの存在をも理解した上で，環境問題の「予測」「解明」「解決」という，研究のトライアングルを回すことが必要になる．それと同時に，目先のインセンティブに左右されない，より根源的な「予測」研究，すなわち新たに導入されることになるであろう「解決」策のさらに先に，何が起こる可能性があるのか，という「予測の先の予測」の研究が行えるように，学問の内外での体制を作って行くことが大切になってきているといえる．

参考文献
米本昌平（1994）：『地球環境問題とは何か』，岩波書店．

第3章 環境問題へのこれまでのアプローチ

　第2章では人類史における環境問題の様相を概観した．本章では，人類がこれまで行ってきた環境問題へのアプローチについて，近代科学，環境行政，住民運動という3つの視座から批判的に検討していく．

　近代科学は，公害を引き起こした主要因である一方，公害対策においては一定の有効性を発揮してきた．しかし，公害の発生を未然に防ぐことや20世紀後半になって顕在化した地球温暖化などのグローバルな問題に対しては，科学は有効策をなかなか打ち出せていない．その根本的な原因は，専門化・ディシプリンの細分化という近代科学が持つ方向性が，複雑で多様な環境問題への取り組みに対する障害となっている点にある．そこで3.1節では，近代科学の限界を見つめ，科学が環境問題に切り込む際の問題点を吟味し，環境問題が近代科学のパラダイム転換を促している点を論じる．

　3.2節では，日本における環境行政について，第二次大戦直後に設置された資源委員会から始め，高度経済成長期の公害行政の失敗を経て，1970年代の環境庁発足から1992年の地球サミット後の対応までの環境行政の展開を概観する．3.3節では，環境問題をめぐるわが国の住民運動の歴史から教訓を探る．まず，戦前における国家の急激な近代化の負の遺産である足尾鉱毒事件に対する田中正造を中心とした運動を取り上げ，次に戦後の高度成長期に石油化学コンビナートの進出を阻止した三島・沼津の住民運動を，さらに，1990年代に，大規模公共工事偏重の地域開発のあり方に一石を投じた漁業者による植林活動を紹介する．

　以上を通じて環境問題への従来のアプローチの問題点をあぶり出し，第Ⅱ部で提示する臨床環境学の導入としたい．

3.1

近代科学の限界
―― 環境問題はなぜ解決しないか ――

3.1.1　2つの環境問題 ―― 公害問題と地球環境問題

　日本では第二次大戦後の急激な経済成長に伴い，1950年代後半から有機水銀中毒による水俣病，カドミウム中毒によるイタイイタイ病，大気汚染による四日市・川崎ぜんそくなど，工場からの廃棄ガスや廃棄物質による大気・水汚染に伴う住民被害としての「**公害**」が顕在化した．これらの問題群では，ほとんどの場合，地域住民による激しい抗議と反対運動が地元の研究者・自治体を動かし，最終的に政府を動かすことによって，その汚染源の同定がようやくなされた．地方自治体・政府の仲介や裁判を通して，加害者側（企業）と被害者側（地域住民）との交渉などにより，解決の道が見出されてきた．もちろん，まだ公害問題は一掃されたわけではなく，アジアなどの発展途上国では，現在もなお進行形の問題として存在しているが，少なくとも日本においては，公害に対する認識と対策は，大きく進んだといえる．

　一方1980年代に入ると，2.3節で見たような成層圏オゾンの減少（オゾンホール問題）や大気中CO_2濃度増加に伴う地球温暖化，森林破壊などに伴う生態系の破壊と生物多様性の減少などに代表される「**地球環境問題**」がグローバルスケールの問題として顕在化してきた．1992年のリオデジャネイロでの「**国連環境開発会議**」（通称，地球サミット）をきっかけに，この問題は人類全体で考えるべき大きな問題として，世界の人々に理解されることになった．地球環境問題における問題群が，公害問題と大きく異なるのは，加害者と被害者の関係がそう簡単に決められないことにある．加害者は人類全体，というより，人類の近代文明そのものであり，被害者は人類全体あるいは人類を含む生命圏全体である．もちろん，

現在の近代文明を，すべての人類が平等に享受しているわけではない．たとえば，CO_2 の排出にしろ，オゾンホールの原因と同定されたフロン類の使用にしろ，先進国が圧倒的に多く，発展途上国は少ないという，南北問題が存在しており，その意味では，加害者は先進国（あるいは「近代文明」度の高い国）であるという見方は当然できる．ただ，被害者の代表である発展途上国も，「近代文明」をめざしているという点では，公害問題における加害者-被害者の構図を，単純に当てはめることは難しい．本当の被害者は，発展途上国内でも，伝統的で「原始的な」生活を守ってきた原住民のみ，ということになるかもしれない．

3.1.2　近代科学と環境問題

(a) 公害問題と近代科学

それでは，2つの環境問題に共通する問題は何であろうか．1960年代後半，日本で公害が大きな問題となった時，大学では「全共闘運動」の嵐が吹き荒れていた．ここでは「全共闘運動」についての詳細は省くが，大学内の教員と学生のあいだのトラブルに端を発した問題が，安保問題や公害問題などの社会問題に広がり，さらに，このような社会問題における大学の役割は何か，「大学とは何か」さらには，「学問とは何か」という問題にまで発展していった（詳細は，たとえば，山本（1969）を参照）．当然，全共闘運動では，公害をどう捉え，どう取り組むべきかの議論もなされ，もちろん反公害闘争に加わる学生も多かった．

この時に全共闘側の学生・教員から出されたのが，大学で営まれている科学は，なぜ「公害」を防げなかったのか，いや，防げないどころか，むしろ，公害そのものを引き起こすのに一役買っているのではないか，という自己批判的な意見である．これに対し，いや，これは科学そのものの問題ではなく，科学をいかに「民主的な」立場から使うかどうかにかかっているという主張が，全共闘に与しない陣営の学生・教員からなされた．公害を引き起こした企業は，生産効率，利潤追求を第一とした生産工程を，その時の科学・技術を利用して作ったためであり，周辺の大気・水環境に悪影響を与えないような技術的配慮さえすれば，こんな問題は起こらないはず，というのが後者の主張である．後に見る「科学は両刃の剣である」とする見方，すなわち科学そのものは無色透明であり，それをどう使うかは，人間の価値観次第である，という見方にもつながる主張とも取れよう．

この主張は，公害を引き起こしたプロセスを後追いで説明すれば，なるほどそうかとも考えられそうである．

　ただ，問題をより本質的に考えてみよう．近代科学は，その工業的生産への応用としての技術を含め，専門化・細分化しており，大学では，それぞれの専門(discipline)を重点的に学生に教え，その分野の研究者・技術者の再生産を行っている．大学は，近代科学の専門化された知識を「切り売り」する教員の集まりでしかなく，そのような大学で教育を受けて，企業などに入った人たちは，ただひたすら利潤追求を旨とする会社組織の歯車の一部として働くという構造からすると，彼らから予期せぬ公害をも想定した技術開発の機会やアイデアが出ることは，非常に考えにくい，あるいはほぼ不可能に近いと考えるのが普通であろう．当時，大学の教員・研究者に対し，「タコツボ化した」専門知識のみの「専門バカ」という批判を全共闘運動では展開していた．当然，そんな批判は，そのような大学にいる自分たち学生への自己批判にもなり，新たな科学のあり方を求めての「自主講座」を実施したり，公害闘争や市民運動への積極的な関わりなどに活路を見出そうとする動きが活発になっていた．しかし，後述するように，19世紀以降200年近く続いた「専門化」「個別化」を推し進めてきた近代科学はそう簡単には崩れるものではなかった．

(b) 地球環境問題と近代科学

　それでは，「地球環境問題」における近代科学の役割はどうであったろうか．まず，2.3節で見たオゾンホール（成層圏オゾン減少）問題を考えてみよう．1930年頃に開発されたフロンは，冷媒や溶剤など用途は広く，かつ分解されにくく長く使用できることから，「夢の物質」とまでいわれていた．しかし，揮発性だが分解されにくいという工業製品としての特長は，同時に対流圏からはるか上空の成層圏まで分解されずに輸送され，そこで紫外線で分解されてオゾン生成過程を破壊してしまうという特性にもなることを，フロンの開発者，製造者も予測できなかった．この特性は，開発されてから40年以上も経て，F. S. ローランド，M. J. モリナ，P. クルッツェンらの地球化学者によりようやく指摘された．その意味では近代科学が問題発見に役立ったのだが，近代科学が生み出した「夢の物質」の「副作用」が問題を引き起こしたのは明らかであり，それに近代科学が気づくのに40年以上かかったということにも留意すべきである．

二酸化炭素などの温室効果ガス増加による「地球温暖化」についてはどうだろうか．石炭・石油などの化石燃料を使用した内燃機関，エネルギー機関は，産業革命以来の主役であり，現代文明を支えてきた．自動車や電気エネルギーによる近代化などに代表される現代文明を，人類にとって是とする以上，化石燃料の使用は不可欠であったという見方も当然できよう．この問題を逆手にとって，電力会社を中心に，CO_2 排出を抑制しつつ，エネルギーを確保するためには，「より安全でクリーンな（？）」原子力エネルギーの利用が必要であるというキャンペーンを張ってきたわけであるが，それはともかくとしても，近代科学が可能にしたエネルギー利用の「副作用」として，「地球温暖化」問題が現れているといえる．

以上の地球環境問題と，公害問題との２つの環境問題に共通することは，利潤追求や生産性向上，あるいは利便性の追求といった，広い意味での近代資本主義的な価値観に基づく「技術革新」に伴って，当初は予想されていなかった「負の効果」あるいは「副作用」の顕在化として，問題が現れていることである．「問題の解決が新たな問題を引き起こすのが環境問題の特徴である」と 2.4 節で述べられているが，このような「負の効果（あるいは副作用）」は，近代科学およびそれを用いた技術においても，やはり不可避的に伴うことなのであろうか．もしそうだとすると，その要因をどこに求めればよいのだろうか．この疑問の答えを探すために，西欧の近代科学のたどってきた道を振り返ってみよう．以下の項では，最近の科学史・科学論のいくつかの議論を足早に参照しながら，環境問題，あるいは，「人間と自然（あるいは地球）の関わり合い」の文脈の中での近代科学を考えてみたい．

3.1.3　近代科学の黎明——危機の中からの科学革命

(a) 自然哲学の系譜

合理主義的な思考に基づく近代科学は，17 世紀のフランシス・ベーコン，ガリレオ・ガリレイ，ルネ・デカルトやブレーズ・パスカルなどに始まり，「**科学革命**」と呼ばれている．アイザック・ニュートンの『プリンキピア』に著された力学的世界観もこの時期に生まれた．

16 世紀のルネサンスの開花や宗教改革運動の中で，中世のキリスト教の神が

支配する世界観は大きく揺らいだが，その中で，より合理的に（神の支配する）自然を説明しようという哲学的な流れの1つとして，自然哲学的思考が出てきた（村上 2002）．**自然哲学**（natural philosophy）は，自然は神が創造した賜物であり，その理を理解することは，すなわち，神を理解することに通じるという，中世的な自然観の流れを汲むものでもあったが，すでに中世とは異なり，この時期のヨーロッパでは，実験と観察を重視する（帰納法）フランシス・ベーコン（1561-1626）の思想の普及に伴い，ベーコン流の実験や観察（観測）に基づく自然（宇宙と地球）の理解のための学問であった．彼の主著である『ノヴム・オルガヌム』には，「長途の航海と旅行によって，自然界のじつに多くのものが発見され知られるようになり，それらが哲学に新しい光を投げかけるかもしれない」とあり，ベーコンの思想の背景には，15世紀末から始まった大航海時代の影響もあると山本（2007）は指摘する．

現在の科学の諸分野の萌芽も，この自然哲学の系譜の中で育ってきたといえる．たとえば，時代は下るがフーリエ級数で有名なジョゼフ・フーリエ（1768-1830）は，「自然の深い研究は数学的発見の最も肥沃な源である．（Fourier, 1812：熱の解析的理論）」（山本 1987）と述べているように，数学のための数学としてではなく，地球での熱伝導や熱輸送を理解しようとする過程で，その数学的手法を見出したのである．

(b) 科学革命と産業革命

科学革命の進行した17-18世紀のヨーロッパは，危機の時代ともいわれている．16世紀の宗教改革以来の宗教対立を背景にした三十年戦争による国土の荒廃に加え，16世紀までの比較的温暖な気候から，17世紀から19世紀中頃までは小氷期といわれる寒冷な気候の時代になり，ヨーロッパでは農作物不作による飢饉，ペストの流行などが続き，社会はきわめて不安定な状況になっていた．

16世紀以前のヨーロッパは，中国やアラビアなどに比べ，技術文明ははるかに遅れていた．その後の大航海時代や知識の普及などに必要な印刷技術，羅針盤，火薬などは，すべて中国で開発されており，ヨーロッパは，もっぱらそれらを輸入する立場でしかなかった．それが18世紀後半の産業革命以降，立場は逆転し，ヨーロッパは世界の科学・技術をリードすることになった．その理由を考察することは大変興味深い．ヨーロッパと中国の地理的条件や政治的条件の違い，農業

の進展などの経済的条件の違いなどを指摘する議論（たとえば，ダイアモンド 2000：下田 2013 など）もあり，興味は尽きないが，ここでは深入りしない．ただ，中国や中世ヨーロッパとは異なり，17 世紀のヨーロッパでは，都市の発達とともに，都市の支配階級や知識階級が，身近にいる町の職人を，自分たちが支配する下層階級の単なる職人としてではなく技術者として高く評価するようになっていた．絶大な権力を持った中国の皇帝にとって，技術を持った職人は自分の帝国の最下層の一部をなす階級でしかなかったのとは対照的である．測定・実験・観察によって「真理」をみつけだし，それによって物を改良したり発明したり，人を治療したりするという，今日的な意味での合理主義的思考に基づく職人の技術が確立していった．もちろんその背景には，先に述べた同時代のベーコンやデカルト（1596-1650）の影響があった．このプロセスにより，17 世紀のヨーロッパは他文明圏に一歩先んじていったともいえよう（下田 2013）．職人による技術革新という過程は，さらに 18 世紀に入ると機械の画期的発明，開発が爆発的に進展した「産業革命」を通して，科学と技術がつながりつつ近代科学としてのかたちを取っていったといえる．

3.1.4　19 世紀の近代科学——資本主義体制とディシプリンの成立

(a) 帝国主義の台頭と科学の専門化

　そして近代科学は，19 世紀に入り，ドイツ，フランスなどの大学の中で制度化され，「職業としての学問」（マックス・ウェーバー 1917）として，現在のかたちに発展していくことになった．この過程で重要なことは，科学における専門化・分化が進み，学者も，自然哲学から専門の**個別学問領域**（ディシプリン，discipline）を持つ科学者へと変化していったことである．

　専門化した研究者は 19 世紀に入ってから，フランスやドイツで研究と教育をセットにして創設された大学により，より効率的に形成された．特に，ドイツ（プロイセン）のヴィルヘルム・フォン・フンボルト（1767-1835）によるベルリン大学の創設はこのような制度化された学問の形成に重要な意味を持っている．大学は，18 世紀までの科学者の舞台であったアカデミーとは異なり，研究者である教員と指導を受ける学生が同じ場にいるという新たな場を作り出した．フンボルトによると，学問を学問として追求する場として，アカデミーより「若々しい

頭の持ち主がひしめき合っている大学」において最もよく遂行できると自信を持っていたようである（佐々木 1995）.

　この大学における学問の専門化の促進過程について，さらに佐々木（1995）は，カール・ヤコービ（1804-51）らによる純粋数学の形成を取り上げながら興味深く以下のように解説している．すなわち，大学では，現象としての自然や社会の現場での技術からではなく，大学内で行う古典や論文についての「古典文献学」ゼミナールで，論理を鍛える形式が主流となった．そのようなゼミナールでの切磋琢磨は，論理の精緻化などを進めたが，教員や学生の評価も，このような過程で出される論文などで評価するという，現在にも続く評価システムが確立されていくことになった．自然を深く理解するためにフーリエがまとめたはずの「熱の解析的理論」（3.1.3 小節）なども，ヤコービは数学の良い教科書と評価しつつ，学問としての純粋数学の確立を主張する自らの立場から，「フーリエは数学の主たる目的が公共の利益と自然現象の解明にあるという意見をもっていることは真実である．しかし，彼のような哲学者は，科学の唯一の目的は人間精神の名誉であり，その理由によってこそ，数の問題が世界体系の問題と同じ価値をもつということを知るべきであった．」と批判している．

　数学に限らず，他の自然科学も，大学という制度の下で，「学問のための学問」として，多くの細分化されたディシプリンに分かれていった．このような制度化された大学と一体となってディシプリンとしての学問を確立しようとする流れは，同時期にナポレオン帝国下のフランスに対抗して国力を強化する一環として作られていった．一方のナポレオン帝国でも帝国大学が設立されるなど，同様の動きが進められた．このような専門化された学問の形成と，それと一体となった教育制度の形成は，戦争に備える（帝国主義的）国家の強化という，帝国主義と，その経済的な柱としての資本主義の成長という，時代の要請に基づいている．フンボルトのベルリン大学などで強調された「学問の自由」は，一見このような時代の流れとは相反するように見えるが，大学教授は政治的中立を保つ代わりに特権として学問の自由や大学内の自治が認められたのである．

　このように，専門化を前提とした近代科学は，自然の中に神の創造性を見出そうとする自然哲学的な特徴を急速に失っていき，大学あるいは学界（アカデミズム）の中だけで形作られる**科学のための科学**の特徴を強く持つようになってきた．このような専門化された科学が断ち割ってみせた自然の断面は，「自然の

もつ可能性，潜在的現実性のごく一部であって，現在の自然科学という枠組みが自然から選び取った一つの現実性に過ぎない」（村上 2002）．だからこそ近代科学は，自然の一部を切りとって，ある特定分野で利益を上げることを目的とした資本主義的産業に必要な科学・技術を支えられることにもなった．19世紀半ば，まさにこのような時期に「近代国家」として成立した明治政府は，プロシア（ドイツ）のこのような大学と学問の制度を，ほとんどそっくり導入して，「帝国大学」を作ったのである．

(b) マルクスとダーウィン——専門化する近代科学へのアンチテーゼ

フランスやドイツを中心に制度化された大学で近代科学は形成されつつあったが，この流れと一線を画した科学の知を築いた巨人が，この時代に，しかも科学の制度化で遅れを取っていたイギリスに現れた．その一人がカール・マルクス（1818-83）であった．マルクスは，当時急激に発展していた近代科学も，決して国家や社会体制から独立して存在しているわけではなく，むしろこれらに大きく規定され，あるいは利用されることを指摘した（佐々木 1995）．マルクスはさらに，資本主義体制下では，その生産が進む過程で，都市人口の集中と農村の荒廃を招き，都市・農村地域の同時的な環境悪化を招く可能性を，彼の代表的な著書である『資本論』の中ですでに予言していた．マルクスの盟友であったフリードリヒ・エンゲルス（1820-95）も，彼の未完の著書である『自然弁証法』（1895年）で，人間と自然の同一視あるいは共生的な視点から，安易な「人間による自然の征服」という見方が間違っていることを指摘している．

マルクス-エンゲルスとほぼ同時代に，同じイギリスのロンドン近郊に居たのがチャールズ・ダーウィン（1809-82）であった．彼は，旧態依然のイギリスの大学（エディンバラ大学，ケンブリッジ大学）で学んだが，ほとんど得るところはなく，ただ好きな地質観察や昆虫採集などを通して，博物学に熱中していた．たまたま紹介されて，海軍の測量船ビーグル号に博物学者として同乗した．ダーウィンは，5年におよぶビーグル号航海で行った世界の自然と人間の観察（『ビーグル号航海記』1837年）と，自宅での家畜や植物栽培実験などに加え，地質学などの当時の地球に関する知見に基づき，「進化論」に思い至った．彼は17-18世紀の自然哲学と自然史（natural history）を統合した結晶として50歳になってようやく『種の起源』（1859年）を著し，生物学の基本原理となる進化論を提唱し，世

界の生物学者のみならず，思想・哲学にまで大きな影響を残した．もっとも「進化論」そのものは，その後，近代科学により曲解・修正され，生存競争があたかも生命や人類の普遍的な原理であるかのようになってしまった面もある．

マルクス-エンゲルスやダーウィンに共通するのは，彼らの科学の知が，大学での制度化されつつあった教育と研究から出てきたものではなく，実相としての社会の洞察と実践や，自然そのものの包括的な観察から出てきたという点である．彼らの科学知は，その意味では，自然や人間社会をより包括的に，より根源的に考えるという自然哲学の系譜という見方もできるが，むしろ，制度化された大学での「近代科学」の機械的・還元的自然観に対して鋭いアンチテーゼを突きつけたものであった．すなわち，彼らは次小節でも述べる近代科学の問題を，19世紀半ばにすでに正しく指摘していたといえよう．

3.1.5　20世紀の近代科学——戦争と地球環境問題

(a)「科学のための科学」による帰結

先に述べたように，大学における「学問の自由」の意味は，16-17世紀のhumanity（人間性）の追求という意味ではなく，細分化されたそれぞれのディシプリンの独立性の保証という意味が強い．（現在の）大学はそのような科学の拡大・再生産のシステムとなっている．たしかに学生時代を思い出しても，「学問の自由」ということばが強調された局面は，良くも悪くも大学外や大学内の他のところから，ある種の圧力があったような時であった．「学者は学問だけやっとればよろしい」という専門化された学問の担い手として大学内（あるいは学界）に押し込められているのが，「学問の自由」の実態だったともいえる．

専門化された分野の単なる寄せ集めとなった近代科学は，自然（や人間）のある部分（要素）だけを取り出して議論する「要素還元論」が主流となり，自然や人間，あるいは自然と人間の関係を全体として理解するということを放棄してきたといえる．近代科学の進展に伴う哲学の相対的な弱体化は，まさにそのことを象徴的に表している．

このような近代科学の属性のひとつである「科学のための科学」については既に見たが，これは，「科学は両刃の剣である」という見方につながる．科学の知識は，「価値自由」であり，それ自体は価値判断などに左右されない「客観的な

事実」であり，良いことにも悪いことにも使えるという前提である．物理学や化学の専門化された知識で，原子爆弾も化学兵器も簡単に作れてしまうが，それは知識を生み出した科学（および科学者）の責任ではなく，悪用した科学者・技術者あるいは政治家のせいであるという論理が出てくる．他民族に関する文化人類学の成果が，欧米の植民地支配に利用されてきた側面も同様の「両刃の剣」論で議論されてきた．

しかし，近代科学が，まったく価値自由（あるいは没価値）的に進んできたわけではない．「必要は発明の母」といわれるように，国家の必要に応じて，近代科学と関連した技術のある部分のみが肥大化している．20世紀における近代科学の「大発展」は，2つの世界大戦や，戦後の米国とソビエト連邦による宇宙開発競争などに依っているが，このような「時流に乗った」分野のみが異常に増大する形態こそが，まさに「近代科学」の属性ともいえよう．

また，たとえ「価値自由」であったとしても，細分化された近代科学と，それを補完する大学体制の中で育まれた人間が，環境問題などに対し，適切にふるまえるかどうか疑問があることは，既に見たとおりである．

(b) 地球環境問題と近代科学

皮肉なことに，特に米ソ間の冷戦の終結後，「地球温暖化」問題が国際政治の一大課題に浮上してきたこと（米本 2011）や，1992年の地球サミットなどにより，「地球環境問題」は国家間でも大きな課題となったため，国内的にも大きな研究予算が付く分野となった．そのため，「環境（科）学」関連の学会は急増し，環境科学関係の大型予算も増加し，全国の大学に「環境（科）学」を冠する学科や研究科が雨後の竹の子のように増加した．しかし，その大部分は「近代科学」諸分野の寄せ集めにしか過ぎず，環境問題の解決に資する新たな科学をめざす学科・研究科や学会はまだほとんどない．

自然や人間，あるいは自然と人間の関係性を，全体として理解することを放棄して発展してきた「近代科学」の弱点のひとつは，さまざまなプロセスが非線形にからみあった複雑系を全体として理解するのが不得意なことである．地球あるいは地域の環境問題の解決をめざす分野としての環境学があるとすれば，（地球）自然と人間の関係性を包括的に理解し，さらに新たな関係性を追求する科学であるはずである．環境問題はまさに，「近代科学」のパラダイムの転換を促してい

るのである．

3.1.6 これからの科学——持続可能な地球社会をめざして

2.3 節で述べたように，21 世紀に入り，19 世紀以降の人類活動の影響が，さまざまなかたちで地球環境に大きく影響を与えており，その影響は特に 20 世紀後半以降，急激に大きくなっていることが明らかになってきた（Rockstrom et al. 2009）．人類と生命が依って立つべき地球の自然が，人類活動そのもので危うくなっているのである．その変化は，専門化・細分化された近代科学とそれに伴う技術に基づく産業活動により引き起こされてきたともいえる．

前小節で述べたように，人間と自然を包括的に理解する新たな科学へのパラダイム転換が必要であるが，この科学は同時に，生命圏の一員としての人類が，限りある地球を境界条件として，どう生存できるかという問題の解決をめざす科学でなければならない．地球環境問題には，人間活動による大気中の温室効果ガス濃度増加のように，すぐにグローバルな影響として現れる問題もあるが，土地利用や産業活動などによる地域的な生態系の破壊や大気・水環境の悪化など，それぞれの地域でまず顕在化することが普通である．地域の自然と人間の関わり合いの中から，持続性のある自然・人間系を探る科学の新たな模索が必要である．もちろん，人類社会内部には，国を単位とした貧困，経済格差，南北問題などの問題群も環境問題と複雑にからみつつ存在しており，持続可能な地球社会の構築には，これらの国家間の問題群の解決も同時に進めていかねばならない．

新たな科学は，まず旧来の自然科学と人文・社会科学研究者の学際的な協働・連携，そして統合（**インターディシプリナリ**，inter-disciplinary）が不可欠である．さらに，人類社会全体の持続性を前提にした科学者コミュニティと社会のあいだの協働・連携（**トランスディシプリナリ**，trans-disciplinary）も必要である．19 世紀以降 200 年続いてきた「科学のための科学」から「人類社会のための科学」への転換を今こそ進めていく必要があろう．国際的な科学者コミュニティが，UNESCO（国連教育科学文化機関），UNEP（国連環境計画），国連大学や各国政府機関と組んで進めようとしている Future Earth という国際的な科学研究プログラムはまさにそのような意図で設立されたものである（安成 2013）．「近代科学」を乗り越えて地球環境問題の解決を進めようという動きがようやく始まりだした．

参考文献

エンゲルス，F. 著，田辺振太郎訳（1956）:『自然の弁証法』，岩波文庫，全 2 巻.
佐々木力（1995）:『科学革命の歴史構造』（上）（下），講談社学術文庫.
下田淳（2013）:『ヨーロッパ文明の正体——何が資本主義を駆動させたか』，筑摩選書（筑摩書房）.
ダーウィン，C. 著，島地威雄訳（1959）:『ビーグル号航海記』，岩波文庫，全 3 巻.
ダーウィン，C. 著，八杉龍一訳（1990）:『種の起源』，岩波文庫，全 2 巻.
ダイアモンド，ジャレド著，倉骨彰訳（2000）:『銃・病原菌・鉄（下）——1 万 3000 年にわたる人類史の謎』，草思社.
村上陽一郎（2002）:『西欧近代科学［新版］——その自然観の歴史と構造』，新曜社.
安成哲三（2013）: Future Earth——地球環境変化研究における新たな国際的な枠組み．季刊『環境研究』（特集：地球環境科学とグローバルガバナンス），日立環境財団，170, 5-13.
山本義隆（1969）:『知性の叛乱——東大解体まで』，前衛社.
山本義隆（1987）:『熱学思想の史的展開』，現代数学社.
山本義隆（2007）:『一六世紀文化革命』，みすず書房.
米本昌平（2011）:『地球変動のポリティクス——温暖化という脅威』，弘文堂.
Rockstrom J., et al. (2009) : Planetary Boundaries : Exploring the Safe Operating Space for Humanity. *Ecology and Society*, 14(2), 32.

3.2

戦後日本の環境行政

3.2.1 環境行政の永遠の課題——科学化・総合化・民主化

　前節では，近代科学が必ずしも，環境問題の解決に貢献できてこなかった実態を示したが，地域の環境問題の解決に直接の責任をもつ行政（政治）の方は，どうだろうか．本節では，戦後日本の環境行政の歩みを振り返り，今後への課題を抽出する．結論を先に述べるならば，日本の環境行政では，一貫して，その「科学化」，「総合化」，「民主化」が模索されてきたが，今日に至るまで，その課題はまだ十分に達成されていない．実際，日本の環境行政は，今でこそ公害防止や省エネルギー分野で優れた成果を上げているが，歴史を紐解くと，被害の発生や拡大に対して迅速に確立されたものではない．環境行政を一元的に担う組織として環境庁（現在の環境省の前身）が設置されるのは，ようやく 1971 年であり，戦前には一部の地域に限られていた公害は，政府の無策の下で戦後の高度成長期に全国各地へと広がってしまった（飯島 2000）．公害は比較的狭い領域に限定され，因果関係（加害者と被害者の関係）が比較的明瞭な環境問題と位置づけられる．四大公害に象徴されるような重大な環境問題では，しばしば発生の初期段階から被害住民の訴えや地元の医師からの報告，原因の特定に迫る調査活動もあったが，それらは政府の対応にはなかなか結びつかなかった．それは，政府が公害被害の現場の声よりも，産業界の意向に沿って動いていたからであり（宮本 1970），その実態は，70 年代前半にようやく政府が公害対策に大きく舵を切ってからも，本質的に改善されることはなかった．

　本節では，戦後日本の環境行政の歴史を，まず，民主主義国家としての再出発を果たした戦後復興期から始め，次に高度成長期と二度の石油危機を経験した 1970 年代，そして，地球サミットが開かれた 1990 年代以降の環境問題への取り

組みの順に概観する．各時期の区分は，産業公害が経済復興を背景に発生し，飛躍的な工業化の進展による深刻化と，事態の悪化を受けた環境行政の確立，そして，国境を越えた環境問題に拡大していくそれぞれの局面に対応している．官僚への権限の集中と行政組織の縦割りの弊害が指摘される政策形成システムを反映して，戦後日本の環境行政に一貫して認められる問題点は，原因究明の不十分さ（科学性の欠如），問題への一面的な対応（総合性の欠如），産業界への過度の配慮（民主性の欠如）である．本節では，行政を取り巻く産業界や科学者の動向も参照しつつ，時代とともに環境行政がいかに展開したかを示すと同時に，依然残されている，それらの課題について明らかにする．

3.2.2 戦後復興と資源行政の実験

　日本における体系的な環境行政は，**公害対策基本法**の改正（1970年）とそれに続く**環境庁**の設置（1971年）から始まるといわれる．それ以前の政府の基本姿勢は，概して生産力拡大と産業の保護に傾き，公害の未然の防止や厳格な指導には積極的ではなかった．現場の近くで公害に直面する一部の地方自治体，たとえば，東京都や大阪府などは，戦後の早い時期に公害防止条例を制定しているが，規制基準はなく事後の対応に終始していた（小田 2008）．戦後の混乱から立ちなおり，産業が生産設備を回復させていく中で，不十分な規制を背景に，公害や環境問題が顕在化するのが戦後復興期の状況である．しかし，こうした状況の中でも，（後に続く公害の激化を防ぐ有効な対策を打ち出すまでには至らなかったが，）戦前の反省に立つ国家再建という目標にふさわしい環境関連の行政組織は存在していた．戦後まもない1947年に，一部の中堅官僚によって，行政と科学の橋渡しをする組織として設計され，経済安定本部に設置された**資源委員会**（1949年に資源調査会に改称）である（佐藤 2012）．当時の日本は，戦時から続く国土の荒廃，外地からの復員と出生率の上昇による人口増加を背景に，あらゆる面で資源の不足が深刻化していた．加えて，自由な貿易も禁じられていたことから，国内にある資源の最大限の利用が重要課題であった．資源委員会は，今日でいうシンクタンクであり，一時的に行政権限を集めた経済安定本部の中で，自立再建の要とされた資源政策に科学的知見を反映させることを期待された機関であった．乱脈な資源開発は環境問題を引き起こすため，資源委員会の活動は，公害行政にも影響を及

ぼしうるものだった．

　資源委員会の特徴は，第一に資源に関する広範な課題に対応した調査体制である．それは，委員会という名称から連想される単なる諮問機関ではなく，総合的な調査研究機関であった．1949年までに水・土地・エネルギー・地下資源・衛生・繊維・地域計画・防災など，資源利用に関連する多岐にわたる部会が立ち上げられている．資源委員会は「専門諸分野を横断する「学際的研究プロジェクト」のまとめ役」（石井 2007）として活動し，大学研究者などからなる専門委員と呼ばれる人々が調査研究に従事していた．

　第二の特徴は，その活動が，自然と資源利用や各資源利用間の調和をめざす環境政策的側面を持っていた点である．当時は食糧やエネルギーなどの資源不足の上に，荒廃した国土に台風災害が重なり被害を拡大させていた．そうした状況の中で，水力発電ダムの建設を含む河川総合開発に大きな期待がかけられたことに加えて，戦前の総合開発が，治水，灌漑，発電などの各部門ばらばらに計画された結果，総合計画としての合理性を失った反省もあり，「自然の一体性」の保持を基本理念とした総合的な視角が重視されたのだった．

　第三には，「民主化」に関連して組織の権限に特徴がある．資源委員会は，学者や民間の専門家で構成される委員会による自律的な調査課題設定と，大学や研究機関の協力の下に政策提言に必要な独自の調査が許されていた．また，調査報告の提出のほかにも，総理大臣に「勧告」するという権限も与えられていた．霞が関への権限の一極集中が問題とされたその後の状況に照らせば，科学（調査研究）が政策決定に近接した希有な政策提言機関だったといえる．

　資源委員会が以上のような革新的な性格を帯びた理由には，終戦直後の日本が置かれた特殊な状況が影響している．とりわけ，1952年まで続いた連合国最高司令官総司令部（GHQ／SCAP，以下略してGHQ）による間接統治と深く関係していた．民主化政策による内務省の解体や農地改革はよく知られているが，GHQには資源政策の計画化を求める指針も存在していた（内田他 1986）．GHQ天然資源局からの支援により，世界恐慌下のアメリカで不況対策として取り組まれたニューディール政策やTVA（テネシー渓谷開発局）計画，NRPB（全国資源計画委員会）に関する知識を得たことが資源委員会の設立を後押しした．

　「理想社会の一実験」と位置づけられた資源委員会は，その後，資材や資金も欠乏していた戦後復興の中で，「利根川洪水予報組織」や「土地調査」，「鉄道電

化に対する勧告」など，資源利用の方向を定めたと評価されるものを含め，多くの勧告と報告をまとめ，資源政策立案に一定の貢献を果たした．しかし，国際・国内情勢の変化に応じるように，以後，段階的にその影響力を縮小させていく．1952年のサンフランシスコ講和条約発効と国際社会への復帰，輸入貿易の再開により，「自然の一体性」や保全の概念は開発の指針としての重要性を失う．経済安定本部の廃止にともなう既成省庁体制の復元も，資源調査会の活動を制約した要因としては無視できない．

　1956年，戦前の最高水準まで生産力を回復させた日本は高度成長の入り口に立つと，第一回の経済白書は「もはや戦後ではない」と述べて，技術革新を次なる経済成長のカギとして指摘した．同年，科学技術庁が設置されると，資源委員会は資源局として再編され，調査会はその付属機関となり，設立当時の権限を失った．その科学技術庁に新たに原子力局が設置され，資源局と並ぶ構図は，環境保全と資源開発のバランスを重視した総合的なアプローチの軽視と，入れ替わるように高まった巨大科学技術への政府・産業界の期待を反映したものだといえるだろう．

3.2.3　高度成長と公害行政の失敗

　経済成長期に入るとまもなく，**全国総合開発計画**（1962年）が打ち出され，開発政策の基本方針は，資源開発を重点とする地域拠点開発から，重工業優先の産業基盤整備に移った．その中で高度成長を担う基幹産業に育ったのが鉄鋼や石油化学工業だった．経済成長と産業構造転換のカギを握る要素として技術革新が注目され，産業界から理工系学生増員を求める声が上がると，政府は「科学技術者養成拡充計画」（1957年）を打ちだして国立大学における理科系を増員し，大学設置基準を緩和して，私立大学における理工系学部の新設と拡充を促した（廣重2003）．高度成長を支えた人的資源政策は，企業から政治と行政に，そこから大学，そして市民に向けられた（中山 1995）．

　技術革新への関心の高まりから，産業界では「中央研究所」の設立ブームが起きたが（中山 1995），高度成長期の公害防止への投資額の割合は低調に推移していく（宮本 1987）．1958年に制定された最初の公害規制法である水質二法（工場廃水規制法と水質保全法）や1962年制定のばい煙規制法は，いずれも公害防止に

は不十分な「ザル法」と評価されている．緩い規制基準の設定が一定の環境汚染に対する免罪符になったとさえ指摘されている（宮本 1987）．人命や健康に優先される「企業の論理」を批判する強い世論はまだ形成されておらず，1970 年初頭に終わりを迎える高度成長期の大半を通して，政府は生産力の拡大を追求し，科学もそれに大きく貢献した．

実は，上述の水質二法が対象とする水質汚濁の問題については，1948 年頃から対応の必要性が認識されるようになり，資源委員会を中心に議論が重ねられていた．1949 年には水質基準の明示，当局の責任の明確化や罰金の設定を含む対策の原案が準備されている．しかし，1951 年に提出された「水質汚濁防止に関する勧告」（勧告 10 号）では，鉱工業界や通産省などの反対から，立法措置の勧告まで踏み込むことができなかった（佐藤 2012）．熊本で水俣病患者が公式に確認されるのは 1956 年のことだが，すでに 1953 年には猫の変死など被害の兆候があらわれていた．水質二法は 1958 年に本州製紙江戸川工場の廃水に抗議する漁業者が工場に押しかけ，警察官・機動隊員との衝突に発展した事件が社会の注目を集めたことから，同年に制定された．だが，その内容が実質的には骨抜きにされたことで，以後の深刻な公害の多発を招いてしまう．

規制の強化を求める声が反映されない政策形成システムの中で，科学者も中立的な存在ではなかった（宇井 1968）．たとえば，水俣病の原因究明の過程で，1959 年に熊本大学医学部の研究班はチッソ水俣工場の排水を原因とする有機水銀説を発表するが，それに対して，企業側は戦時中に海に投棄された爆薬が原因であるとの説を，（化学工業界側に立つ）研究者は腐敗した魚を食べたことによる有毒アミン中毒説を主張して原因究明の遅れを招いた．同様の構図は，イタイイタイ病にもみられ，1957 年に地元の医師は鉱毒が原因と発表したが，医学界には支持者は少なく，風土病や栄養不足が原因として疑われていた（飯島 2000）．専門家による調査研究の成果は，学会や地方自治体に持ち込まれ，社会問題化すると中央行政が打開に動き出すが，中央省庁に設置された水俣病事件関係省庁連絡会議のように，中央の行政は汚染源について明確な結論を出さなかった．専門家の多くは被害住民の側ではなく，結果的に，あるいは意図的に，開発を推進する側を擁護する立場に立っていた（中山 1995）．

しかし次節で述べるように，住民運動の勝利が少なからず政府と産業界を動揺させた結果，1964 年に産業界から一旦拒否されていた「公害対策基本法」が

1967年に成立した．同法は，1967年の新潟水俣病訴訟に始まり，四日市ぜんそく訴訟（1967年），イタイイタイ病訴訟（1968年），熊本水俣病訴訟（1969年）へと続く，公害病の訴訟や認定が展開していく素地を与えた点では評価されよう．ただし，その第一条には，産業界への配慮から，「産業の健全な発展との調和を図る」という文言，いわゆる「調和条項」が付加されていたことに留意すべきである．

3.2.4 環境行政の確立と停滞

公害問題が深刻化した60年代を経て，開発一辺倒で突き進んだ体制に対する疑念が産官学民の各セクターに広がり，社会のあり方に根本的な再検討が加えられることになった．1967年，東京都に美濃部亮吉を知事とする「革新都政」が誕生すると，都は国の基準よりも厳しい東京都公害防止条例（1969年）を打ち出した（宮本 1987）．その後，大阪や神奈川などでも革新知事や市長が選ばれ，踏みこんだ公害行政が取り組まれるようになった．開発優先の政策を敷いてきた政権与党が強い危機感を抱いたことは想像に難くない．戦後教育改革が経済成長に過度に寄り添った結果，一連の大学紛争が巻き起こり，3.1.2小節で見たように，定員拡大を先行させた大学教育や古い研究教育体制にのみならず，学生の不満は科学のあり方にも向けられた．混乱する中，新たな教養を求めて独自のカリキュラムが組まれ，東京大学では化学者で公害研究に取り組んだ宇井純による自主講座が開かれた．地球科学者の立場から地域開発分野に踏み出した島津康男が，地域の環境問題へのシステム・ダイナミクスの応用にとどまらず，「一人学際」を提唱し，環境科学の本質を資源利用の整合の問題として捉えるなど，先駆的な取り組みが見られた時代でもあった（島津 1983）．

特に，1972年に民間組織であるローマ・クラブが発表した報告書『成長の限界』は，「地球の有限性」の議論を通じて，全体的な事態の把握の重要性を強く印象づけた（メドウズ他 1972）．資源委員会設立に尽力した大来佐武郎は，そのローマ・クラブや次小節で述べるブルントラント委員会に加わり，開発と環境をめぐる国際的な政策形成に大きな役割を果たした（大来 1981；小野 2004）．戦後いち早く「TVA研究懇談会」を立ち上げ，資源委員会の委員も務めた都留重人は，後に公害問題の共同研究を立ち上げ，季刊誌『公害研究』を刊行し，1970

年に「環境権」を謳った国際シンポジウムを開くなど，環境行政の確立にも大きく貢献した（都留他 1971；都留 2001）.『公害研究』の副題が「学際的協力をめざして」だったことが示すように，公害問題は，「総合」や「学際」の重要性を強く意識させる契機となった.

　行き過ぎた開発に対する批判の高まりの中で，政財界にも変化を模索する動きが見られた．環境と開発の不調和や都市の過密と地方の過疎問題など，各部分での最適化が必ずしも全体の最適化にならないことが強く意識され，システム・アプローチが打開のカギを握る新機軸として期待された．1969 年に派遣された「アメリカ産業予測特別調査団」は，科学技術の跛行的な発展ではなく社会とのバランスがとれた総合的なシステムデザインの必要性を指摘し，テクノロジー・アセスメントや**シンクタンク**の設立などを提言した．前後して産業界には第一次シンクタンク設立ブームが起き，産業界が公共政策や社会開発に目を向ける契機となった（東京大学新聞研究所 1985）．大学紛争後の時期に，政策志向・未来志向・学際的研究を掲げたシンクタンクは，大学の知のあり方に疑問を抱く学生を引きつけた．

　経済成長期に噴出した社会のあり方に対する批判と変革を求める一連の気運を背景に，日本の環境行政は 1970 年に歴史的な転換点を迎えることになる．第 64 回国会は「公害国会」と呼ばれ，政府が提出した公害に関係する 14 法案はいずれも可決成立し，改正された公害対策基本法からは「調和条項」が削除されると，たとえば，水質二法も全国一律の規制基準を定めた水質汚濁防止法に統合改定されるなど，規制が強化・拡充されることになった．1971 年には各省に分散していた公害関連行政の一元化を目的に環境庁が発足し，環境行政は大きく前進することになった．しかし，1973 年と 1979 年の二度の石油危機を契機に，環境政策は再び停滞の局面を迎える．1974 年には戦後初のマイナス成長を記録し，環境に対する世論の関心の低下に対して，産業界からは規制基準の緩和を求める声が強まった．環境行政の確立と石油危機は産業界の省エネ・公害対策を後押しする一方で，法案化がめざされた環境アセスメントが財界や開発主体の官庁の反対で廃案（1981 年）になるなど，この時期の環境行政には前進と停滞がともに見られる．

3.2.5　持続可能な開発と環境問題のグローバル化

　1980年代には，大量の資源を消費する重化学工業主体の産業から，電子・情報技術を基盤とする省資源型産業への産業構造の転換が進むが，公害が克服されたわけではなく，新たなハイテク産業も，有機溶剤の地下への流出など，決して環境汚染と無縁ではなかった．同時に，貿易摩擦の問題から内需拡大が要請され，大規模公共工事やエネルギー多消費型の生活様式（大量消費社会）が環境への負荷を増加させた．他方では産業資本の海外進出や開発援助が，発展途上国への公害輸出をもたらしたことにも厳しい目が向けられた．

　70年代に社会開発分野への貢献を視野に参入したシンクタンクの多くは，低成長の時代に入ると市場からの淘汰にさらされることになった．景気が回復・加熱した1980年代後半に再びシンクタンクの設立が相次ぐが，政策志向というよりも企業戦略志向が強く，学際性よりも専門性の追求に変わった点が指摘されている（鈴木・上野 1993）．資源調査会に改名された資源委員会は1970年代まで調査体制の規模を維持していたが，科学技術庁に改組された資源局は，その後，行政改革に伴う一省一局削減の対象となり，役割と規模が縮小していった．70年代に生じた学問のあり方の問い直しも，大学に根本的な変化をもたらしたわけではなかった．「一人学際」を提唱し，「環境の現場監督」育成に尽力した島津の著書からは，細分化した学問分野で構成された大学制度の中で孤軍奮闘した様子を読み取ることができる（島津 1983）．

　安定成長期に入り公害が沈静化した日本から，世界に目を移すと，1980年代は環境問題に関する国際的な枠組みが進展した時期であった．1986年に開かれたブルントラント委員会では「**持続可能な開発**」が提唱され，欧州では酸性雨問題を発端に越境型環境汚染への先駆的な取り組みが始められ，ジュネーブ条約（1979年採択，83年発効）やバーゼル条約（89年採択，92年発効）などが結ばれた．また，オゾン層破壊に対しては，ウィーン条約（83年採択，89年発効）が結ばれ，モントリオール議定書（87年採択，89年発効）へと発展した．やがて，1992年の**国連環境開発会議**（地球サミット）では，気候変動枠組条約と生物多様性条約，森林原則などが成立した．一連の国際的な枠組みが構築された背景には，地球環境問題の顕在化はもちろん，冷戦終結後の国際的な政治・経済秩序の再編が影響している．地球温暖化問題が国際政治の場で重要課題に位置づけられたことは，

科学と政治を切り離しては理解できない現象であったといえる（米本 1994）．

　地球サミットが開催された1992年の時点で，OECD諸国で日本だけが環境基本法を持っていなかったが（本谷 2004），1993年に「公害対策基本法」の後継法として，ようやく「**環境基本法**」が制定された．同時に，環境問題だけでなく，資源開発や地域開発にも長期的な見通しと，グローバルな視野からの戦略が求められるようになり，官僚中心の政策形成手法の限界と非営利独立型のシンクタンクの必要性が指摘された（鈴木・上野 1993）．健全な批判精神と調査研究能力を備え，政府から独立した機関による課題の分析と対案の提示が，民主主義社会にとって不可欠なものとして提唱されたのである．

　それまでの日本のシンクタンクに対して指摘された問題点は，基礎研究に傾斜してきた大学のあり方と切り離して考えることはできない．同じ時期には大学においても環境学部や公共政策関連の学部・学科が新設され，大学を含む高等教育機関や調査研究機関など，いわゆる知的生産を行う分野においても，学問や領域組織を超えた研究者のネットワーク化の傾向が指摘されるようになった（大場 1999）．グローバリゼーションと地球環境問題の顕在化を背景に，政府も，たとえば，文部科学省の支援事業「21世紀COEプログラム」や問題解決型の共同研究を後押ししてきた．しかしながら，細分化が進んだ教育制度の中で，協働を前提とした人材育成の仕組みは未だ手探りの状態である．近年の取り組みの歴史的な意義の評価には今しばらく時間が必要だが，前節でも指摘したように，掲げられた総合や学際の理念は，寄り合い所帯の中で必ずしも実現されていないのが実情である．

3.2.6　あるべき環境行政に向けて

　本節では，戦後日本の環境行政の歩みと，行政を取り巻く産業界や科学者たちの対応について，振り返ってきた．それを簡単にまとめるならば，①戦前の体制への反省に基づく資源委員会に代表されるような新しい資源・環境行政の実験と挫折，②高度成長に伴う公害の噴出と政府の対応の遅れ，③住民運動や研究者からの突き上げによる公害行政の進展と石油ショックによる停滞，④環境問題のグローバル化と問題を総合的にとらえる必要性の再認識など，時代の展開の中で，さまざまな紆余曲折があったことがわかる．

そうした中で一貫して問題となってきたのは，最初に述べたように，環境行政の科学化・総合化・民主化をめぐる，飽くことなき綱引き，すなわち前進と後退であった．つまり，戦後日本の歴史から学ぶべきことは，第一に，環境行政の「科学化」，すなわち研究者たちによる，積極的な環境行政への関与の必要性である．高度成長期に噴出したさまざまな公害問題の解決のために，地域住民らと連携して尽力した数多くの研究者の姿から，今日の大学・研究機関の研究者・学生が学ぶべき点は多い．その際には，第二に，環境行政の「総合化」，すなわち，特定の学問分野からの独善的な見方を排して，基礎科学と応用科学，文系と理系などの幅広い視点の融合による総合的な問題の理解と解決を，めざすことが重要である．実際，戦後日本の大学では，旧来のタコツボ化した学問に安住してきた多くの研究者は，環境問題の解決にほとんど貢献できなかった．環境問題への取り組みにおいては，そうした学際的（インターディシプリナリ，4.2 節）なものの見方が，最も重要になる．そして，第三に，環境行政の「民主化」，すなわち，研究者をはじめとする特定の社会階層の利害のみに依拠した問題の設定を排して，住民から自治体職員，産業界まで，さまざまな環境問題のステークホルダーの立場を反映できる，超学際的（トランスディシプリナリ，4.2 節）ともいえる政策決定へのアプローチを保証することも，不可欠である．残念ながら戦後日本で起きた数多くの公害・環境問題では，加害者側の産業界が政府・自治体に規制を回避するための圧力を加えるだけでなく，産業界と結託してさまざまな珍説を開陳し，問題の理解と解決への足を引っ張ってきた少なくない数の研究者がいたことも事実である．そうした妨害を許さず，公正な議論に基づく環境行政を保証することが，今日に至っても，引き続き，最重要課題の 1 つであることは間違いない．

　次章以降（第Ⅱ部，第Ⅲ部）では，環境問題の理解（診断）と解決（治療）に向けた，学際的（インターディシプリナリ）かつ超学際的（トランスディシプリナリ）な取り組みを，政策策定を含む環境行政の実践の中で，いかに実現して行くのかについて，本節でまとめた環境行政の歴史を踏まえながら，具体的に考察を進めていく．

参考文献
飯島伸子（2000）：『環境問題の社会史』，有斐閣．

石井素介（2007）：『国土保全の思想——日本の国土利用はこれでよいのか』，古今書院．
宇井純（1968）：『公害の政治学——水俣病を追って』，三省堂．
内田俊一・川崎京一・加子三郎編（1986）：『日本の復興と天然資源政策』，資源協会．
大来佐武郎（1981）：『東奔西走　私の履歴書』，日本経済新聞社．
大場淳（1999）：「学際性の進展とその影響」『大学研究』19，181-199．
小田康徳編（2008）：『公害・環境問題史を学ぶ人のために』，世界思想社．
小野善邦（2004）：『わが志は千里に在り——評伝大来佐武郎』日本経済新聞社．
島津康男編（1983）：『国土学への道——資源・環境・災害の地域科学』，名古屋大学出版会．
鈴木崇弘・上野真城子（1993）：『世界のシンク・タンク——「知」と「治」を結ぶ装置』，サイマル出版会．
佐藤仁（2012）：『「持たざる国」の資源論——持続可能な国土をめぐるもう一つの知』，東京大学出版会．
都留重人・宇井純・岡本正美・戒能通孝・柴田徳衛・清水誠・庄司光・華山謙・宮本憲一（1971）：公害問題と学際的協力．『公害研究』1-1，2-16．
都留重人（2001）：『都留重人自伝——いくつもの岐路を回顧して』，岩波書店．
東京大学新聞研究所編（1985）：『日本のシンクタンク』，東京大学出版会．
中山茂（1995）：『科学技術の戦後史』，岩波書店．
廣重徹（2003）：『科学の社会史（下）』，岩波書店．
宮本憲一編（1970）：『公害と住民運動』，自治体研究社．
宮本憲一（1987）：『日本の環境政策』，大月書店．
メドウズ，D. H., D. L. メドウズ・J. ランダーズ他著，大来佐武郎監訳（1972）：『成長の限界』，ダイヤモンド社．
本谷勲（2004）：『歴史としての環境問題』，山川出版社．
米本昌平（1994）：『地球環境問題とは何か』，岩波書店．

3.3

環境問題をめぐる住民運動

3.3.1　環境保全と住民運動

　かつて高度成長期に「公害先進国」と批判された日本の産業公害は，1970年の公害対策基本法の改正から大幅な改善に向かった．その後，1992年にブラジルで国連環境開発会議（地球サミット）が開かれ，国内でも生物多様性国家戦略の策定や1993年の公害対策基本法の廃止と環境基本法の制定が続き，環境保全制度も拡充された．今日，既に国土の大部分で人工的な改変が進んだが，価値が見直された里山や稀少な生態系の保全にも努力が払われるようになってきている．

　政策は環境保全の推進に強力な動機を与えるが，3.2節で述べたように，環境保全が優先課題に位置づけられるまで長い年月が費やされ，問題に直面する地域社会に対して適時に政策が打ち出されてきたわけではない．世界遺産条約がUNESCO（国連教育科学文化機関）で採択されたのは1972年のことで，日本が条約を批准するのは20年後の1992年である．その間には，現在では世界自然遺産となって観光客を集める屋久島ですら，稀少な森林生態系が破壊の危機にさらされていた．また，かつては，煤煙が工業化と豊かさの象徴として受け止められていた時代もあり（飯島 2000），経済成長を優先する空気や，企業城下町や差別といった被害者が抗議の声を上げにくい社会構造の中で，水俣病などの公害被害が拡大していった歴史がある．そうした経験を経て，今日では行政や企業の対応に世間の厳しい目が向けられるとともに，学問の世界からも公害をめぐる加害–被害関係や受益圏・受苦圏が提起されてきた．

　もっとも，環境問題が公に問題視されるようになるまで，被害者も沈黙していたわけではない．生活環境や健康・生命の危機にさらされた人々は，公害企業や政府に対して，陳情や住民運動，裁判などの手段を通じて問題の解決を働きかけ

てきた．自然保護についていえば，明治期に神社林の保護を訴えた植物学者・南方熊楠の活動は先駆的な事例に位置づけられる（鶴見 1981）．住民の活動が契機となり，行政や企業，メディアが応えることで環境問題の「発見」と「解決」に進展をみせた例は多い．ただし，住民運動が常に政府の問題解決に向けた迅速な行動を引き出すことに成功したわけではない．住民の叫びにもかかわらず，政府の規制や対策の遅れた例は，殖産興業や富国強兵を掲げた戦前のみならず，民主主義体制に移行した戦後にも認められる（小田 2008）．環境問題をめぐる住民運動の歴史とは，それぞれの時代において，自分たちを取りまく自然・社会環境を理解し，生活を守るための論理と効果的な手段を模索してきたプロセスといえる（宮本 1970）．本節では，日本の環境政策の展開を理解する上で，重要な役割を果たした住民運動を取り上げる．

　日本から近隣諸国に視線を移すと，経済的な躍進が著しい中国や東南アジア諸国では，依然として環境の劣化や破壊が身近な脅威として進行している．環境問題が国際社会の重要課題に位置づけられ，環境問題に取り組む国際的な協力体制が築かれたこともあり，各国政府も開発一辺倒というわけではなく，法整備や行政組織を立ち上げるなど，環境保全に取り組んでいる．しかし，理念や計画だけに限れば日本にも劣らない環境政策が打ち出されてはいるものの，制度が期待された効果を十分に発揮しない状況も存在する．

　開発と環境問題に取り組む各国の現状を把握し，環境行政の適切な進展を働きかける糸口を探る上で，日本の住民運動の経験を振り返る意義は大きい．同時に，地球温暖化などのグローバルな環境問題を含め，日本における取り組みにとっても，過去からの展開を見直す作業は役立つだろう．以下では，まず，国家や産業の近代化が喫緊の課題であった戦前の事例として，足尾銅山鉱毒事件と田中正造が指導した鉱業停止請願運動を取り上げる．次に戦後に視点を移し，高度成長期に，当時の基幹産業であった石油化学コンビナートの進出を阻止した静岡県の三島市・沼津市・清水町の住民運動を，そして，1990 年代に，大規模公共工事を中心とした地域開発のあり方に，生態系の保全や地域社会のつながりの観点から一石を投じた漁業者による植林活動を取り上げる．無論，住民運動の事例は以上に限らないが，本節では多様な自然環境を含み，また，多くの利害関係者も存在する流域・沿岸域で起きた問題を取り上げ，対立構造の中で展開した住民運動の軌跡から，新しい環境学として検討すべき課題を提示したい．

3.3.2 足尾銅山鉱毒事件──近代化と環境問題

足尾銅山鉱毒事件は公害の原点に位置づけられている事例である．明治初期，政商古河市兵衛に経営が引き継がれた栃木県の足尾銅山は，燃料と坑木の需要を満たすための乱伐と精錬過程で発生する亜硫酸ガスを含んだ排煙が周辺の山林を荒廃させ，銅山周辺を水源地とし，利根川に流入する渡良瀬川の氾濫を招いた．煙害は近隣の山村を廃村に追いやり，洪水時に流出した鉱毒が下流一帯の農漁業に甚大な被害をもたらした．被害者は大挙して上京請願を繰り返し，地元選出の衆議院議員田中正造は帝国議会で操業停止を訴え続けるなど，大規模な公害反対運動が起こった．洪水の度に繰り返される深刻な被害は世論の強い関心を集め，大きな社会問題となった．しかし，操業停止の要求は受け入れられず，政府は被害民を示談に追い込み，住民運動を弾圧しながら，最終的には被害の拡大防止を方針に，下流の氾濫原であった谷中村（現，栃木市藤野町内野）を鉱毒の沈澱池として遊水地化することで事態の収拾を図った．

明治に遡る足尾銅山鉱毒事件が公害の原点に位置づけられる理由は，公害の発生源に対する行政指導・規制の緩慢さや長引く被害の中で拡大した住民運動など，戦後の公害問題の展開とも多くの共通点が見出せるからである．すでに1885年頃には水産資源への被害，煙害による樹木の立ち枯れが起きていたが，政府が銅山側に公害防止命令を下すのは1897年である．その間，被害農民は栃木県知事に鉱業停止の上申書を提出，1890年に大洪水と沿岸町村の農作物被害が発生すると，被害地からは鉱業停止を求める声が上がった．1896年には三度の大洪水と鉱毒被害の深刻化から，被害地の住民は2回の大挙請願上京に立ち上がり，農商務大臣の被害地視察を引き出した．ここに至って，ようやく内閣に設置された足尾銅山鉱毒調査会（第一次調査会）から鉱毒予防工事命令が出された．だが，鉱山側の技術対策にもかかわらず翌年にも被害が発生すると，1900年には再び上京請願が計画され，阻止する警官との衝突で多くの逮捕者を出した（川俣事件）．社会問題化を避けたい政府は1902年に，第二次鉱毒調査委員会を設置する．そこで出された結論が，鉱毒問題から治水問題へのすり替えと指摘される谷中村の遊水池化案である．すなわち，被害の主な原因を1897年の予防命令以前に排出された鉱毒として，渡良瀬川の治水事業を勧告し，輪中の集落であった谷中村を，鉱毒を沈殿させるための貯水池とすることが提案された．それは，排出源の

規制よりも被害者の強制移住による被害拡大の防止策であった．当局は住民の切り崩しと土地買収を進め，残留する村民に対して1907年には強制立ち退き命令が出された．

　一連の抗議の中心人物として住民運動を指導し続けた人物が田中正造であった．田中は被災地を巡回して演説し，帝国議会で繰り返し問題を訴え，他方，被害農民を上京させ，議会各省，新聞社に対して被害を訴えさせた．また，青年に期待をかけた田中は明治生まれの者を議員とする鉱毒議会を立ち上げるなど，行政区域を越えて被害民を結集し，町村行政に働きかけた．被害農民だけでなく，政治家・知識人・記者・社会主義者・キリスト教徒・仏教徒などが，鉱毒演説会，被害調査，被害者の救済，川俣事件の裁判での弁護に取り組んだ．鉱業停止を求める運動は，田中を中心に，思想や宗教，職業の異なる多くの賛同者を集め，世論を喚起した．

　公害企業が当時の基幹産業だった点も，戦後の化学工業が引き起こした事例と共通している．足尾銅山は，1876年に古河市兵衛がその権利を得た後，大鉱脈の発見，近代的な技術の導入によって産出量を飛躍的にのばした．殖産興業と富国強兵が国策に掲げられた時代に，足尾銅山は国内屈指の産出量を誇り，重要な外貨獲得源として重要な役割を担った．行政による監督・指導が遅れた点も同様である．問題発生の初期段階に，被害者らは帝国大学農科大学に土壌分析を依頼し，銅の化合物に原因があるとの回答を得ていた．しかしながら，当局は調査結果をまとめた冊子や雑誌を出版禁止処分とする一方で，原因についての明確な判断を避けながら，効果が不確かな鉱山側の技術対策に一定の評価を示して示談を押し進めた．当局内においても操業停止を求める農事試験所技師や農科大学助教授の意見が存在していたが，農商務省鉱山局長など，殖産興業を担う専門家の主張によって退けられた（林 1977；由井 1984）．また，公共の安寧を損なう操業に対しては，鉱山法によって操業停止も規定されていた．にもかかわらず，産業近代化を担う足尾銅山の操業継続が，被害者の人権に優先されたのである．

　一貫して操業停止を訴える田中正造は，打てども響かない議会活動に見切りをつけた後，遊水池化案を強制させられた谷中村に入り，留まる農民を指導し続けた．田中の行動を支えたものは人権や公民権，財産権であり，足尾銅山の鉱毒被害は，単なるローカルな問題でなく，亡国に至る国家の問題だという認識であった（小松 2013）．1900年，議会に「亡国ニ至ルヲ知ラザレバ即チ亡国ノ儀ニ付質

問書」を提出し、局所的問題として片づける見方を戒めるように、農商務省には鉱毒のたれ流し、山林荒廃、魚類絶滅、田畑の荒廃、内務省衛生局には被害地の不衛生、地方局には町村自治の破壊、大蔵省には租税の減少、文部省には小学校生徒の死亡、陸軍省には壮兵の減少との関連を指摘して、足尾銅山鉱毒事件がもつ問題の広がりと行政の多面的な責任を糾弾した（由井 1984）．また、谷中村を「模範地」と捉え（由井 1984），今日でいうところのフィールドワークを通して地域社会を理解することの重要性に思い至り，「**谷中学**」という言葉を残している（小松 2013）．鉱毒対策から治水対策へと問題設定のすり替えを図る政府に対して，批判的視点から利根・渡良瀬水系の踏査も行っていた．富国強兵・殖産興業を最優先とする時流の中で，「谷中問題は日露問題より大問題なり」（由井 1984）と捉えた田中正造の議論は，今日においても大きな意義を持つ．

3.3.3 沼津コンビナート反対運動——高度成長と環境問題

戦後の食糧危機を乗り越えた日本経済は，1950 年代初頭に朝鮮戦争による特需で息を吹き返すと，やがて高度成長期に入った．エネルギーは石炭から石油へと転換し，太平洋ベルト地帯の臨海部を中心に石油化学コンビナートの建設が続き，重化学工業が新たな基幹産業に成長した．戦前の産業公害の経験が十分に生かされずに，1950 年代には公害が全国に広がっていった．1960 年，アジア太平洋地域で最大の石油化学コンビナートが三重県四日市で操業を開始すると，間もなく，「**四日市ぜんそく**」として知られる健康被害が増加した．その原因は，石油から生じる亜硫酸ガスだった．

政府は全国総合開発計画（1962 年）を策定し，新産業都市や工業整備特別地区を指定することで産業構造の転換を図り，地方自治体は競って地域開発と工場誘致に熱を入れた．他方，環境行政は未熟で，たとえば，政府も 1962 年にようやくばい煙規制法を制定し，四日市はその指定地域になるが，規制基準値は戦前と比べても緩やかな「ザル法」であった（3.2 節）．足尾銅山鉱毒事件と同様の構図，すなわち，一部の地域社会の犠牲の上に進められる開発の構造は戦後にも持ち越され，公害の発生を未然に防ぐ規制や被害への根本的な対策は取られなかった．経済成長を優先する政策，経済効率性を重視する「企業の論理」が支配的な時代の中で，公害被害の実態の学習から始め，地域開発の負の側面に警鐘を鳴らし，

遂には国と県の後押しを受けた企業進出を阻止したのが静岡県の三島市・沼津市・清水町の**石油化学コンビナート建設反対運動**であった（星野他 1971；宮本 1979）．

石油精製工場を中心に化学や電力など業種の違う企業が集まることでコストの低減や原料調達の効率性を図ることがコンビナートの「原理」である．そして，東京電力，住友化学，富士石油などの企業群がこの地域に立地を決めた理由は，沼津市には水深の深い港湾，三島市には広大な土地，清水町には富士山から流下してくる豊富な伏流水があったからだと指摘されている（飯島 2000）．それらは，農漁業の生産基盤でもあり，富士箱根伊豆国立公園の一角に位置する恵まれた自然・生活環境でもある．住民は，国・県・企業が一体となって推し進めようとした「ばら色の未来を約束する」地域開発を疑い，生活・自然環境を守ることにこそ未来があると考えたのである．

1963年に静岡県が三島市と沼津市，清水町の合併案と石油化学コンビナート建設計画を発表すると，三島市では石油コンビナート対策市民懇談会，翌年には清水町でもコンビナート進出対策研究会が結成されて，反対に向けた活動が始まった．二市一町の住民は四日市をはじめとする公害被害地を視察し，学習会を重ねながら石油化学コンビナートに対する認識を深めていった．反発する地元の動きを受けて，1964年には県から要請された国の公害調査団（黒川調査団）による異例の事前調査が実施される．これに対して，地元からも三島市の国立遺伝学研究所の研究者に住民を加えた調査団（松村調査団）が組織されて，両者が公害発生の可能性をめぐって真っ向から対峙した．学習会や住民参加型の調査活動を通じて理解と連携を深めた運動は，1964年9月の「石油コンビナート推進反対沼津市総決起大会」で二市一町の住民約2万5千人を集める．続けて，二市一町の自治体首長が計画への反対を正式に表明し，国と県，企業が一体となって推進した開発を断念させた．

反対運動の成功要因には，外部者が公害に対する住民の意識を喚起し，理解を助けた点も大きい．公害問題の深刻さに気づき，学界やマスコミが情報の発信に力を入れ始めた時期とも重なっていた．四日市からは，三重県立大学衛生学教室の研究者がぜんそくと亜硫酸ガスの関係に注意を促し，公共放送が四日市の公害問題を取り上げたことも運動が広がる契機となった．地域開発や公害防止技術に批判を寄せていた研究者が現地を訪れて直接話し合いの場がもたれたことも住民

運動に表れた変化であった．

　足尾銅山鉱毒事件では田中正造が指導的な役割を果たしたが，この反対運動では，地域に住む面々がそれぞれに役割を果たし，「**三島・沼津型**」といわれたことに大きな特徴がある．漁協・農協，町内会・婦人会，医師会・薬剤師会，国立遺伝学研究所の研究者などが，情報の収集と共有，合意形成，科学的な調査，抗議にそれぞれの力を発揮した．そして，その中心となったのが数百回の学習会を繰り返した4名の理科教師たちであった（福島 1968）．その回数の多さもさることながら，学習会は単に知識伝授の場ではなく知識を生み出して力に変える場になるよう意識されていた．視覚資料を活用し，壇上に立たず，経験に結びつけて説明するなど，住民の目線に立ち，老若男女を問わず内容を理解できるように注意と工夫がなされていた．こうした活動が，さまざまな性格の参加者からなる運動の連携を深める点で決定的だったと指摘されている．政府から委嘱された調査団と相対する際には，潤沢な資金を持たないかわりに，住民参加型で，かつ，手の届く簡便な測定方法を利用した．鯉のぼりを利用した気流調査や牛乳びんの放流による海流調査，また，温度計を付けた車を走らせて高度と気温の関係を計測して大気の状態を調べたのである．そうした地道な調査活動から得られた結果は，信頼性の面でも政府調査団をやりこめることになった．住民主導の調査というアプローチは，その後，三島・沼津型として全国に広がり，住民運動の成功を助け，さらには危機感を覚えた政府が公害対策法の制定に傾いた点でも大きな意義をもっていた．

3.3.4　漁業者の植林運動——ポスト高度成長期の環境問題

　公害を多発させた高度成長期は1970年代に終わりを迎え，かつての「企業の論理」や開発偏重の政策を，全面的には押し出すことが難しくなったが，その後も公害はかたちを変え顕在化してきた．重化学工業からハイテク・エレクトロニクス産業への展開は有機溶剤による水質汚染を引き起こし，自動車の普及による排気ガス公害は，加害者の企業と被害者の住民という従来の構図では片づけられない問題を生み出した．ポスト高度成長期には，新たな経済成長の推進力や内需拡大による貿易摩擦の緩和の必要から，地域開発や大規模公共事業を求める声は依然として弱まることはなかった（マコーマック 1998）．そうした背景の中で，

一部の地域での取り組みとして始まり，やがて全国に広がったのが**漁業者による植林運動**である．

1980年代後半に，宮城県唐桑町（現，気仙沼市唐桑町）や北海道などで，沿岸漁業者が河川流域での植林活動に取り組み始めた．1990年代に入ると同様の植林活動が全国各地に展開していった．環境意識の高まりを背景に，今日では環境保全活動の代表的な事例として紹介される機会も多い．2001年の森林・林業基本法制定に際しては保安林の指定基準が見直されて，漁業関係者が植林した箇所が新たに**魚付林**として編入されたことは，草の根活動が国家の環境保全制度に与えた影響を端的に示している．

海岸や河川・湖沼周辺の森林が水産資源の繁殖や保護にとって重要であることは古くから知られ，網代山や網付林などと呼ばれて伐採が禁じられていた．その認識は明治に入り1897年に制定された森林法にも引き継がれ，保安林指定の対象として水源涵養や防災などの目的と並んで「魚付」に必要な森林が加えられている．魚付林は，森林が作る陰影や土砂流入の抑制，流入する陸水の調節，魚類への飼料の供給などの効果があると考えられて，主に沿岸付近の山腹斜面の森林が指定された．しかしながら，その後，戦後復興や経済成長の時代に魚付林の保全に対する意識の低下や森林伐採に加え，工場排水による汚染，工業や農業用地のための埋め立て，さらには生活排水など，漁業の生産基盤は悪化の一途をたどっていった．被害を受けた漁業者は，公害企業や行政に対して陳情や抗議を行い，時にたまらず熊本水俣病事件や本州製紙江戸川工場事件のような実力行使に訴えた（3.2節）．90年代に広がった漁業者の植林運動も，陸域での開発がもたらす脅威と無関係ではない．先駆的な事例の1つである北海道漁婦連（漁協婦人部連絡協議会）による「お魚殖やす植樹活動」では陸域の開発に対する危惧があり，他方，宮城県唐桑町の活動の背景には気仙沼湾に注ぐ大川でのダム建設計画が存在していた．それぞれの状況の中で，沿岸漁業者が生産基盤の保全戦略として選んだ手段が流域における植林活動であった．

「森は海の恋人」のフレーズで全国的に知られ，運動の火付け役になった唐桑町の活動は1980年代末に始まる（畠山 1994）．1970年代に企画されてから膠着していた大川中流での新月ダム建設計画が再び持ち上がっていた時期であった．カキの成長と湾に注ぐ河川水の関係を現場での観察から気づいたカキ養殖業者が，ダム設置による沿岸域環境の変化を危惧し，「牡蠣の森を慕う会」を立ち上げ，

1989年に大川上流の岩手県の室根山で植林活動を始めたのである．「森は海の恋人」という文句は地元の歌人に創作を依頼した短歌が元になり，慣れない植林のノウハウと場所の選定には活動に共鳴する上流域の岩手県室根村（現，一関市室根町）の協力があった（帯谷 2004）．実践にも工夫がなされ，地域社会の伝統行事である室根大祭の古式にならった事前の儀式を行い，植林の際には山中に大漁旗を掲げた．漁師が木を植える行為はメディアの注目を集め，林業や河川交通の衰退を背景に，久しく途絶えていた上流域と下流域との間での住民の交流を取り戻し，また，生態系について学ぶ環境学習の格好の素材にもなった．その後，漁業者の植林は，1996年の第5回全国漁協大会で広く全国で取り組むべき活動として取り上げられ，1998年には全漁連（全国漁業協働組合連合会）共催の「全国漁民の森サミット」で活動の連帯を深めた（齋藤 2003）．

　新月ダム建設計画は1997年に凍結となった．その要因として国の財政状況の悪化やダムの必要性の低下などが考えられるが，森と海をつなぐ印象的な論理と実践が，集団としては小さな沿岸漁業者の声を無視できなくさせたことは間違いないだろう．一見すると環境保全の取り組みで，ダム建設への反対運動とは映らない植林という行為が，広く社会の関心を集めることに成功したのである．

　当初から一連の展開が意図されたわけではないが，住民や科学者，行政などさまざまな主体が関わるようになった植林運動は，協働的なアプローチによる環境問題への取り組みのモデルとしても捉えることができる．漁業者は川を通じた森と海の関係についての「仮説」を思いつき，そこから巧みな地域開発への批判の論理と生業基盤の保全戦略を組み立てた．そこに，自然科学は上流域での植林が沿岸域の環境に与える効果を裏づけるメカニズムの科学的な立証に取り組み（松永 1993；京都大学フィールド科学教育センター 2007），社会科学は森と海といった個々の領域を越える新しい資源管理の成り立ちを説明した（齋藤 2003）．科学的な分析とともに，山間部に住む人々は植林地や植林技術，人手を提供し，住民も環境保全活動のボランティアとして，あるいは，環境学習の機会を求めて参加した．そうしたローカルな活動を，全漁連が推進役となって漁業協同組合のネットワークを通じて普及に努め，地方自治体や行政が補助金や制度を準備して運動の展開を支えたのであった（田村 2006）．

　足尾銅山鉱毒事件で上流の精銅工場から排出された汚染物質が下流一帯の農漁業に大きな被害を与えたように，流域の上下で利害関係は対立的であった．同様

に，ダムの建設計画が発表された場合，反対の声を上げるのは建設の影響を直に受ける山村の住民で，下流の住民はダムの受益者と考えられた．他方，陸域の開発で被害を受ける漁業者と内陸部の住民との連携はなかった．対して，漁業者による植林運動は，上流域と下流域の対立構造や立場の違いから生まれる無関心の構図を乗り越える論理と実践を提示し，流域圏全体を視野に入れた地域開発の対案を示したともいえるだろう．その発想や活動の根源にあったのが，「汽水人」という言葉で表現された淡水と海水が混じり合う河口に生きるカキ養殖業者のアイデンティティである（畠山 2003）．

3.3.5　住民運動の経験から学ぶ

　渡良瀬川流域に甚大な被害を与えた足尾銅山は，田中正造による議会での問題提起と被害農民の陳情・抗議の両面からの訴えがありながらも，近代化の優先という国家の論理で鉱業の存続が選ばれ，谷中村の遊水池化が断行された．戦後，高度成長期に太平洋沿岸で産業立地が進む中で，静岡県の二市一町の住民は，石油化学コンビナートが提案する開発に疑問を抱き，その建設を阻んだことから政府の政策に転換をもたらした．そして，足尾銅山鉱毒事件からおよそ一世紀後，宮城県の大川流域で計画されたダム建設への危機感から取り組まれた植林活動は，土建国家と形容される仕組みの中で，広く社会の関心を集め，沿岸漁業者の生業基盤としての流域保全に成功した．それぞれの運動の成果はその時々の時代背景に左右されているが，いずれにおいても多様な参加者の協力体制が築かれ，世論や原因企業，政府を動かした点は注目すべき側面である．

　それぞれの運動で中心的な役割を担った存在から，今日の環境問題への取り組みが学ぶところは少なくない．たとえば，多くの関心と参加者を集めた要因として，さまざまな問題を同時に捉える視野や意識の広さを指摘することができる．それは特に田中正造において顕著であり，鉱毒問題を行政の領域にとどまらず，人権や国家の存亡に関わる問題として捉え，思想や職業の垣根を超えたつながりを築く一方で，河川調査などのフィールドワークも実施していた．沼津市・三島市・清水町の石油化学コンビナート進出反対運動では，それぞれの地域特性を資源として評価する企業群に対して，生活や生産基盤を守るという共通の目的で連携し，農漁業者をはじめ，広く住民の連携を生み出すことに成功した．「森は海

の恋人」運動は，川で結ばれた森と海の生態学的な関係に気づいたことから，手を携えることのなかった沿岸域と中山間地域の住民の関心とつながりを呼び戻す実践へと発展した．それぞれの運動の論理を支えた，さまざまな問題の関係性を広く探り共通の問題として捉えようとする思考や実践の態度は，細分化された専門分野で活動する研究者はもとより，地域社会の問題解決の中心となるべき住民も意識すべき点であり，次章以降で詳しく議論するインターディシプリナリな環境問題へのアプローチ（4.2節）として，見習うべき点である．

　利害対立の構造の中で立場の弱い階層や集団が常にないがしろにされる環境問題においては，広く社会の関心を集めることが唯一形勢の逆転を可能にするため，問題の発見のみならず，問題を伝え共有する作業がカギを握るだろう．議会の場だけでなく被害地で繰り返し集会を開き演説を行った田中正造や，公害問題の学習会を開き問題の共有に心を砕いた三島の理科教師から学ぶ点は多い．「森は海の恋人」の活動は，そのキャッチコピーの巧みさもさることながら，地域社会の伝統的な祝祭にならい山中で大漁旗を掲げて植林をするという実践自身が，言葉よりも雄弁だったといえ，地域社会の歴史や文化を考慮した地域に根ざした運動の重要性を示している．環境問題の解決には地域社会におけるさまざまなステークホルダーの協働が必要であり，互いの視点や経験を共有しあう，トランスディシプリナリなアプローチ（4.2節）が重要になる．この点でも過去の住民運動から学ぶ点は多い．

　今日，環境問題は国境を越えて，ローカルな問題はグローバルな広がりを持つようになった．とりわけ，原料供給のかなりの部分を海外に依存している日本では，国内に視野を限定することはできない．かつて，足尾銅山鉱毒事件では，イギリスの商会と売銅契約が結ばれ，生産設備への投資が行われたことが被害悪化の引き金になった．同様の国際関係が，今日では立場を替えて発生し得ること，つまり日本国内で公害対策が進んだ結果，規制の整わない途上国に対して行われる投資や工場の移転が公害輸出と批判されることも思い出されなければならない．国内の河川流域や沿岸域というスケールでさえも，さまざまなステークホルダーの行為と利害が複雑に絡み合い，環境問題の因果関係をめぐる認識の共有は容易ではないが，それがグローバルに広がった地球環境問題では，その因果関係の解明はより困難になる．しかしそこでも，これまでの住民運動の経験が示すように，差し迫った財産や健康，生命の危険に晒された海外の当事者と同じ目線の問題意

識を持ち，行動力が発揮できるか否かが，現代の住民運動が抱える課題の1つといってよいだろう．

国内から海外の現場に視線を移すと，日本の住民運動の経験から得られた教訓は，いろいろな場面で活用できるだろう．その際，国際的なNGOが海外に日本の経験を伝え，草の根の活動を現地の人たちとともに進めて行くことの意義は大きい．先進的な調査研究を請け負うだけに留まらない，ローテクを活用した調査手法も，現地住民の主体的な参加を促すことのできる，日本の住民運動の優れた経験である．一方，海外の環境問題の現場にも，研究者だけでなく，問題の解決に関心を持つ政治家や行政関係者，教育者など，さまざまな協力者が期待できる．その際，限られた自然との関わりしか持たない現在の日本人と比べて，自然との濃密な関係が残る現地の人々の方が，自然に対する観察眼や知恵に優れていることもあり得る．近年，日本では里山の価値が見直され，森と海のつながりに対する漁業者の気づきから植林運動が広がったが，海外での問題解決への努力を通じて，日本における取り組みに新たな発想を与え，あるいは忘れられた知恵を思い出す可能性もあるだろう．こうした住民運動レベルでの国際協力も，研究者の活動とともに，環境問題への取り組みにおいて，発展が期待できる分野である．

今後は環境問題の「発見」から「解決」を，一番の当事者である住民を含めたさまざまなステークホルダーがかかわる一連の協働的なプロセスとして捉え，その経験を体系化された知見として再び現場に戻して試すような枠組みの構築が課題となる．そのような取り組みの先に新しい環境学の姿があるのではないだろうか．

参考文献
飯島伸子（2000）:『環境問題の社会史』，有斐閣.
小田康徳編（2008）:『公害・環境問題史を学ぶ人のために』，世界思想社.
帯谷博明（2004）:『ダム建設をめぐる環境運動と地域再生——対立と協働のダイナミズム』，昭和堂.
京都大学フィールド科学教育センター編（2007）:『森里海連環学——森から海までの統合的管理を目指して』，京都大学学術出版会.
小松裕（2013）:『田中正造——未来を紡ぐ思想人』，岩波書店.
齋藤和彦（2003）:漁民の森づくり活動の展開について．山本信次編『森林ボランティア論』，日本林業調査会.
田村典江（2006）:木を植える漁業者．アミタ持続可能経済研究所編『自然産業の世紀』，創森

社.
鶴見和子 (1981):『南方熊楠』, 講談社.
畠山重篤 (1994):『森は海の恋人』, 北斗出版.
畠山重篤 (2003):『日本〈汽水〉紀行――「森は海の恋人」の世界を尋ねて』, 文藝春秋.
林竹二 (1977):『田中正造　その生と戦いの「根本義」』, 田畑書店.
福島達夫 (1968):『地域開発闘争と教師』, 明治図書出版.
星野重雄・西岡昭夫・中島勇 (1971):沼津・三島・清水（二市一町）石油コンビナート反対闘争と富士市をめぐる住民闘争. 宮本憲一・遠藤晃編『講座　現代日本の都市問題　8 都市問題と住民運動』, 汐文社.
マコーマック, ガバン著, 松居弘道・松村博訳 (1998):『空虚な楽園――戦後日本の再検討』, みすず書房.
松永勝彦 (1993):『森が消えれば海も死ぬ――陸と海を結ぶ生態学』, 講談社.
宮本憲一編 (1970):『公害と住民運動』, 自治体研究社.
宮本憲一編 (1979):『沼津住民運動の歩み』, 日本放送出版会.
由井正臣 (1984):『田中正造』, 岩波書店.

コラム1：東洋医学へのアナロジーで環境学を考える

　ジェームズ・ラヴロックが提唱したガイア理論では，地球はそれ自体が大きな生命体であると見なされ，すべての生命，空気，水，土壌などが有機的につながって生きているとされる．そして，人体が驚異的メカニズムで生命を維持しているのと同様に，地球も絶妙のバランスをもってそこに棲む生物の生命を守っているとされる．ところが，産業革命以降の人間活動の拡大により，ガイア（地球生命圏）は変調を来たし始めた．その様態は，重金属汚染や湖沼の富栄養化など地域の公害問題から，地球温暖化，オゾン層破壊，生物多様性の減少などの多くの地球環境問題までさまざまである．

　地球生命圏の変調を人体の病変にたとえてみると，環境学は地球生命圏の病気に立ち向かう医学に相当するのではないだろうか．しかしながら，これまでの環境学では，さまざまな特定学問分野の研究者が，目の前の環境問題にそれぞれの専門的視点から西洋医学的な対症療法で互いにほとんど独立に取り組んできたといえる．しかし，要素還元主義に基づいた西洋医学的な対症療法は，さまざまな「疾患」を特定の検査項目（群）の異常数値の発現として扱う方法であり，ある「疾患」の治療を施すと，別のところに負の影響が出るというトレードオフが発生するのが常である．

　たとえば，「痛み」に対して処方される消炎鎮痛剤は血管を開く物質の生成を阻害する薬であり，患部に押し寄せる血流を止め，痛み自体を一時的に抑えるが，血流の抑止は壊れた組織の修復も止めてしまうため，全身症状を誘発するリスクもある．

　これを環境問題に戻して考えてみよう．たとえば，フロンがオゾン層を破壊することが明らかになり，その対症療法的方法として代替フロンが開発されたが，これはオゾン層こそ破壊しなかったが地球温暖化を進めてしまう強力な温室効果を持っていた．自動車が増え交通渋滞が発生すると，都市工学的な対処として，道路を整備・拡大することになるが，モータリゼーションがさらに促進され，大気汚染などの問題を引き起こしてしまう．合成洗剤に代わって環境汚染の少ないパーム油を使うようになったところ，ヤシを植えるために多くの熱帯林が破壊されてしまった．このような事例は枚挙にいとまがない．

　一方，東洋医学の療法は，「整体観」と「弁証論治」に基づいている．つまり，人体全体を重視し，病気は体の一部分の病変ではなく，「気」「血」「水」「五臓六腑」すべての機能につながっていると捉えている．したがって，「病」の本質である「証」（どういった状態，仕組みにあるか）を決定し，それに基づいて病気の予防や治療をおこなう．たとえば，「痛み」に対して，東洋医学では，「不通則痛」といい，「気のめぐりが悪くなるから病になる」と考え，漢方薬を用い，気を通じさせ，気功や鍼灸により経絡の詰まりを取り去り，自身で体内のバランスを図れるよう調整する．

　このような東洋医学的観点で環境問題を考えてみると，人間と多様な生物が共存している地球生命圏を有機統一体として捉え，その調和や平衡に重点を置き，事後的対症療法ではない予見的・予防原則的療法が重要となってくる．研究の重点を予見的・予防原則的療法へ移行していくことが，今後の環境学に強く求められていると考える．

第Ⅱ部

臨床環境学の構築

第4章 臨床環境学の提唱と課題

　これまでの環境問題への取り組みを踏まえた上で，今後の環境研究が進むべき方向をどこに見定めることができるだろうか．本章では，臨床環境学という概念を提唱し，従来型の学問との違いから生じる本質的な課題，実践における指針と基本的な作業，そして，実践を担う人材の育成について論じる．臨床環境学の概念を提示する4.1節では，「診断型学問」と「治療型学問」に括られる双方の専門家に，緊密な連携と継続的な経過観察が欠けていた点を指摘する．その上で，地域社会という現場において，「診断」から「治療」に至る「臨床」すべてを一貫して行う体制を構築すべきことを提起する．4.2節では，臨床環境学において，学問分野の異なる専門家同士のインターディシプリナリな連携から，さらに地域社会の多様なステークホルダーとのより広い協働であるトランスディシプリナリな連携へと進むことの必要性が述べられる．そこには「知」のヒエラルキーや「参加」の段階，問題認識のずれなどに由来する壁が存在するが，それらを乗り越えるための人材育成や教育制度のあり方を議論する．4.3節では，現場における臨床環境学的な実践を，問題の発見（診断）や解決策（処方箋）の提示と実践（治療），結果の検証（再診断）からなる「作業仮説ころがし」のフローとして捉え，各プロセスにおける研究者の役割や「問題マップ」づくりなどの手法について説明し，さらに臨床環境学を海外で展開する意義と課題についても考察する．4.4節では，臨床環境学を担う人材の育成を目的として組まれたカリキュラムである臨床環境学研修（ORT）を紹介する．多様な専攻の学生で組織されたチームが地域住民との交流を深めながら，研究テーマ設定から診断，そして処方箋の提案までの実践を通じて，統合的な俯瞰力など，トランスディシプリナリな活動に求められる能力をどう向上させたかを評価する．

4.1

臨床の現場での新しい環境学
――診断と治療の統合――

4.1.1　臨床専門医を必要とする今日の環境問題

　本節では，**臨床環境学**（clinical environmental studies）というものを，初めて提唱する．環境問題にとって，臨床とは何だろうか．そして，その担い手は誰なのか．第2章で詳述されているように，歴史上，人類は，それぞれの生存の場でさまざまな環境問題に直面してきた．塩害や土壌の流出，人口の増加，森林の伐採，水資源の喪失といった，農業など生業の進展に伴う急速な環境の悪化や資源の枯渇の問題である．人々はその都度，問題の進行を緩和したり変化に適応したりするためのさまざまな取り組みを行い，その多くは無残な失敗に終わったが，時には成功も収めてきた．近代に至るまで，そうした環境問題への対応は，地域ごとの篤志家の仕事であった．江戸時代の前半には，急速な人口の増大に対応して農業生産力を高める必要に迫られた人々が，日本各地でさまざまな新しい農業技術を開発し，その知見は農書という形で日本全国に広められた．その際，各地で農業の改革に取り組んだのは，地域の農民や武士たちである．一方，中世の日本において，慢性的な気候変動にさらされた農民たちは，農業生産力の低下による飢饉の発生を乗り切るために，地域ごとに自立して自分たちの権益を守る「惣村」という武装した自治的村落を形成した．こうした地域の自立を主導したのも，各村落における指導的な農民たちである．つまり，環境問題を病気にたとえて，それが発生した地域を「臨床」の現場と呼ぶならば，臨床の現場で環境問題の状況の「診断」と，その技術的・制度的な「治療」に取り組んだのは，歴史上，常に臨床の現場に居る人々自身であり，外部からそこに赴いて，その診療に責任を持つ「臨床専門医」というものは，近代に至るまでは存在しなかった．

翻って現在，環境問題の臨床は，どのように変わったであろうか．もちろん，3.2 節，3.3 節で詳述したように，行政や住民に代表される地域の「篤志家」は，依然として臨床の現場で問題の解決に尽力し続けている．臨床の現場を知り尽くしている彼らの参加と努力なしには，どのような環境問題も解決することはない．しかし一方で，現代の環境問題が，彼らの力だけでは，なかなか解決しない大きな問題をはらんでいることも事実である．第一に，現在の環境問題には，複雑かつ高度に発達したさまざまな科学技術や経済制度が関与していることが多く，いわゆる専門家の助けなしに，そうした技術や制度の問題点を正確に理解し，解決策を提案することは難しい．第二に，現在の環境問題では，地球規模から地域レベルに至る，さまざまなスケールの問題が階層的に絡み合っていて，地域の規模をはるかに越えた視点を持つことが，問題の理解には求められる．まず，経済活動がグローバル化した結果，先進国の需要を満たすための森林の伐採や鉱山の開発によって，地球の反対側の発展途上国の生物多様性が減少したり鉱毒が発生したりする．逆に熱帯雨林の伐採が，生産コストの比較優位性だけに基づく経済論理の中で，日本の森林管理を破綻させる．一方，人間活動の量的拡大によって，先進国で排出された CO_2 が，温暖化と海水準の上昇を通じて，発展途上国の低地を水没させる．こうした環境問題の「原因」と「結果」の双方におけるグローバル化が，地域で発生している問題の理解を複雑にし，いわゆる専門家の役割を際立たせることになる．

　ここで，前近代の社会のように，地域の問題の解決に向けた全ての責任を地域の篤志家だけに求めたとしよう．臨床の外部から問題の解明と解決に向けたサポートが全く得られない場合，孤立したその社会は崩壊するかもしれない．昔であれば，それで終わりであった．つまり崩壊した地域社会は，単に世の中から見捨てられ歴史の闇に葬り去られるのみであった．しかし現代において，そうしたことはあり得ない．第 1 に，現代の社会では，人権や個々の国家の権利が増大しているため，そうした地域や国家の破綻は，国内的あるいは国際的に，まず放置されることはない．必ず，外部から何らかの援助の手が差し伸べられるであろうし，またそれが社会的に期待されている．第 2 に，それでも何ら外部から援助が行われないときには，何が起きるであろうか．孤立した人々は，ただ歴史の闇に葬り去られるか．否である．破綻国家が，最後の力を振り絞って核兵器で武装し国際社会に援助を強要することや，忘れ去られた人々が，テロリストになって国際社

会に復讐することは，しばしば見られる事実である．つまり，地域の問題を放置することは，地域のみならず地球規模での人類の破綻につながる．グローバル化した現在では，ローカルなリスクはグローバルなリスクに直結するのであり，それ故，地域の問題の解決は，全人類の共通の課題となっているのである．地域の篤志家たちに外部からアドバイスできる臨床医が，今こそ，求められている．

4.1.2　臨床の現場を担ってきた「治療」の専門家

19世紀以降，近代科学が組織化され，環境問題の解明と解決に潜在的に関わることのできるさまざまな学問分野が登場してくるにつれて，地域住民や地方自治体に外部からアドバイスを与えることのできる専門家としての「臨床専門医」が登場する素地がでてきた．もっとも3.1節で述べたように，近代科学は，もともと専門化した閉鎖的なシステムのもとで，研究内容の相互検証という内的論理のみによって形成されてきたため，専門家ではない地域住民や自治体職員との連携は，そもそも難しい課題であった．高度成長期に頻発した公害に対しても，専門家は問題の解明と解決に常に尽力してきたとは言い難く，時には専門家の地位を悪用して，問題の解明を妨害するような役割も果たしてきた（3.2節）．しかし環境問題の複雑さとその解決の必要性について，地域の人々と大学などの研究者が，ともに認識を深めた結果，公害問題の解決に尽力した一部の医学者を筆頭にして，農業技術や土木工事などを指導できる農学者や工学者を含むさまざまな分野の専門家たちが，大学から飛び出して，地域の環境問題の解決に参加することになった．近年は法学や経済学の立場から，地域の諸問題の解決に貢献する文系の臨床専門医も増えてきている．

ところで，これまでのところ，臨床の現場で地域の環境問題の解決に尽力しているこれらの臨床専門医は，実は「臨床治療」の専門家である．つまり，実際の問題の解決に直結するような具体的な治療の施策を提案するのが，彼らに求められている役割であった．もとより，環境問題を病気にたとえるならば，それに対する臨床医の究極の役割は，病気の治癒，すなわち環境問題の解決を達成することである．そのためにも，医学・農学・工学・法学・経済学などの問題解決のための治療の専門家が，即戦力として，まず臨床の現場で活躍をし始めた．しかし当然のことながら，適切な「治療」は，正しい「診断」をもとにして行わなけれ

ばならない．上述のように，現代の地域の環境問題には，複雑な技術的・制度的要因があると同時に，その背後にはグローバルな現象を含む，さまざまなスケールの問題が隠されていることが多い．それ故，一般的にいって，その「診断」には，それ相当の経験や知識に基づく深い分析が必要であるが，「治療」の専門家にとっては，その分析は必ずしも容易なことではなかった．

　もちろん臨床における「治療」の専門家の中でも，「診断」の重要性は広く認識されており，学問分野ごとにさまざまな取り組みが進められてきた．しかし，「治療」の専門家にとって，「診断」とは，必ず答えを出さねばならない行為であることから（診断が完了しないうちには，原則的に治療が始められないので），不十分な診断のもとでも，見切り発車で治療を始める（始めなければならない）事態も頻発していた．もとより環境問題とは，「原因不明の病気」である場合も多く，また原因がわかっている場合でも，「治療の効果が完全に理解されている病気」ばかりではない．見切り発車の治療は，しばしば，不十分な結果，場合によっては，大きな副作用の発生を招くことにもなった（2.4節）．

4.1.3 「診断」の専門家はどこで何をしているのか

　臨床の現場において，「治療」の専門家が，必要に迫られて，見切り発車的な「診断」をしてしまうとしたら，より本格的な診断の能力を持っているであろう「診断」の専門家は，どこで何をしているのであろうか．「診断」を専門的に行う研究者は，そもそも存在しないのか．臨床における「診断」の専門家は，実は，大量に居るのである．しかし多くの場合，彼らは，臨床の場で十分に組織化されていない．つまり，地域の住民や自治体職員との連携を十分に進めていないし，また自らが臨床における「診断」の専門家であるという自覚もないのが，実状である．

　臨床における「診断」の専門家とは，誰のことか．それは，地球科学や生態学などを含む理学系，地理学や社会学などを含む人文系の研究者のことである．彼らは，それぞれの専門的知識をもとに，日夜，臨床の現場で起きているさまざまな現象の解明，つまり，問題の診断を行っている．しかし理学系，人文系の研究者にとって，問題の「診断」は必ずしも「治療」のために行っているわけではない．「診断」それ自身が目的であった．さらにいえば，彼らは，「原因不明の病

気」，すなわち診断が難しい問題を好む傾向にあり，「治療」の専門家の求めに応じて，「診断」結果の報告を急ぐこともなかった．この意識のギャップのため，臨床の現場において，「治療」と「診断」の両専門家は連携することができなかったし，「診断」の専門家をして，自らが臨床の現場に居るという自覚をも阻害してきた．つまり，「診断」の専門家は，臨床の現場では，役に立ってこなかったのである．

　しかし，彼らは本当に役に立たないのか．臨床における「治療」の専門家にとって，診断それ自身を最終目的としている，「診断」の専門家は，頼りにならない存在に違いない．しかし，現代の環境問題の原因の複雑さ（診断のむずかしさ）と結果の不透明さ（治療のむずかしさ）を考慮すれば，両者が歩み寄ることは，非常に重要であると思える．環境問題の原因の解明，すなわち「診断」が，一朝一夕にして成らずとも，お互いに焦る必要はなく，冷静に「診断」を続けるべきであろう．そして，見切り発車の「治療」を排するとともに，必ず「治療」に役立つように，最後まで責任を持って，「診断」を尽くすことが大事である．

4.1.4　よりよき臨床対応を実現するために
――診断と治療のインターディシプリナリな協力

　環境問題に対する学問的アプローチは，これまで完全に，「**診断型学問**」（理学・人文学など）と「**治療型学問**」（工学・農学・法学・経済学など）に，分断されてきた．両者は，医学における診断と治療の関係がそうであるように，緊密に連携すべきであったが，環境問題においては，連携はこれまで実現してこなかった．その根本的原因は，「診断を自己目的化した学問」と「治療を最優先にした学問」の間でのお互いの信頼関係の弱さである．前者にとって，後者は，「正しい診断に基づかず治療を見切り発車させるもの」と映り，後者にとって，前者は，「治療のために診断するという臨床の倫理を理解しないもの」と映るのである．しかし，環境問題を「病気」と考え，その「診療」にあたることが，環境問題に関わるすべての分野の研究者の使命であるとすれば，「正しい診断から効果的な治療に至る」臨床のすべてを一貫して行えるように，両者が協力することは不可欠である．本節で定義する，臨床環境学の目的とは，まさに，そのような「診断型学問」と「治療型学問」が，臨床の現場において，地域住民や自治体職員，その他

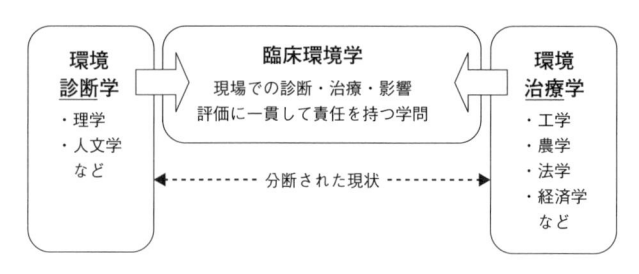

図 4.1.1 診断型学問と治療型学問が，臨床の現場で分野を超えて（インターディシプリナリに）連携することで成立する臨床環境学．なお，ここで掲げた診断型・治療型の学問の事例は，概ね大学の学部に即したものである

多くのステークホルダーの前で，専門家としての責任を自覚しながら，お互いの立場をよく理解し合って連携する，分野横断的（**インターディシプリナリ**）な関係の構築なのである（図4.1.1）．

4.1.5　歴史の教訓に学ぶ——診断と治療の相互作用の重要性

　診断型学問と治療型学問が連携することには，「正しい診断に基づいて効果的な治療を行う」ということ以外に，もう1つ大きな目的がある．それは，これまで診断から治療へと一方通行であった関係を，「診断から治療へ」と「治療から診断へ」の双方向の流れを持った相互関係にしていくことである．「治療が終わったら，もう診断する必要はないであろう」と，多くの人は思うに違いない．環境問題に関わる研究者のほとんどもそう思っているはずである．しかし，第2章で詳述されているように，人類の歴史を振り返るならば，そこには，「環境問題の解決の先には，必ずと言ってよいほど，新しい環境問題の発生があった」という事実がある．既存の環境問題を解決するために人類が導入した新しい技術や制度は，その新しさ故に，自然や社会を根本的に改変し，次なる環境問題を発生させてきた．環境と人間は，円環的な相互作用を続けているのである．いかなる「治療」にも，それが表面的に効果的なものであればあるほど，その導入の先に新たな問題（副作用）が発生する可能性がある．その問題を早期に発見して診断し，次なる治療につなげていくためにも，「治療から診断へ」の関係性を確保することが肝心である．つまり，診断型研究者自らが，治療型研究者が提案する施

策の内容について習熟し，それが自然や社会にもたらす影響について，事前に予測することが，臨床環境学のもう1つの大きな目的となる．

図 4.1.1 に示したように，臨床環境学とは，環境問題の現場において，診断型研究者と治療型研究者が，「診断から治療，そして治療の影響評価（副作用の予測）まで」，に一貫して責任を持つ，まさにインターディシプリナリな取り組みなのである．

4.2

学問の垣根を越えて
——インターディシプリナリからトランスディシプリナリへ——

　4.1 節では，**個別学問領域**（ディシプリン，discipline）が細分化され，特に診断と治療が乖離している問題点，およびそれらを「臨床」の枠で統合しようという方向性が述べられてきた．本節では，臨床環境学におけるインターディシプリナリな分野連携に伴う具体的な課題について述べる．さらに，学術コミュニティを超えたトランスディシプリナリな研究・教育とは何か，そしてそれを行える大学をどうつくるか考えていきたい．

4.2.1　インターディシプリナリな研究者像

　環境問題解決のために学術分野と社会の連携強化を推進する Future Earth イニシアチブ（3.1.6 小節）は**インターディシプリナリ**（学際的，inter-disciplinary）な研究を「いくつかの異分野の学問領域を巻き込んだ研究活動で，新しい知識や理論を構築し，共通の研究目標を達成するために各領域に境界を越えた交流を促すもの」と定義している（ICUS 2013）．統合しようとする学問領域の数により，それが 2 つの場合は inter，3 つ以上の場合は multi と使い分けられる場合もあるが，Future Earth の定義では，領域の数に関わらず学問領域の融合をインターディシプリナリと呼んでいる．

　ここでまず考えてみたいのは，インターディシプリナリな研究・教育活動に取り組む研究者像とはどのようなものかということだ．この問いは博士課程教育のあり方にも関連する．専門の量子力学を超え分子生物学への道を開いたエルヴィン・シュレーディンガーは総合大学の存在意義を 1944 年に刊行された著書で以下のように述べている．

「われわれは，すべてのものを包括する統一的な知識を求めようとする熱望を，先祖代々承け継いできました．学問の最高の殿堂に与えられた総合大学（university）の名は，古代から幾世紀もの時代を通じて，総合的な姿こそ，十全の信頼を与えられるべき唯一のものであったことを，われわれの心に銘記させます．しかし，過ぐる百年余の間に，学問の多種多様の分枝は，その広さにおいても，またその深さにおいてもますます拡がり，われわれは奇妙な矛盾に直面するに至りました．（中略）この矛盾を切り抜けるには（われわれの真の目的が永久に失われないようにするためには），われわれの中の誰かが，諸々の事実や理論を総合する仕事に思い切って手をつけるより他には道がないと思います．たとえその事実や理論の若干については，又聞きで不完全にしか知らなくとも，また物笑いの種になる危険を冒しても．」（シュレーディンガー 1951）

このような諸々の事実や理論を統合できる研究者の育成について，島津 (1983) はいち早く環境分野における「**一人学際**」の重要性を唱え，個別学問領域を超えて環境問題に取り組むことができる「環境の現場監督」の人材育成を説いた．その教育においては，各人が 2 つ以上の学部（同じ学部の 2 つ以上の学科ではなく）にまたがる分野をこなすことを求め，「少なくとも学生には既成のディシプリンに住んでいるような気分をおこさせてはいけない」としている．環境科学は学際の見本と謳いながら，実際は「境界領域」意識で課題に対処しているところに問題があるとし，それぞれの出身の学問分野を保存した上で一時的に知恵を出し合う「問題解決型」形式ではなく，ディシプリンの和集合に融合され，既成のディシプリンは表に出ない「問題発見型」が本当の姿であるとする．「一人学際」の研究者は，地域住民と協働で理論構築をするべきとされ，この意味では後述のトランスディシプリナリな研究者像とも重なる．

学問領域を超えようとする研究者にとって必要なのは，多様な価値観を持つ人々や研究者との意思疎通や意思決定の壁となりうる概念や視点，コミュニケーション手法の相違を認識することであろう．これらは，ある環境現象を語り分析する際に使用する用語の違いのみでなく，「問題認識の枠組みのずれ（フレーミングの違い）」など，研究思想の基盤の違いも原因となっている．またそれぞれのディシプリンの中で蓄積された「知識の性質」や「客観性担保の手法」，「目標設定方法や評価軸」などの違いにも影響を受けている．

「違う学問分野の人とは言葉が通じない」という一見「専門用語がわからない」ことに起因するとされがちな古典的な問題提起の中にも，実は複数の研究思想の違いを見いだすことができる．そこには「研究手法が納得できない」や，「結果の導き方や思考のプロセスが納得できない」なども含まれる．これらには，「何を知と認めるか」に関してそれぞれが受けてきた教育によって培われた思想が影響を与えている．たとえば，「知識」の正当性は「客観性」により担保されるのが当然と考える理系研究者もいれば，そもそも100％客観的なデータというものはなく，「知識」は「社会的に形成されたもの」と捉える社会科学分野の研究者も存在する．

また，分野の異なる研究者間に存在する時間的・空間的な「問題認識の枠組みのずれ」が相違点のベースとなっていることもある．持続可能な社会の実現という「治療」方法を考える際，時間設定を20年，50年，100年または1,000年のいずれにするか，地域や空間的区切りをどこに設定をするかは学問分野によって大きく異なる．工学的治療であれば，材料の一般的な寿命を基にたとえばコンクリートなら数十年という時間を設定し，一方で地質や古環境の研究者は少なくとも数千年のスパンで対処について思考するであろう．

以上で述べたさまざまなずれを認識して議論をすることが，インターディシプリナリな研究の出発点である．

4.2.2 インターディシプリナリな研究の壁と可能性

以上のような異分野研究者間の認識のずれについて，名古屋大学の学生たちと行った「名古屋2070年ビジョン（持続可能性を担保した将来の理想像）」の作成を具体例として考えてみよう．この試みの核となる目的は，「持続可能な社会」という言葉を普段用いながら広く環境学に関わる多分野の大学院生たちが，実際にはどのような「健康な社会の姿」を具体的に思い描いているのかを知り，それぞれの思い描く姿の重なりと相反を発見しあうことであった．それには環境問題の現状診断や将来予測に関する文献調査のみならず，各人が持つ「処方箋」のすり合わせが必要となってくる．この作業は4.3節で議論される「問題マップ」づくりの側面を持ちながらも，問題が「どうなっているか」よりも今後「どうするか」「どうしたいか」に焦点をあて，ある一定の治療が成功した後の姿をまとめ

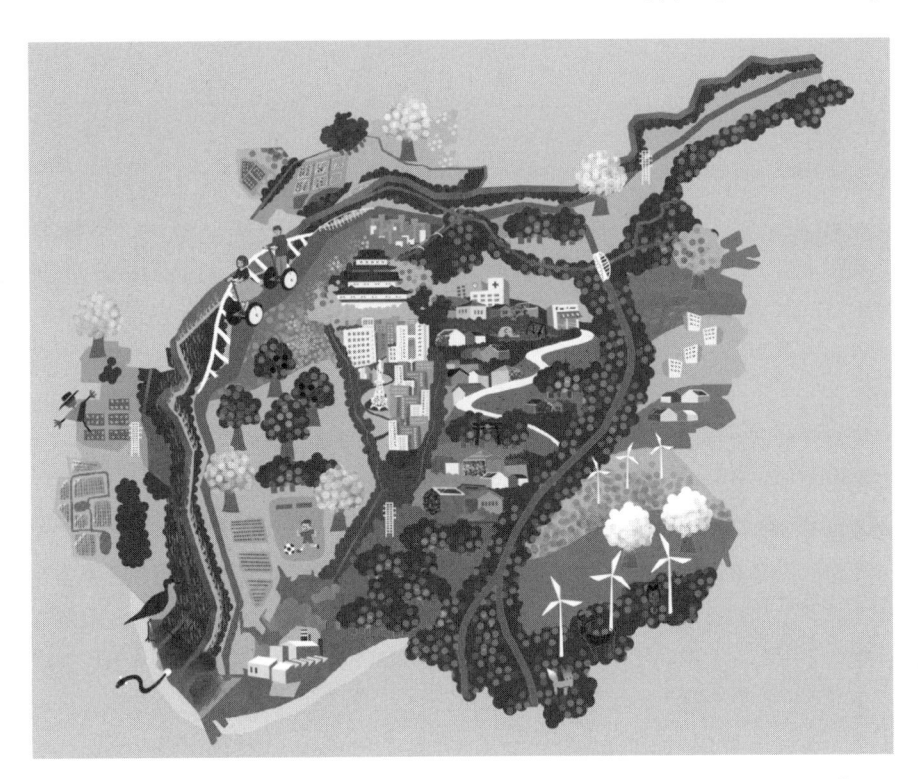

図 4.2.1 名古屋 2070 年ビジョン（伊勢湾流域圏 2070 研究アシスタントチーム 2011）

上げる試みであった．

　まずは，地理的バウンダリー（名古屋）と設定年（2070 年）を決めた上で，何をもって「持続可能性の達成」とするかについて，議論に多くの時間が費やされた．特に現状の何を「問題」と捉え，それらをどう「治療」し，どの段階を「解決」と言うのかについての合意が難しく[1]，最終的には合意できていない箇所をそのまま共存させたり，あるいは削除したりしながら 1 つの絵にまとめることとなった（図 4.2.1[2]）．最初に話し合いの参加者が実感することは，設定した地理

---

[1] 参加者全員の合意ができなかった点には以下のものが含まれる：エネルギー消費と原子力発電所の必要性（バウンダリー内での電力自給自足は必須か），食料の自給自足の必要性（輸入による食料のバラエティー確保の観点），設定都市（名古屋）の適正人口，沿岸域や農地での第一次産業を担う人口割合（第一次産業の魅力の将来的な変化），ゾーニングの領域や割合など．

図 4.2.2 河川と干潟（左）とコミュニティ広場（右）（図 4.2.1 に同じ）

的・時間的バウンダリーはあくまでも仮の物であり，「診断」と「治療」を考える際には，バウンダリーの外の空間・時間も意識せざるをえない，ということである．

また，異なる学術分野の視点を融合させる困難のみでなく，合意事項を小さなセグメントに分け，可視化のため1つずつ絵に落とす作業に参加してくれた芸術大学の学生たちとの間にも意思疎通の難しさが生じた．環境や持続可能性の議論に特に関心が高かったわけではない芸術家が絵になると考える「健康な環境」の姿と，環境を学ぶ学生が描いてほしいと考える姿の違いは大きく，河の護岸[3]やコミュニティ広場[4]などの絵についての話し合いと自問自答の時間を長引かせる

---

2) グループ内の話し合いで合意された 2070 年の名古屋に望む姿の共通項は，a) 災害との共存と環境保全のためのゾーニング，b) すみずみまで行き渡った公共交通機関，c) 食物・水・エネルギー・廃棄物の持続可能なサイクル，d) 伊勢湾流域圏らしさの再生と歴史・文化の継承，であった．これら4つのポイントが 2070 年像の具体的な要素となって絵に表現されている．地形図や内水・外水ハザードマップ，土地利用図などのデータが参照され，名古屋における居住区の選定と限定，グリーンネットワークの形成，氾濫原の利用（果樹園・田んぼなど），工場地帯の限定と現在埋立地となっている一部の干潟への再生，CO_2 のモニター方法などが細かく話し合われている．

3) 「河川と干潟」の説明書き：河川は氾濫するものであることを前提に都市計画がなされています．そのため川が自由に流れを変えることができるように川のそばには住宅や商業地・工場は置かず，自然の湿地帯の氾濫原とします．葦などの湿地特有の植生があり，多様な生物の棲みかとなっています．治水のためのダムがないため山・川・海がつながります．湿地帯背後には田畑が広がります．河口には干潟が形成され，みお筋（川の流れにより自然にできる流れの道）ができます．現在埋立地となっている土地も一部干潟へと再生され，伊勢湾特有の魚介類も豊富にとれる海となります．また，干潟が自然に汚水を浄化してくれています．

こととなった（図 4.2.2）．しかしこれらの過程は，議論を深めず互いの領分を侵さないコミュニケーションの危険性を体感する機会となった．話し合いの過程で自分の持つ「**認識**（epistemology）」，つまりどのように世界を捉えているのかを幾度にもわたり再確認し，各概念を自身の中で深化させ，言語化して伝える作業を繰り返す貴重な機会であった．このようなやりとりは，臨床環境学における意思決定や合意形成活動においても絶えず発生してくる分野を超えた研究・実践に生じるものであり，「個々人の理想をすり合わせていく作業を行い，その困難さと同時に大きな可能性を感じた」という学生の言葉からも，こうした経験が協調性の高いインターディシプリナリな研究，ひいては将来的なトランスディシプリナリな研究の事前準備として効果的であったと考えられる．

4.2.3　インターディシプリナリからトランスディシプリナリへ

　ここまで複数の学問領域を横断的に融合させようとするインターディシプリナリな研究・教育活動について見てきたが，近年，学術コミュニティ内はもとより社会の多様なセクターとつながり，そのつながりを中心軸に据える**トランスディシプリナリ**（trans-disciplinary）な教育・研究と呼ばれる活動が始まり，その重要性に関する議論も活発化してきている．Future Earth イニシアチブは，トランスディシプリナリな研究を「異分野の学問領域の研究者に加えて，政策立案者，市民団体，企業などの学術分野以外の人々をも統合して，共有の目標を探求，新しい知識や理論を構築する研究活動」（ICUS 2013）と定義づけている．学問領域が合わさった「学際」のみならず，社会のさまざまなステークホルダーとともに研究を構築していくことから，日本語では「超学的研究」あるいは「超学際的研究」と呼ばれることもある．多様な学問領域の研究者や自治体，住民をつなげ，地域における複雑で絡み合った環境問題の「診断・治療」をめざす「臨床環境学」も，社会のステークホルダーとともに創り上げていこうとするトランスディシプリナリな研究であると言えるだろう．

　4）「コミュニティ広場」の説明書き：緑に囲まれた公園のような場所で，住宅地の近くにあります．さまざまな人が集まり，出会い，議論をする場所で，まちづくり委員会なども開かれます．住民が地域の意思決定により強い力を持っています．

ではこのように科学をより人々に開かれたものとして捉えるようになった経緯や，その背景にある思想について以下に詳しく見ていこう．

4.2.4　市民に知は欠落しているのか，充足しているのか

　科学をより社会へ開こうとする試みの中でも，近年の大きな動きを創った契機として，1999年夏にハンガリーのブダペストにて科学者，政治家，官僚，企業人，ジャーナリストが集まり開催された世界科学会議は特筆すべきものであろう．ユネスコとICSU（国際科学会議）共催の本会では21世紀の科学のあり方が議論され，「21世紀の科学―新たな決意」と銘打たれた『ブダペスト宣言』が採択された．目標とされた科学の4つの柱の中でも「社会における，**社会のための科学**（science in society, science for society）」の考え方は，「診断」と「治療」分野が協力し，環境問題やその引き金となっている社会問題の解決，「予後観察」や「再発防止」に一貫して社会の構成員とともに取り組もうとする「臨床環境学」の理念にも通じる点が多い．

　しかし，ここで注意しなければならないのは，「社会における，社会のための科学」と言っても，サイエンス・コミュニケーションの議論が時としてそうであるように，「科学」や「知」の捉え方には2つの異なった立場の思想が内在していることである．「科学」とは何か，誰のためのものであるかに関する議論から，この2つの思想を紐解いてみたい．

　科学技術社会論の代表的な論者であるギボンズ（1997）は，科学技術と社会の相互関係の大きな変化を取り上げ，社会的・文化的局面を含めた知識生産方法の根本的な変化に私たちが直面していると指摘し，科学技術活動のモード論（様式論）を唱えた（表4.2.1）．

　モード1と呼ばれる知識がディシプリンの限定されたコンテクストで生み出されるのとは対照的に，モード2の知識は，より広いコンテクスト，つまりさまざまなステークホルダーとの協働を通じた問題発見と解決のための社会的・経済的コンテクストの中で生み出される．そのため，モード1では「形式知（explicit knowledge）」，つまり数値化，図表化され一定のディシプリン内部においてコミュニケーション可能な知のみが扱われ，その他の知は形式知以下のものとして知のヒエラルキーの中に位置づけられる．それに対しモード2では，形式知ととも

表 4.2.1　ギボンズのモード 1 とモード 2（ギボンズ 1997）

	モード 1 （従来型）	モード 2 （トランスディシプリナリ型）
問題設定	ディシプリン内部の規約に従い設定	アプリケーション（社会的な応用）のコンテクストにより設定
研究活動	ディシプリンの内的倫理により進展	個別のディシプリンにはない独自の理論構造，研究方法，研究様式の構築
研究成果の価値	ディシプリンの知識体系の発展にいかに貢献しているか	必ずしも個別のディシプリンの知識体系の発展に寄与しない
成果の普及	学術雑誌，学会などの制度化されたメディア	参加者たちのあいだで学習的に知識が普及
成果普及のタイミング	主に研究終了後	随時（発展途上の段階においても）
研究活動の実用的な目的	存在しても間接的	直接的に存在
知識生産の特徴	ディシプリンの中（大学の学科等）に教育訓練を受けていない外部の人間が入りこむこと，あるいは，外部の人間の知識生産への関与を正当化することが困難	参加者の範囲は広く社会を含み，その結果，知識生産の拠点は分散

に経験知・地域知・民間知・伝統知を含む，文字化や明示化が比較的困難とされる「暗黙知（tacit knowledge）」にも同等の価値が与えられ取り扱われる．

　これら知に対する 2 つのモードは，現代科学社会論におけるもう 1 つの中核議論である「**欠落モデル**（deficit model）」と「**充足モデル**（non-deficit model）」の区別にもつながっていくものである．モード 1 の考え方，つまり形式知のみが「科学知」であり，その形式知を理解するための土台が市民に「欠落」しているという考え方においては，環境問題や社会問題を解決することができる知が社会に浸透しないのは市民の無知のせいだとされる（欠落モデル）．この思想によると，知識の中でも「科学知（ここでは形式知）」は，知の最上層部にあり，市民は教育不足のために科学知を習得するレベルには達していない．つまり最も「真実」に近い答えを出す存在は常に科学者であると捉えられる．たとえば欠落モデルの見地に立つ議論の展開としては以下のようなものが典型的と言えよう．

「今後ますます深刻になる地球環境・資源・人口・エネルギー問題についても，科学技術の進歩ゆえに一層複雑になってゆく様々な問題に対しても，一人ひとりが自分の問題として，感情論に流されることなく，科学的基礎知識と広い視

野に立った判断が下せる必要がある．国の科学技術政策に対して国民も意見を言う必要があるし，政府の重点投資の成果として生まれた科学・技術の成果を国民が受け入れないのなら無意味である．」（黒田 2011）

このように，市民が科学技術を理解すれば「感情論に流されない」判断ができるという欠落モデルの考えに対して，充足モデルでは市民はすでに十分に「知識」がある存在として捉えられる．つまり，さまざまな人々やコンテクストに存在する暗黙知に価値を置き，形式知との間にヒエラルキーをつけることなく知の統合を行うことにより，複雑な事象の理解を試み，解決策を産み出そうとする考え方である．この思想は近年，大学や研究所が行う個々の研究自体が社会と強く関連するようになり，研究の意味づけや経過について住民とより多くの対話がなされる中で発展してきた．それに加え，7.3節でより深く議論されるように，暗黙知や伝統知に根ざした視点やデータ，および発見から新たな知が構築される有益な経験を，世界各地において積み重ねてきたことも，この思想の広がりの理由として挙げられる（たとえば Irwin & Wynne 1996）．

科学技術活動やその研究は，社会を巻き込んだ形で進められていくべきか否か，専門的判断は「専門家」に委ねられるべきか否かの対立は，これまでも科学技術社会論の中で絶えず繰り返されてきた．社会と自然の複雑な相互作用を扱う環境学ではより顕わになる争点である．たとえば「欠落モデル」思想の中には，「定着した技術を市民へ広めていくことは可能でも，科学者や最先端の研究者もまだ理解していない**不確実性**（uncertainty）を含む情報を，市民と分かち合おうとすることは無理であり意味がない」という意見がある．この「欠落モデル」派の意見に対し「充足モデル」派は，不確実性はどんな現象にも付きまとうものであるから，不確実性も含めて情報を提示し，市民と対話するべきであると主張する（たとえば Gee 2004）．

環境学が，学術分野融合を目指すインターディシプリナリに留まらず，より広く多様なコンテクストにおいて，ステークホルダーとの問題発見・解決をめざすトランスディシプリナリの形を追求していこうとすることは，その思想が「モード1＆形式知重視の欠落モデル」から脱皮し，「モード2＆暗黙知評価の充足モデル」へと生まれ変わろうとしていることを意味する．臨床環境学においても，地域の問題を診断し，処方箋を書き，合意形成を模索する過程においては，ステ

ークホルダーとの議論を通じて暗黙知を深化させ，形式知と組み合わせ問題解決に活かすことが重要となる．この点から考えても，トランスディシプリナリな研究・教育活動への進展は，融合する学術分野の数が増えただけの inter から multi への変化とは全く次元の異なる，知の意味づけ，知識生産のあり方とその価値，学術分野の存在意義に関する思想の大転換を私たちに迫ってきているのである．

4.2.5　トランスディシプリナリな研究への市民参加

では，学術分野外の多様な関係者との協働をめざすトランスディシプリナリな研究・教育活動において，市民と科学者の関係はどのように捉えられるべきだろうか．

Future Earth イニシアチブのもと，2013 年より 10 年間，環境分野におけるトランスディシプリナリな研究を展開していこうとする ISSC（国際社会科学協議会）は，同研究における「統合」という概念を，「科学の境界を自由に行き来する**知の共同デザインと共同生産**（the co-design and co-production of knowledge）」とし，「これまで研究結果を享受する人と言われていたグループを直接的に研究プロセスに巻き込む形で展開すること」と定義している．また，そうした研究は「真の意味で国際的（truly global in nature）」であるべきとし，社会的・地理的に多様な世界の地域における実践や研究を扱うことをめざしている（ISSC 2012；安成 2012）．

ここで素朴に浮かんでくる疑問は，ではトランスディシプリナリな研究を行うためには，市民の代表が幾人か研究チームの中に入っているだけでよいのかという点である．トランスディシプリナリな研究における市民と科学者の関係は，これまで教育学や社会学で展開されてきた**市民参加**（participation）の議論から考えることができる．市民参加は，開発プロジェクトや教育活動，都市計画やガバナンスなどあらゆる分野における知識共有のみならず，衝突を回避し問題解決を行うための特効薬もしくは最終目標としてもてはやされてきた（Tran et al. 2002；Tran 2006）．しかし，ドイツの社会学者レンらが述べるように，伝統的なトップダウンの意見聴取の参加スタイルは，参加者にとって逆に非生産的であり不満が残るものとなりがちである（Renn et al. 1995）．ゴミ拾いや単なる会議への出席など，一般的に市民参加と呼ばれる活動の多くは，「**市民参加のはしご**」（図 4.2.3）の考えに当てはめてみると，実際は「参加」とも呼ぶことができないものである

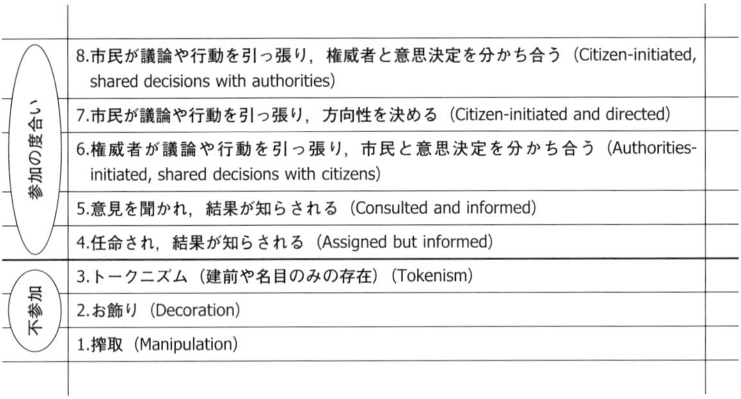

参加の度合い	8. 市民が議論や行動を引っ張り，権威者と意思決定を分かち合う（Citizen-initiated, shared decisions with authorities）	
	7. 市民が議論や行動を引っ張り，方向性を決める（Citizen-initiated and directed）	
	6. 権威者が議論や行動を引っ張り，市民と意思決定を分かち合う（Authorities-initiated, shared decisions with citizens）	
	5. 意見を聞かれ，結果が知らされる（Consulted and informed）	
	4. 任命され，結果が知らされる（Assigned but informed）	
不参加	3. トークニズム（建前や名目のみの存在）（Tokenism）	
	2. お飾り（Decoration）	
	1. 搾取（Manipulation）	

図 4.2.3　市民参加のはしご（Arnstein 1969 と Hart 1992 を参照し作成）

ことが多い（Arnstein 1969；Hart 1992）．市民が十分な情報を共有した上で意見を述べ，議論や行動を引っ張り，さらには意思決定にも参画できてこそ，真のトランスディシプリナリな研究と言うことができる．

　知の捉えられ方の違いや知のヒエラルキーを踏まえながら，どのように多様なステークホルダーを尊重し，それぞれの力が発揮できる協働を展開していくことができるのかは，今後のトランスディシプリナリな研究実践において大きな課題となっていくであろう．協働の場づくりも，形式知を駆使する研究者が得意とする会議形式のみならず，聞き書きや共同フィールドワークなど暗黙知がシェアされやすい場の形成が重要となる．このような「充足モデル」思想に基づいた場においては，従来の会議では用意されていた「学識経験者」の特別席は存在しない．市民の持つ知や変革を起こす力にどれくらい信頼を置き，それに気がつくことができるのか．自分は意識しなくとも社会全体に現存する研究者と市民のパワーバランスをどう乗り越え新たな知をともに創造していくのか．さらには，将来世代の参画をステークホルダー内にどう位置づけていくのか（現時点の社会に役立つ研究のみでなく，持続可能性や将来世代への貢献も含む研究の創出）など，今後トランスディシプリナリな研究・実践をめぐって議論の深化が望まれる点は多い．

4.2.6 トランスディシプリナリな大学の創造

　それではトランスディシプリナリな研究・教育活動を行う大学や大学院づくりにはどのような議論が必要であろうか．インターディシプリナリな研究・教育において認識すべきであった「時間的・空間的な問題認識の枠組みのずれ」や「研究手法の違い」などは，トランスディシプリナリな研究・教育においてもそのまま拡張でき，比較的意識しやすいものである．しかし，学術分野外のステークホルダーとの研究やそれが行える人材を育成する大学創造の議論では，表面上に現れる手法や議論構築のレベルではなく，木で言えば根っこの部分にあたる深層部分の課題認識のすり合わせこそが最も大切なものとなる（図4.2.4）．

　この根っこ部分を構成する論点は，大きくは「何を知と捉えるか」という**知識学**（theory of knowledge）の要素，「社会における大学や研究者の役割」に関わる点，および「研究意義（目標設定や評価軸）の捉え方」に関わる点に分けてよいだろう．既に触れた暗黙知まで含み込む形での知の拡張は，知の蓄積・継承・発展を存在意義とする大学や研究者にとって，大きな意識変革を迫るものである．知的探求の蓄積により，普遍化・体系化されてきた形式知に対して，社会に広く分散する暗黙知は雑多で，地域性が強く，体系性に乏しい．しかし，臨床環境学においては，この暗黙知をいかに知として尊重・統合するかがカギとなる．現場から

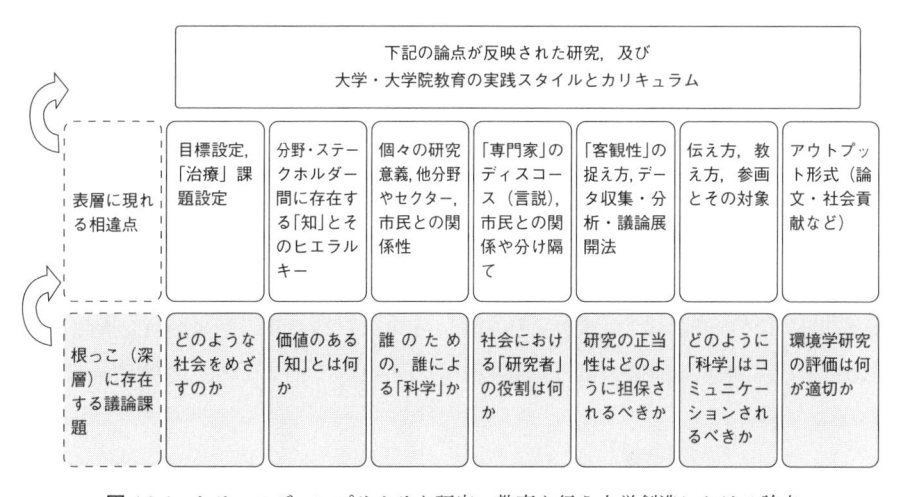

	下記の論点が反映された研究，及び 大学・大学院教育の実践スタイルとカリキュラム						
表層に現れる相違点	目標設定,「治療」課題設定	分野・ステークホルダー間に存在する「知」とそのヒエラルキー	個々の研究意義,他分野やセクター,市民との関係性	「専門家」のディスコース（言説）,市民との関係や分け隔て	「客観性」の捉え方,データ収集・分析・議論展開法	伝え方，教え方，参画とその対象	アウトプット形式（論文・社会貢献など）
根っこ（深層）に存在する議論課題	どのような社会をめざすのか	価値のある「知」とは何か	誰のための,誰による「科学」か	社会における「研究者」の役割は何か	研究の正当性はどのように担保されるべきか	どのように「科学」はコミュニケーションされるべきか	環境学研究の評価は何が適切か

図 4.2.4　トランスディシプリナリな研究・教育を行う大学創造における論点

大学に流入する暗黙知の刺激によって，細分化・硬直化しつつあった形式知にも新たな発展が期待される．これは社会における知の流通の大変革とみなすことができ，「知の生産機関」を自認していた大学・研究所は，社会に分散する多様な知を融合・形式変換させる「知の統合・発展場」へと変容すべきなのかもしれない．

　「研究意義の捉え方」については，特に，アウトプットの評価について考える必要があるだろう．これまでのように特定のディシプリンの知識体系の発展にどの程度貢献をしたかを判断する評価軸，つまり学術雑誌や学会など「制度化されたメディア」における論文のみならず，社会のニーズを踏まえて，より多様で，啓発的で，実践的なアウトプットの形の確立が望まれている．そして同時に，自ら受けた教育とは質的に異なる啓発・サポートを通じトランスディシプリナリな研究者を育成していく教員の力量や技能も問われることになろう．社会に即した研究者のアウトプットの新しい形を模索し，それが学術の世界においても業績として認められるよう働きかけていく中で，自ずと研究の幅や質も変化し，大学・地域・社会が連携した研究活動がよりスムーズとなるという好循環を生み出していく必要がある．

　臨床環境学のような地域との対話に基づく研究を行う人材育成課程では，たとえば博士課程の口述試験のような審査の場面でも，将来的にはトランスディシプリナリな要素を組み込んでいくべきと考える．評価の対象となるアウトプットの多様化に加えて，口述試験を地域との対話に基づいた形で行うことなども挙げられる．市役所や広場など公的な場で市民を巻き込んで行われるフランスの博士論文の口述試験のような評価手法はすでに存在している．

　残念ながら現在，大学や大学院，個々の学科においては，これら根っこに存在する課題について多様な意見が伏在しているにも関わらず，根本的な議論は未だ少ない．そのため，意識共有やトランスディシプリナリな研究のための意識変化は，大変緩やかな形，または時に確執を残した形でしか起こらない状況となっている．トランスディシプリナリな研究や，その人材づくりのための新たな教育の形が，核心に触れる議論の繰り返しの中から生まれてくることを期待する．

参考文献

伊勢湾流域圏 2070 研究アシスタントチーム (2011):伊勢湾流域圏の 2070 年ビジョン,名古屋大学グローバル COE プログラム「地球学から基礎・臨床環境学への展開」.

伊勢湾流域圏チーム (2013):伊勢湾流域圏における「臨床環境学とは何か」討論会レポート,名古屋大学グローバル COE プログラム「地球学から基礎・臨床環境学への展開」.

ギボンズ,マイケル著,小林信一監訳 (1997):『現代社会と知の創造――モード論とは何か』,丸善ライブラリー 241,丸善.

黒田玲子 (2011):科学者と社会を結ぶ架け橋:サイエンスインタープリター,CICSJ Bulletin, Vol. 29, No. 1.

島津康男編 (1983):『国土学への道――資源・環境・災害の地域科学』,名古屋大学出版会.

シュレーディンガー,エルヴィン著,岡小天・鎮目恭夫訳 (1951):『生命とは何か――物理的にみた生細胞』,岩波新書(原著は 1944 年刊行).

安成哲三 (2012):Future Earth――地球環境変化研究における新たな国際的な枠組み. *Japan Geoscience Letters*, 8 (4), 13-14.

Arnstein, S. R. (1969) : A Ladder of Citizen Participation. *Journal of the American Institute of Planners*, 35 (4), 216-224.

Gee, D. (2004) : *Late Lessons from Early Warnings : The Precautionary Principle 1896-2000. Emerging Issues and Scientific Liaison*, EFA, 3rd International Conference on Children's Health and the Environment, London.

Hart, R. (1992) : *Children's Participation : From Tokenism to Citizenship*, UNICEF.

ICSU (2013) : *Future Earth Initial Design : Report of the Transition Team*. Paris.

Irwin, A. & Wynne, B. (1996) : *Misunderstanding Science ? The Public Reconstruction of Science and Technology*, Cambridge University Press.

ISSC (2012) : *Transformative Cornerstones of Social Science Research for Global Change*, International Social Science Council.

Renn, O., Webler, T. & Wiedemann, P. (eds) (1995) : *Fairness and Competence in Citizen Participation : Evaluating Models for Environmental Discourse*, Kluwer Academic Press.

Tran, K. C., Euan, J. & Isla, M. Luisa (2002) : Public Perception of Development Issues : Impact of Water Pollution on a Small Coastal Community. *Ocean & Coastal Management*, 45, 405-420.

Tran, K. C. (2006) : Public Perception of Development Issues : Public Awareness can Contribute to Sustainable Development of a Small Island. *Ocean & Coastal Management*, 49, 367-383.

4.3

臨床環境学の方法

　現在，世界各地で持続可能な地域づくりの取り組みがすすめられている．臨床環境学はそのような取り組みにアカデミックな立場から貢献するためのトランスディシプリナリな研究活動である．本節では，その方法論のフレームワークについて解説する．

　なお，ここでの記述はあくまで理念形であり，実際には各地域の現状などに応じて適宜変更される．

4.3.1　地域づくりのプロセス
　　　　──「作業仮説ころがし」とドライビング・アクター

　図4.3.1は臨床環境学がかかわる地域づくりのフローチャートである．まず地域の持続可能性を診断し，それに基づいて，将来の地域のデザインを行う．デザインされたものはいわば「仮説」であって，それが本当に持続可能な地域の姿かどうかは，実践によって「検証」される必要がある．その実践は社会「実験」ということになる．その検証結果は，さらに次の段階の診断および地域デザインのプロセスにフィードバックされる．臨床環境学でいう地域の治療とは，このようなプロセスが継続的に続いていくこととしてとらえることができる．

　もちろん，地域づくりの主体は，地域住民であり，地域の自治組織，企業，NPOなどであり，さらにそれを支援する行政である．臨床環境学の研究者は，彼らと協働しながらともに地域づくりをすすめていく外部支援者となる．地域の診断，デザイン，社会実験，その検証というそれぞれのプロセスにおいて，研究活動によって地域づくりをサポートするのがその役目であり，言い換えるならば，そのような実践活動そのものが研究活動であり，地域の実践者とともに行う研究

である．臨床環境学のトランスディシプリナリな性格を表現するならば，実践者参加型研究といえるだろう．

持続可能な地域づくりとは，図4.3.1に示されたようなフローをまわし続けていくことと理解することができる．それにはこのフローの諸活動を主体的に担い，全体を見渡しながらこのフローを動かしていく人材・組織が必要である．Izutsu et al. (2012)は，岡山県備前市における地域自然エネルギー普及事業に関する参与観察結果の分析から，そのような主導的な人材

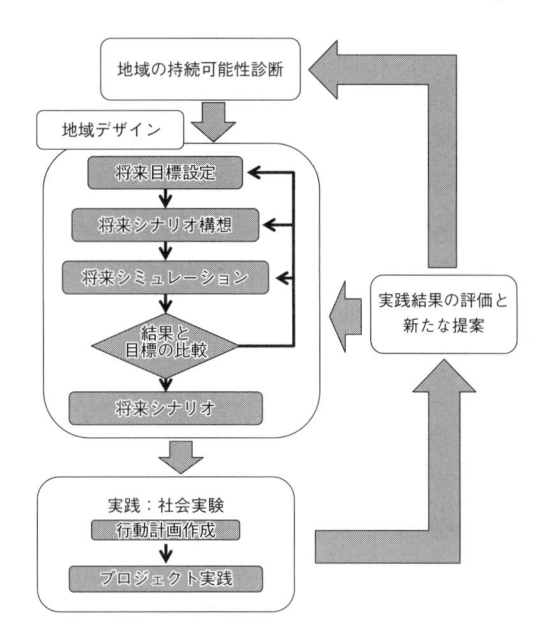

図4.3.1 臨床環境学がかかわる持続可能な地域づくりのフローチャート

や組織を**ドライビング・アクター**（Driving Actor：DA）として概念化した．DAとは地域をよりよくしたいというミッションと，持続可能な将来の地域像というビジョンを持ち，他のDAと協働して地域づくりを主導していく人材・組織であり，地域リーダーともいえる．特に高いスキルを持ち，リスクをとったうえで新しい事業を推進し，さらにその成果を政策に反映させようとする主に民間のリーダーを指す．それを担うのは自治会など住民の自治組織や，NPO，企業の実質的なリーダーたちである．

図4.3.1の地域づくりフローを臨床環境学的研究の立場から見るならば，地域の診断によって克服されるべき課題を「問題」として定式化し，それを解決するような地域の将来シナリオという「仮説」をたて，それを実践，すなわち社会「実験」によって「検証」するプロセスである．これは臨床環境学が科学であるための要件といえるだろう．

熊澤（2002）は，地球科学における地球史研究が科学であるというのはどういうことか，ということについて真摯な検討を加えた．一度きりで反復繰り返しのできない地球の歴史は，再現性，一般性，普遍性という物理学や化学などの科学

の特徴を期待できない．そういう地球史の研究が科学であるということについて，熊澤は，仮説をたてること，それにしたがってモデルを構築すること，モデルの出力として仮説を検証できる方法論を明らかにすること，それに基づいて実験や観測によって仮説を検証すること，検証結果に基づいて，仮説の刷新，見直しによるさらなる発展を行うこと，というフローがまわっていくことそのものが科学であるとした．これは，そのフローがまわらなくなった時には，その学問分野は衰退していくということまで視野に入れた考え方である．

持続可能な地域づくりは，大きくとらえればまぎれもなく地球史の1つのエピソードであり，地域ごとにまた歴史的に独自の展開をみせるもので，再現性，一般性，普遍性を期待できない性質を共有している．それを対象にした臨床環境学が科学的な営みであろうとするとき，熊澤の考察をさらに敷衍して，地域づくりの実践を社会「実験」ととらえて「仮説」の「検証」とさらなる「仮説」の刷新というプロセスが続いていくことをその要件とする，という考え方は妥当なものだろう．このようなプロセスを私たちは熊澤にならって**「作業仮説ころがし」**と呼んでいる．

図4.3.1に示されたような方法論は，開発途上国における国際開発の現場で鍛えられてきた方法論に学び，さらに一般化したものである．たとえば，掛谷 (2011) は，アフリカにおける農村開発において，フィールドレベルと構想レベルを行き来することによって，地域の実態把握→問題の抽出・原因の追及→地域の「焦点特性」のあぶり出し→それを活かした解決策の立案→フィールドにおける実践，からなるプロセスを系統立てて行い，さらに実態把握・問題抽出の段階にフィードバックしていくという方法論を示している．さらに掛谷は，そのプロセスの途中に実験的な試行としてのアクションリサーチを組み込んだ方法論をNOW型モデルとして提示している．ここで，このような方法論を発展させた臨床環境学的方法論の特徴を強調するならば，異分野の専門家の連携によって，理学的・工学的な診断を豊富に行うことや，地域デザインプロセスに将来シミュレーションの手法を導入するなど，観察視点や手法においてより多様で総合的な診断と治療をめざしていることであろう．

次に，図4.3.1に示される地域づくりフローの個々のプロセスを解説する中で，研究者の役割を考察しよう．

4.3.2 地域の診断と問題マップづくり

　地域にはどのような問題や課題があるのかを明らかにするのが診断のプロセスであり，地域の多くの主体がその課題解決に向けて取り組むことができるように，課題を整理し定式化することがその目標である．研究者はさまざまな専門的な診断手法を用いてまずは地域を調査する．地質，気候，水文，生態などの自然科学的な調査および歴史，文化，社会組織などの人文・社会科学的な調査，さらにはそれらを組み合わせたインターディシプリナリな調査を行う．この中で，持続可能性に関わる問題・課題を明らかにするとともに，地域づくりに活用できる地域資源のリストをつくることも研究課題となる．地域資源とは，自然の要素（自然資本），社会インフラ（社会資本），および人材や人々の関係（社会関係資本）の3つのものからなる．

　このような調査はドライビング・アクター（DA）たちとの共同調査となる．まずはDAと目される人たちの人脈図作成からはじまり，それをつくりながら彼らへのインタビューを行う．それによって彼らが地域の問題・課題をどうとらえているかを整理する．さらに彼らと対話・議論しながら，DAたちに共有されている問題意識・課題意識を定式化していく．

　そのような問題意識・課題意識も1つの「仮説」といえる．したがってそれを検証する作業がそれに続く．地域の自然を専門的見地から調べ，DA以外の一般住民の意識や思いを調査する．その中で，DAたちの認識が思い込み的であったり地域住民からは「浮き上がった」考え方であることが見出されることもある．また，研究者は地域の持続可能性とは何かということについての独自の見識に基づいて，より広い視点から（時にはDAたちが気づいていなかったような）地域の課題をとらえることがその役割といえる．そのような検証結果もDAたちと共有し，議論する．地域の診断は，このような対話と議論を通してDAたちと研究者が信頼関係を築く重要なプロセスでもある．

　さらに，より多くの地域住民が興味関心を持ち，課題に取り組むことができるような問題の定式化および課題設定を行う．このプロセスにおいては，地域におけるさまざまな問題間の関係を図示する「**問題マップ**」をたくさん作ることが有効である．

　図4.3.2はそのような問題マップの一例である．ここでは日本の中山間地に普

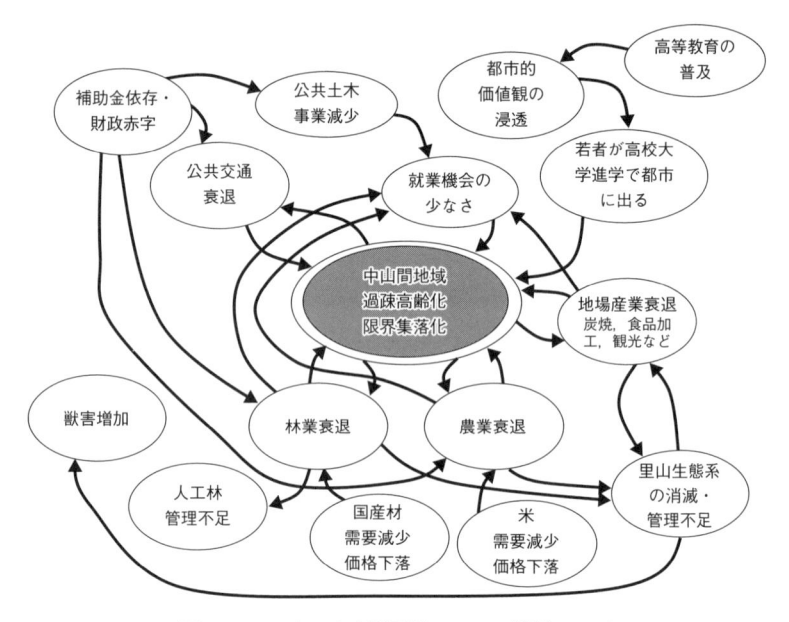

図 4.3.2 日本の中山間地域における問題マップ

遍的に見られる過疎高齢化と限界集落化の問題についての例を示した．各要素間の因果関係や影響などを線や矢印でつないでいくことによって，地域の問題・課題の全体像を明らかにする．諸要素とその連関を明らかにする方法はいわゆる KJ 法に準じるものである．KJ 法とは文化人類学者の川喜田二郎が考案したデータ整理から新しいアイデアにいたる発想法である（川喜田 1967）．まずは思いつく範囲の要素を並べあげる．要素間の関係を見出す方法は，あらかじめ用意された評価軸によるのではなく，出てきた要素それ自体に語らせる，というやり方である．

このような問題マップは，まずは主観的なものであり，DA たちとの協働作業として診断プロセスをすすめるためのコミュニケーションツールととらえることができる．その最初のたたき台となる問題マップは，研究者が作成することが適当だろう．不十分ではあってもある程度客観的な立場から問題マップを作ってみて，DA たちに提示し，不足を追加し間違いを訂正する形で問題マップを深めていく．適切な問題マップができあがれば診断の完成ともいえるが，地域づくりフローをまわしていく中で問題マップは随時更新される．

4.3.3 地域のデザイン

　地域デザインのプロセスは地域の将来像をつくり，その目標設定を行い，それを実現するための将来シナリオを作成する段階である．ここでは DA の働きかけによってより多くの地域住民やその組織が議論に参加してもらう必要がある．ワークショップ形式でそのような対話・議論が行われることが多い．このような場での意見のとりまとめの責任はあくまで地域住民組織や行政にあり，研究者は全体の意見を1つの方針や合意としてとりまとめるような座長役になるべきではない．研究者の役割はファシリテータとして，住民のビジョン形成と将来目標やシナリオ設定についての合意形成を支援する役割を担う．

　一般に地域の中では歴史的ないきさつの中で，利害の対立や仲がよい悪いといった人間模様が織りなされている．ファシリテータは，そこで対立構造をつくるのではなく，皆が思いや利害の違いをお互いに認めあいつつ，一致できる範囲を確認しそれを広げながら，前向きな態度で地域の将来を考えるような空気をつくり出すことが求められる．どのような主体にも発言の機会を保証することはもちろんであるが，そのような場でなかなか発言しない人たち，さらにはそのような場にはあまり参加しない人たちの思いを引き出し，議論の俎上に載せるような積極的な配慮が求められる．

　将来のシナリオを考える際には，一定のシナリオが実践された場合に地域がどのような姿になるのか，シミュレーションをしてみるのが有効な場合が多い．研究者はモデリング，計算機シミュレーション，地理情報システム（GIS）などの手法を用いて，住民にわかりやすくシナリオごとの将来像の違いを示すことができれば，将来目標・シナリオ設定についての合意を得ることに大いに貢献できる．

4.3.4　実践とその評価──「地域づくりは人づくり」

　将来目標やシナリオが描けたならば，それを実現するための実践プロジェクトの行動計画を作り，実践し，その評価を行って，その結果を再び次の段階の地域デザインのプロセスに活かす．ここでの実践の主体はもちろん地域住民であり，DA が主導的な立場となってプロジェクトを推進していくことになる．研究者はここでも実践の現場に立ち会い，細かなサイクルで問題や課題を発見し，その対

処法の検討を促すという形で DA をサポートすることで，プロジェクトの推進に貢献する．

　実践のプロセスでは，より多くの住民がそこに参加するようになり，さらには DA という立場を自らかって出る人材がどんどん増えていくようになるように行動計画を練る必要がある．地域づくりフローを動かすということは，周を重ねるごとに参加者が増えていくという状況をめざすことといえるだろう．地域づくりは人づくりである．この場合には，さまざまな異なる分野の人材やステークホルダーたちが出会うことを仕掛けて行くことが有効で，研究者はその広い人脈を活かして，彼らが出会うきっかけを提供することもその役割となる．また次節以降で示されるように，臨床環境学的な教育プログラムを通して DA となりうる人材の育成を担うこともできる．

　地域づくりの実践の結果を評価することは，すぐに目に見える効果が出ない場合が多いため，一般に難しい課題である．ここでも研究者はさまざまな専門的な調査や参加者へのヒアリング，アンケート調査などを行い，DA や参加者たちにプロジェクトの成果を説得力ある形でわかりやすく示す役割を果たす．特にプロジェクトを通してどういう新たなアクターが登場したか，どういう人材が育ったか，ということは重要な評価視点である．

　さらに研究者は外部の支援者，資金提供者，マスメディアに対する説明を求められることも多い．またプロジェクトの評価は次のプロジェクトの行動計画立案や，さらに地域デザインのプロセスにフィードバックするために行われる．次のプロセスにうまく接続できるような評価結果のとりまとめの仕方や表現をすることに配慮することも研究者の役割である．

4.3.5　研究者の立ち位置

　以上が臨床環境学研究の方法論についての理念的なまとめであり，それはすなわち，持続可能な地域づくりのプロセスのフレームワークでもある．ここで，このようなプロセスに関わる研究者の立ち位置について若干の考察を加えてみたい．

　臨床環境学研究が従来の環境学研究と異なるところがあるとすれば，研究者がより地域の実践者と近いところで研究活動を行うというところにあるだろう．端的にいえば，研究者も DA の一員となりうるということである．研究者が持つ専

門的な研究能力，ファシリテーション能力，さらにはグローバルな情報収集能力と広い人脈は，そのまま地域づくりに貢献できるものである．そのような研究者が地域の DA たちとミッションおよびビジョンを共有し，信頼関係を築く時，研究者も DA の一員として地域づくりにより大きな貢献をすることができる．逆に地域においては，単に研究対象というのではなく，本気でこの地域を良くしたい，という思いを共有しなければ，研究者と地域の人々との信頼関係を築くことは難しいともいえる．地域における信頼関係は発言ではなく行動で，ともに「汗を流す」経験によって培われる．実際に，地域の中で NPO の理事を担ったり，プロジェクトリーダーとなったりする研究者も多くいる．

　しかし，そのことは同時に，地域社会の中で一定の政治的立場をとらざるを得ないことにもなる．DA として地域デザインや実践に関わるとすれば，「無色透明」ではいられず，何らかの政治的な「色」がついてしまうのは避けられない．これは研究者にとってリスクともいえる．

　地域において研究者の発言は行政，政治家，マスメディアなどに対してより重く受け取られることが多く，むしろ住民がそのようなことを期待して研究者を「利用」する場合もある．研究者は必要であれば「上手に利用されてあげる」こともあり得る．ただし，特定の立場の人たちの利益代表のような役割を果たすようになることは厳に戒めなくてはいけない．政府や大企業のいわゆる「御用学者」になってはいけないように，住民組織の「御用学者」になってもいけないのである．しかしながら，現場においてはそのさじ加減は微妙で，常にそのような立場に陥るリスクを抱えているといえるだろう．その時にリスクを避けるために必要なのは，研究者の学問的な見識に基づく独自の判断力や評価力であろう．そのような見識において，地域の人たちから一目置かれ，信頼されるという関係づくりが大切となる．

　臨床環境学においても，研究者が支援者ではなく DA として実践者そのものになることを是とするか否か，あるいはどの程度是とするかは今後の経験の蓄積と議論をまつ必要があろう．トランスディシプリナリな研究とはそのようなリスクも引き受けるという覚悟のもとで，研究者が他のアクターたちとの信頼関係を築くことによって研究を行うこととともいえるだろう．

4.3.6 国際化する上での課題

　現代においてはどのような地域においてもグローバル化の影響は避けられない．グローバル化の抱える問題が，それぞれの地域に特有な形でたち現れたものが，地域の問題であると考えることもできる．そこで，国際的な視点で地域の問題を診断することは，臨床環境学的アプローチにとって不可欠なものとなる．

　ここまで述べてきたプロセスを，外国，特に開発途上国で行う場合には，国内の地域とは別の問題が発生する．すなわち，DA を含め地域づくりの主体はその国の住民，行政，NPO，企業などであり，トランスディシプリナリなアプローチを行う主体はまずはその地域に貢献する責任を持つ当該国の大学や研究機関であろう．したがって，私たちが海外で臨床環境学的アプローチを行うためには，その国の大学や研究機関との連携が不可欠となる．

　ここで，医学のアナロジーを押し広げていくと，途上国での環境問題をめぐる状況と，いわゆる僻地の医療問題とのあいだに共通点を見いだすことができる．総合的な医療体制の実現に欠かせない人材の確保がともに難しいのである．

　もちろん，国の発展を担う人材不足の問題から，専門家の育成や技術協力は対外援助の重要な案件となってきた．そうした活動の支援もあって，途上国でも環境問題に取り組む専門家の数が増えつつあるのは確かであろう．しかし，文字通り開発途上国であるがゆえに，環境保全よりも経済開発を担う人材の育成により大きな力点が置かれるのは想像に難くない．

　加えて，対応すべき環境問題も多様である．病気に風土病やインフルエンザのような流行病があるように，環境問題にも地域の環境や時代背景を反映したものがある．たとえば，人口増加や資源価格の高騰，産業構造の転換が誘因となった乱開発や環境破壊を考えればよい．

　多種多様な環境問題の中には，2 国間・多国間協力による解決が期待できる領域もある．先進国がすでに経験した問題については，専門家の派遣や，対策技術の移転を期待することもできるだろう．また，国際河川の水質汚染や黄砂，PM2.5 といった越境型環境汚染など，原因と影響の因果関係が明白な場合は，問題解決に向けた国際的な協働も促進されやすいだろう．

　他方で，問題の理解や対策技術が確立していても，解決が必ずしも容易ではない環境問題もある．環境問題の原因が，圧倒的多数の人間にとっての利益に結び

ついている場合や，何か別の問題の解決策として持ち込まれた場合，あるいは，加害と被害の関係が，地理的な隔たりや複雑な政治経済プロセスの中で判然としない場合は，問題が温存されやすい．原因究明のプロセスを含めた水俣の経験（3.2節）は，その顕著な事例といえるだろう．今日，地球温暖化に代表される環境問題は，その構造に先進国が享受している資源多消費型の便利な生活が深く組み込まれている点で，根本的な解決は簡単ではない．

いずれにせよ，問題に対処する人材が不足している上，先進国が段階的に経験してきた個々の環境問題が，きわめて短い期間に押し寄せているのが，今日の途上国が直面している状況ではないだろうか．

そのような状況にあって，大学・NGO／NPO・援助機関などに属する診断と治療の専門家たちが，協働することなく活動し，それぞれに診断や治療についての知見を蓄積しても，総合的な作業仮説ころがしが現地で実施される保証はない．新たな発想に基づく取り組みが求められる．

このように，途上国の地域における臨床環境学的な研究／実践をすすめていくには，限られた人材の配分と時間のやりくり，すなわち，総合的な診断と治療を発揮できる組織，予防と回避，治療に迅速に対応できる体制のデザインが問題になる．臨床環境学の理念を踏まえた1つのアプローチが「研修医による巡回型の総合診断」である．

ここでいう研修医として，外国人である私たちがその任を担うという可能性がある．これには将来の専門家として大学の博士課程に学ぶ人材を組み入れることも意義あることであろう．つまり，環境問題が変化していくものであるので，人材の流動性が比較的高く，研究を通じて新たな現象の発見に努める大学が果たせる役割は大きい．問題を的確に捉えるためのセンサー（専門性）を組み替えていく自由度は専門性を備えつつある博士課程の人材によって確保される．教員や研究員が加わることで，一定の専門性を担保しながら，トレーニングを通じて，本格的な治療と診断に携わる人材が育成されていくのが理想である．

そうした新たな問題の発生を見越した適度な可変性を許しつつも，人々の生活や社会関係といった基本的な分析視角を備えた専門家集団が，一定の時間間隔を置きながら現場に出かけ，総合的な診断を行う．本格的な診断と治療に先立つ活動として，簡易の総合診断の有効性は検討に値する．分業を否定するのではなく，総合性を重視する代わりに，活動の強度と規模の違いで分担するのである．総合

診断を通じて，予防のための潜在的問題の見立てと予見を行い，顕在化した問題の経過の観察を行うことができる．

　この際，活動のフィールド，いわば，観察の定点を増やすと「巡回診断」の性格を帯びる．その結果，ローカルな地域社会で発生している問題を，広い視野から捉えることができ，地域間の格差といった，より構造的な診断が得られる可能性も高まる．構造的な診断とは，すなわち，違ったスケールから眺めた問題の見取り図であり，地域の，一国の，それに，世界の中に置かれた場合の見取り図が得られるだろう．それらは，それぞれ，人間関係，地域関係，そして，国際関係から，問題を捉え直す作業の産物である．限られたリソースの中で，ある程度の予測や，どこでどの取り組みが不足しているのか，取り組むべき課題の優先順位の判断に役立つ．これは第 III 部で展開される「基礎環境学」にもつながる方法論である．

　第 5 章で詳しく紹介するが，私たちは，さまざまな専門を持つ学生が参加する調査チームで，日本のみならず，ラオスおよび中国における臨床環境学的研究および学生による臨床環境学研修を行ってきた．大学主体の取り組みであったこともあり，活動が診断に傾き，治療としては処方箋の提示にとどまり，具体的な治療にまで踏み出すことはできなかったが，「研修医による巡回型の総合診断」の緒についた段階とはいえる．

　先に述べたように，地域づくりとは，細かなプロセスへの粘り強い関与が求められる作業である．海外のフィールド活動には国柄に応じた制約もあり，臨床環境学の理念を踏まえたさらなる活動を遂行することは容易ではない．ただ，ラオス調査チームには，将来，母国の森林政策立案や農林学を担うラオス人留学生も含まれていた．また中国調査チームにも中国人留学生が多く参加していた．その点で近い将来の治療に向かう準備と捉えることができる．

　また，私たちの取り組みの中でカウンターパートとして信頼関係を築いてきた外国の研究機関や大学の研究者との連携をさらに進展させ，国際的な臨床環境学的アプローチの相互乗り入れを図るべきである．たとえば，日本の地域をフィールドにしている研究者が中国の地域をフィールドとして臨床環境学的アプローチを行い，逆に中国の地域をフィールドにしている研究者が日本の地域で同様なアプローチを行うという可能性も見えてくる．このような相互乗り入れによって，地域でのトランスディシプリナリな研究／実践を相対化し，より普遍的な臨床環

境学的アプローチのあり方を見出せるようになるものと考えられる．

参考文献

掛谷誠・伊谷樹一編著（2011）：『アフリカ地域研究と農村開発』，京都大学学術出版会．
川喜田二郎（1967）：『発想法——創造性開発のために』，中央公論社．
熊澤峰夫・伊藤孝士・吉田茂夫編（2002）：『全地球史解読』，東京大学出版会．
Izutsu,K., Takano, M., Furuya, S. & Iida, T. (2012) : Driving Actors to Promote Sustainable Energy Policies and Businesses in Local Communities : A Case Study in Bizen City, Japan. *Renewable Energy*, 39, 107-113.

4.4

実践に必要な人材の育成
――櫛田川流域における研修から――

4.4.1　人材育成のための臨床環境学研修

　前節で述べられてきたように，臨床環境学を実践していく上で，地域の持続可能性を診断するための「問題マップ」の作成と，治療・処方するための「作業仮説ころがし」の双方を行うことのできる人材が不可欠である．持続可能性の診断と治療には，対象の幅広さと複雑性から，1つの個別学問領域だけに長けている人材では通用せず，さまざまな視点から事象を観察・評価できる能力を持った人材が必要とされる．また科学的根拠に基づいたデータ収集や解析能力だけでなく，ステークホルダーである行政や住民などにわかりやすく説明する能力，会話力なども必要となる．すなわち臨床環境学の実践には，1つの専門分野にとらわれない統合的な俯瞰力，客観的な課題の把握と見通しの持てる人材こそが必要とされるのである．

　しかしながら3.1節で見たように，既存の専門分野に細分化された学問体系からは，こうした臨床環境学を実践できる能力を持った人材が育成されにくいことは明らかである．細分化された専門分野に安住する従来型の研究者による診断は一面的な論理性を有するが，その対象は限定的，あるいは，近視眼的であって，異分野に生じた重大な疾患を見落とすことになりがちである．また，地域の持続可能性にとっての疾患は，地域で活動する主体（行政・住民など）が不具合を自覚している場合（顕在的疾患）と自覚なく症状が進行している場合（潜在的疾患）に分けられることから，加藤他（2012）が指摘するように，環境問題を俯瞰する客観的な視点を確保した現地調査が重視されるべきである．

　本節では，臨床環境学の実践に必要な人材を育成するためのカリキュラム構築

に向けて，その足がかりとして**臨床環境学研修（オンサイトリサーチトレーニング，ORT）**というアプローチについて紹介したい．ORTは未だ方法が確立されたカリキュラムではなく，その実践には多様な形態が考えられるが，本節では，名古屋大学大学院の博士課程後期課程学生を対象として行われたORTを基に議論を展開する．

　教育プログラムとしてのORTは，さまざまな専門分野の研究に取り組んでいる博士課程後期課程の学生（多くはフィールド調査やインタビューの経験がない素人）に，異分野混成のチームをつくらせ，研究課題をチーム自身で構築させる点に大きな特徴がある．対象地域としては，流域圏といった，自然の規定のもと人々の営みが長い歴史を紡いできた地域に設定する．各チームは行政や住民など地域のステークホルダーと連携しながら，対象地域の持続可能性を脅かす複合的問題を現地調査から診断し研究課題を構築し，課題解決のため対象地域外部さらにはグローバルな世界との関係を意識しながら，治療への糸口となる処方箋を提案することをめざす．

　ORTでは具体的な目標として，(1)トランスディシプリナリ的観点から対象となる現場地域を五感で感じながら観察し，地域社会の人々とのコミュニケーションやさまざまな調査を通じて，地域における持続可能性の問題点を見つけ出すこと，(2)インターディシプリナリ的観点から異なる学術分野を専攻する複数の学生で構成されたチーム単位で，研究課題の設定，地域での調査と学内での解析・議論を協働して繰り返し，治療への糸口を地域住民と行政に提案すること，を設定する．

　ORTでは人材育成という観点から，最終的に形となる成果よりもむしろ，これらの過程で学生がどのような思考や行動を行うことができるのか，異なる専門分野で構成されるインターディシプリナリ的観点が，自分の専門分野や現場を移した，すなわちトランスディシプリナリ的な対象現場で，機能するのかが重要視される．多様な視点を持った人材育成に必要なカリキュラムの確立を，今なお試行錯誤しながらめざしている．

　具体的なカリキュラムとして，年度初めに文献調査や情報検索などを含めた学内事前学習をした後に，対象地域全体を観察し地域住民と対話する機会を設けた2泊3日程度の現地見学会，以降，チームごとに研究課題を決め，方法の検討，現地調査，結果の解析・まとめなどを進め，約半年後には対象地域住民と行政を

交えた現地報告会，年度末に最終報告書提出という年間スケジュールが標準である．カリキュラムの初期段階では，学内で可能な限り集めた対象地域の情報を持ち，現地見学会で対象地域の観察や行政・住民とのコミュニケーションを行う．この過程でまず机上で集めた情報と現場に広がる多様な世界との違い，持続性の問題抽出にあたって現場で起きていることの重要性が認識される．現地見学会の後，横断的異分野の学生で構成されたチームで研究課題の設定を課すことは，現地での問題を，自らが感じ，聞き取りをした事柄から，インターディシプリナリなチームとして問題点の抽出を行うことのできる能力を養うためである．チーム内で紆余曲折しながら研究課題を設定した後，調査計画を立て，自ら行政や住民に説明や訪問の約束を行い，現地での調査，トランスディシプリナリな研究を行う．異分野の学生が集まることで，個人の専門分野における研究方法だけでは限界があり，チームのメンバーが共通に必要性を感じる補完的な調査手法が必要となる．調査後の解析や考察もメンバーで分担して行うため，これまでの専門分野にとらわれない手法への理解が進み，学生らのインターディシプリナリな視野が広がる．最終段階となる地域住民と行政への現地報告会では，専門の研究学会で行う発表とは異なる視点から，学生には，聴衆がその提案を理解できるプレゼンテーションが必要とされる．本カリキュラムを履修する学生は，普段自らが行っている専門的な研究活動と並行して，上記のようなカリキュラムをこなさなければならず，指導教員と研究室の人々の理解なくしては成り立たない．ORT の実践を通して見られたさまざまな困難や得られてきた技術や能力，そこから育成されてきた人材，また ORT を受け入れた対象地域社会の動向を以下に紹介する．

4.4.2　研修の実践

　本小節では，伊勢湾流域圏に属する三重県櫛田川流域で行われた ORT の 1 つの実践例（加藤他 2012；萩原他 2014）を紹介しながら，どのようなカリキュラムから，どのような過程を得て，どのような人材が育成されてきたのかを紹介する．
　対象とした地域は三重県中央部を流れる櫛田川流域（5.2 節）である．多様な生業が 1 つの流域に存在すること，また流域全体が松阪市および多気町の 2 つの行政区でほぼ覆われていること，さらにこの研修について行政の全面的な理解と協力が得られたことが対象とした理由である．

地域の持続可能性の探求を主要な命題（テーマ）とする臨床環境学にあって，これを実現するための研究課題（サブテーマ）の構築は非常に重要なプロセスである．適切な「診断（サブテーマの構築）」なくして，地域の持続可能性に関する「疾患（環境問題）」は「治療（サブテーマの実践）」し得ない．ORTの最大の特色は，異分野混成チームが，実際の現場に赴き，地域のさまざまな主体からの情報収集をしつつ調査することによって，協働してこの研究課題の構築・実践を担うところにある．櫛田川流域を対象に，専門分野の異なる学生3-4名からなるチームによって構築，実践されてきた研究課題を以下に示す．
・櫛田川のアユの持続的利用に関する研究
・シカの活用と流通に関する研究
・茶畑での"松阪牛液肥"利用で変わる櫛田川流域の環境
・多気町の住環境の現状と未来への提案
・伊勢茶の新たな挑戦―海外輸出の可能性
・松阪商人の心に灯をともす―賑わいある中心市街のあり方を探る

現地見学会前の事前学習期間では，チーム編成，研究対象やその方向性の検討に時間が費やされた．この際，所属学生の専門分野は多様であり（図4.4.1），留学生も含まれるため，研究の着手はチーム内における異文化交流から始まる．多

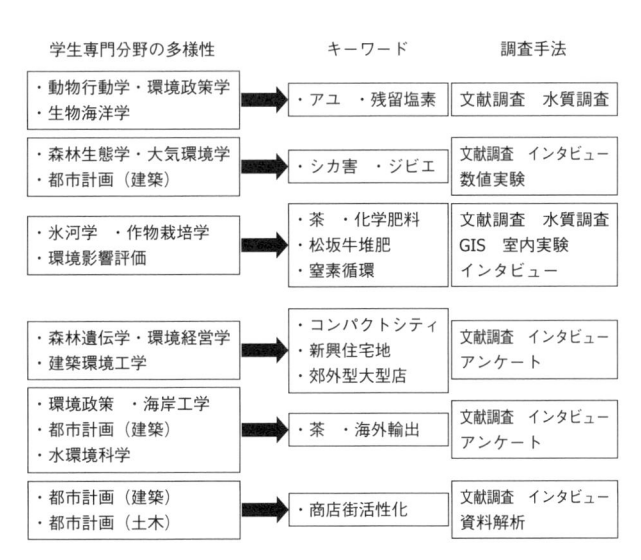

図4.4.1 櫛田川ORTにおける研究課題実践の概要

くの場合，素性を知らぬ相手と，いわば「机上の空論」を交わすことになるが，こうしたプロセスを通じて，(1)研究対象とすべき環境問題の社会的重要性を認識し，それに対する学術的興味を高めること，(2)メンバー間の相互理解を高め信頼関係を構築することは，後半に行う実質的作業の分担・協働を円滑に進めていく上できわめて重要な役割を果たすのである．すなわち，研究課題設定時におけるインターディシプリナリの重要性理解と実践が ORT 成功のカギとなる．限られた時間でこうした「成功フェーズ」に至るための1つの条件として，研究課題のキーワード，あるいは，方法のいずれかが，所属学生の専門分野に通じていることがある（図 4.4.1）．その意味では，しっかりとした専門分野を持つ博士課程後期課程の学生のチームであることで，インターディシプリナリの重要性がより発揮できるといえる．

　環境問題の実態に触れた現地見学会以降は，(1)その診断から治療を描く「机上の空論」的仮説を現場条件へ適合させること，あるいは，はかなくも崩れ去った空論仮説の残骸を拾い集めながら，現場から抽出した素過程と組み合わせ，新たな仮説として再構築し，(2)試行錯誤・紆余曲折しながら仮説の検証作業に終始することになる．いわゆる研究を現場に移すという意味でのトランスディシプリナリが必要である．この一連のプロセスは，統合的な俯瞰力と客観的な記述力を養いながら，地域の持続可能性を診断するための「問題マップ」を描くこと，さらには「作業仮説ころがし」を繰り返し「治療」に向けた処方箋を提示することにつながるもので，まさに臨床環境学の「研修」といえよう．

　このように，研究課題の設定段階で配慮することで，学生自らの専門領域の視野を広げつつも過度な負担を感じることなく，持続的かつ合理的に臨床環境学を実践する（すなわち，成功フェーズへの到達）ことが可能となる．ただし，治療に対する処方箋の有効性の検証も含めた臨床環境学の真の実践のためには，「研修」という枠組みでの時間的制約が障害となる．たとえば，自然環境を監視，評価，修復するといった内容に対しては，標準的な環境計測には時間と器材を要するものが多いが，結果的にこうした内容や方法はあまり選択されず，インタビューやアンケートに依存するなど，内容・方法には偏りが見受けられた（図 4.4.1）．地域住民と直接対話するインタビューやアンケートといった手法は，地域住民の意識の診断に欠かせないものであり，自らのコミュニケーション能力向上のためにも必須の項目である．しかし，地域を客観的に診断するための手法も同時に習得

しておかなければならないため，ORT では，水質調査，地理学的調査や林業見学など教員が企画する個別実習の機会を設けた．これらにより臨床環境学に関わる研究の課題と評価手法が多様であることを意識づけた．以上のアプローチは，学生・教員共に試行錯誤しながらたどり着いた，臨床環境学を体現するための1つの中途的段階のものに過ぎないが，こうした試みの継続は，1つの専門分野にとらわれない統合的な俯瞰力，客観的な課題の把握と見通しの持てる人材の育成につながることを確信している．

櫛田川流域は，森林，水，土壌，水産資源などの「自然の恵み」によって産業と文化が形成されたと同時に，伊勢街道などが通う交通の要衝として，松阪・伊勢商人を輩出した地域である．グローバル化のもとで自然や歴史など地域資源の持続的活用と保全は現実的な課題であり，学生の研究成果報告でもこうした地域資源の活用と保全を研究課題とするものが多かった．そこでは土壌や水質などの自然科学的なデータの測定による客観的な評価と，利害や価値などの社会科学的な理解が必要であり，特に学生の人材育成という観点からは，臨床環境学研修実践の絶好のフィールドであったといえる．

4.4.3 人材育成の効果

ORT において育成されてきた人材の特徴として，(1)異分野の人材や地域住民・行政とコミュニケーションができる人材（萩原他 2014），(2)学際的なワークショップやチームワークを企画運営できる人材，の2点が挙げられる．

異分野の人材とコミュニケーションできる能力は，本カリキュラムが異分野混成のチームごとに，研究課題の設定，調査計画の立案，まとめなどを実施したことから，身につけられたものである．大学研究室や学会では，学生は専門分野の中で専門の言葉を用いてコミュニケーションを行うため，他分野の学生と研究についてコミュニケーションを行う必要はほとんどない．ORT では，持続性の診断と解決のために，俯瞰的な視点から調査分析を行う必要があり，チーム内で共通理解を深めるためには，必然的に自分の専門分野以外の言葉や方法を学習する必要がある．しかし，普段自分の研究活動に忙しく，専門を異にする学生間ではスケジュール調整すら難しい．チーム内で物事を進めるためには，基本的な情報交換や役割分担が必須で，そのためにもコミュニケーション能力，特に相手の立

場を理解して自分の意思を伝える能力が必要とされる．

　ORT の実践には，地域住民や行政などとコミュニケーションをとることは必須であり，面会時間の設定，研究課題や調査の説明，相手の状況把握など，多くの研究活動では得られない社会的モラルと行政を含めた地域社会の構造を学ぶこととなる．ORT では学生が複数年にわたり受講することも可能であるが，年数を重ねるごとに，学生のコミュニケーション能力は格段に進歩し，ワークショップやチームワークを企画運営できる人材に育っていく．年度初めの現地見学会の時に地域住民や行政を交えた情報交換会を実施するが，司会進行から，少人数グループでの話し合い時のまとめ役など，学生自らが企画し意見を集約していく．地域住民や行政も，学生による若い視点からの質問や意見に対して，昔の地域の状況や現在の問題点などを挙げ丁寧に答えていく．このようなコミュニケーションからこそ，お互いの信頼関係が築かれ，その後の学生の調査の実施に活かされていく．約半年後の現地報告会では，対象地域社会の住民，行政関係者らが熱心に学生らの問題点分析と解決への提案を聞き入ることとなる．また総合討論では，それぞれの立場からの主張や，学生らの研究課題への批評と期待が活発に交わされる．学生らはこれらの経験から，異分野を統合的に俯瞰できる学際的コーディネート能力を身につけていくことになる．

　ORT の実践と並行して，学生の中から，ORT を通して構築されたさまざまな横断的なネットワークを利用して，得られてきた人的資源を継続的に結びつけるような場（プラットフォーム）を作ろうとする動きが生まれた．これは 20 名以上の専門分野の異なる学生や研究員による GIS（Geographic Information System，地理情報システム）の勉強会であり，統合的な環境情報利用のための異分野交流を目的として自主的に立ち上げられたグループである．ここで注目したいのは，ORT の中ではチーム内で活動していたメンバーが，GIS の勉強会という共通項を持つことで，チームを超えた人のつながりを自らで生み出したことにある．これは，学生が ORT を通し横断的分野，インターディシプリナリ的な観点からの理解と交流の重要性を認識したからに他ならない．学内のスペースに定期的に交流できる教室と PC を確保し，活動に ORT 教員スタッフも関与するなど，単なるカリキュラムを超えた波及効果を見せている．このような自発的なつながり，人材ネットワーク作りが今後，臨床環境学を実践していく上でも大きく役に立つものと思われる．

臨床環境学には，地域の問題マップを書き上げ持続可能性を脅かす問題点を診断できる能力と，作業仮説ころがしを行いながら治療のための処方ができる能力を持った人材が必要とされる．作業仮説ころがしを行うには，処方箋提示後に現地で繰り返し行う経験が必要であり，ORTだけでは不十分で，真の意味でトランスディシプリナリな取り組みを実施しなければならない．臨床環境学研修を通した人材育成は未だ端緒についたばかりであり，今後どのような人材をどのようなカリキュラムで育成していくことができるのかを試行錯誤しながらの実践が必要とされる．

4.4.4　地域社会へ／からの還元

　ORTでは，「よそ者」である大学教員・学生が地域に入り，行政や地域住民と交流し，最終的に行政や住民にむけ現地報告会で地域の持続性の問題点や治療解決への糸口などの成果を報告する．地域の住民から見れば大学や研究機関は非日常的な存在であるが，よそ者である私たちの調査研究の報告により，地域住民が，気づいていない問題や地元の資源について新しく気づくこともある．実際，現地報告会では，地域住民から「地元の櫛田川について新たな視点が見えた，学生の着目点が自分達の発想になく面白い」などの感想が寄せられた．一方で，私たちも地域住民から，机上だけでは理解できない現場で生じていることの重要性，現場で治療を実行するためにはまだまだ多様なステップ（作業仮説ころがし）が必要なことを教わり，新しい視点・枠組みでさまざまな問題を分析，考察することができた．行政を含めた地域社会の構造や人口問題に伴う産業構造や自然生態系の変化などは，現場の状況や聞き取り調査を行うことで実感でき，横断的分野での研究の重要性を再認識することができる．

　ORTを通して，学生は異分野の研究者や地域住民との交流を深めることができ，着実にプレゼンテーション能力や相手の立場に立った説明能力が高まった．さらに，持続可能性を脅かす問題をトランスディシプリナリな観点から抽出し，解決すべき課題として設定する能力も高まった．すなわちORTが一定の「技能」養成研修として機能したことは疑いがない．ORTを受講した学生らは環境問題に携わることであれば，どこに就職しても，研究者やプランナーとして本カリキュラムの経験で身につけた学際的コーディネート能力が必ず活かされるであろう．

ORTにおいて地域のステークホルダーである地域住民や行政と繰り返し行われる協働は，ステークホルダーとよそ者（私たち）の信頼関係を構築させ，その中から真に私たちが地域へ還元できること，地域から私たちに還元されることを理解していくこととなる．統合的な俯瞰力の身についた人材は，地域の持続性に関する問題について，カギとなるキーワードで問題マップを作成することで，グローバルな視点から地域で起きている現状を深く掘り下げて診断することも可能となり，治療の処方箋を多様に提案できるかもしれない．問題マップの作成は，私たちから地域への還元，地域から私たちへの還元といった双方向のメリットを明らかにできる．地域の持続可能性について診断し，治療の処方箋を提示するというORTは，単に対象地域内だけでなく，他の地域社会への応用や，グローバルな環境問題の解決へもつながり，処方箋を俯瞰的に提案できる人材育成となりうるであろう．臨床環境学の実践に必要な人材育成には，対象地域の地域資源，グローバルな視点からの地域の社会構造を理解した上で，ステークホルダーとの信頼関係の構築，客観的で俯瞰的な問題マップの作成，多様な治療の提案，作業仮説ころがしの繰り返しを現場で広く経験させていくことが不可欠である．

参考文献

加藤博和・清水裕之・河村則行他（2012）：ORT（On-site Research Training）を通じた基礎・臨床環境学創生への展望．日本環境共生学会2012年度学術大会論文集，100-105．

秋原和・永井裕人・千葉啓広他（2014）：臨床環境学教育プログラムにおいて大学院生の異分野協働に見られる特徴と課題．環境共生，24，71-78．

第5章 臨床環境学の実践と展望

　臨床環境学はその実践が始まったばかりである．第5章では，研究活動の実践例を紹介する．調査対象地の日本と中国，ラオスは，いずれもモンスーンアジアに位置し，グローバル化の波に洗われている．高度成長期に公害を多発させ，第一次産業の衰退に直面する日本には，発展途上国において，開発と環境のバランスを考慮に入れた処方箋を考案するに役立つ経験も多い．他方，中国やラオスで持続可能な発展の方策を探ることは，日本での取り組みへのヒントにもなろう．

　5.1節で紹介するのは，日本における人工林の荒廃と都市の停滞の問題に，都市の「木質化」を通じて取り組んだ異分野連携プロジェクトである．都市と森林，林業と建築業，関連学問分野をつなぐことから得られた成果を議論する．5.2節では，三重県の櫛田川流域を全体的に診断した結果を踏まえ，第一次産業の衰退や商店街の空洞化など，地域社会が抱える問題の治療において，諸問題の因果関係を理解することの重要性を説く．特に，シカによる農作物の食害を取り上げ，シカ肉の流通ルート確立を処方箋として提案するとともに，その問題の背後に林業の衰退や温暖化といった問題があることを指摘する．5.3節では高度成長の最中にある中国で，急速な都市化を背景とした土地利用の変化，産業構造や生活の変化による富栄養化の状況を診断した．強力なトップダウンによる施策の光と影を指摘し，市民参加や情報の共有を通じたトランスディシプリナリな取り組みの必要性を議論する．5.4節では，近年，市場経済化から堅実な経済成長を続けるラオスで，森林・資源利用に生じている変化と影響を診断し，伝統的な森林利用の特徴を踏まえた発展への処方箋を議論する．最後に5.5節では，5章全体のまとめとして，日本，中国，ラオスにおけるこれまでの取り組みを，臨床環境学の観点から俯瞰し，今後の人々と環境の関わり方のあるべき姿として，「診断と治療の無限螺旋」を自覚的に回し続けていくことの重要性について述べる．

5.1

森と街の再生をめざす臨床環境学
——都市の木質化を通じた連携構築——

　現在の日本の国土には豊かな森林が広がっている．その約半分の面積を占めているのは第二次世界大戦後の拡大造林政策によって植林されたスギ・ヒノキの人工林である．当時は戦後復興や高度成長勃興期にあって建材は不足しており，木材価格も高く，将来の収益を期待した山主は積極的に植林を行った．しかしながら，政府による木材利用の抑制策，建築様式の変遷と木材需要の縮小，就労者の減少と高齢化，貿易摩擦などの影響による安価な輸入材の増加や国産材価格の低迷などの社会変化によって，生産活動の低迷・停止とともに林業は衰退した．森林は十分な手入れがなされないまま荒廃が進行し，これに伴う生態系の崩壊が深刻化している．先進国の多くで産業としての林業が繁栄し，国の経済に貢献している状況を見れば，このような日本の状況は奇妙である．19世紀後半以降，農林系の行政・高等教育機関の整備と人材養成，莫大な予算と人材の投入にもかかわらず，環境はひずみ，林業など第一次産業は崩壊している．なぜこのようになってしまったのか．一方で，戦後植林されたこれら造林木の樹齢は50-60年となり成熟期（伐期）を迎えた現在，潜在的な木材供給能力は急増している．試算によれば，日本の森林資源は現需要量の80％を占める輸入材に頼らないで済むほどの十分な蓄積量を有していると見込まれている．さらに，森林が持つ多面的機能は大きな外部経済効果をもたらすと考えられ，かつてないほどに成熟した森林資源をどのように生かし利用していくのか，日本の森林・林業の重要性が増している．

　一方，都市に目を向けると，生産年齢人口の減少と高齢者の激増，格差社会の顕在化，産業構造の変化に伴う経済の停滞，財政難，環境問題の深刻化といった諸課題に直面している．また，都市では高度成長期以来のコンクリート一辺倒の

建築から，木材を多用した潤いのある住宅や景観への志向も生まれ始めているが，現状では，地域産木材の流通システムが構築されておらず，都市で利用しようにも資材入手に関する情報すら乏しい．さらには，利用促進を阻害する行政の壁・法規制の存在もあぶり出されている．

本節で取り上げる「都市の木質化プロジェクト」は，森林の多面的機能を享受している都市で木材の利用促進をはかることにより，森林・林業の再生と都市の活性化をめざそうとする異分野連携プロジェクトである（佐々木 2012）．このプロジェクトを例にとり，臨床環境学の一連の流れである「問題の診断，実践的解決のための処方箋の立案，治療の実施，それに続く再診断と新たに浮かび上がってきた問題点の整理」を具体的に示していく．

5.1.1 森林と都市の関係についての診断

(a) 森林のマクロな現状

日本の国土面積は約 3800 万 ha で，その 66％（＝2500 万 ha）を森林が占めており，74％のフィンランドに次いで世界でも有数の森林に恵まれた国である．また，全森林面積の約 40％（1000 万 ha）を人工林が占めており，これは戦後の復興期から始まる拡大造林政策によって造成されたものである（図 5.1.1）．拡大造林は 1970 年頃まで盛んに行われていたが，それ以後は減少傾向を辿り，最近ではほとんど行われていない．日本の森林面積は 1960 年から 2007 年まで変化し

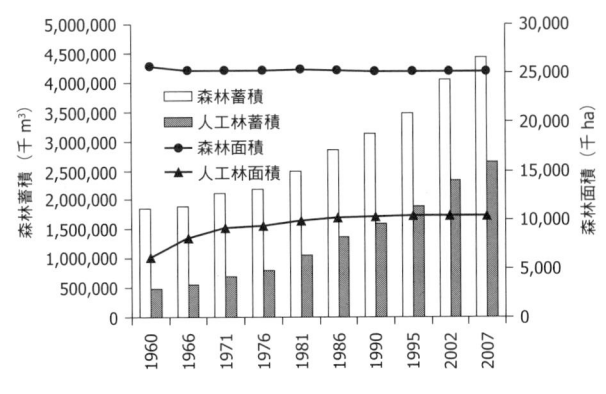

図 5.1.1 森林面積と蓄積の推移

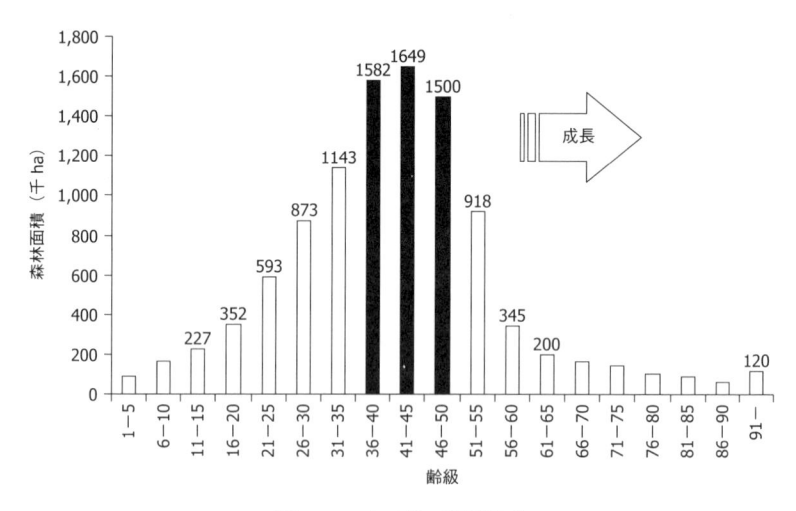

図 5.1.2 人工林の齢級構成

ていない（図 5.1.1）．人工林の面積についても拡大造林が終わってからほぼ一定である．一方，樹木は毎年着実に成長するので，森林蓄積量は 1960 年頃に約 20 億 m^3 であったものが，現在では 2 倍以上の 45 億 m^3 まで増加している．これは主に人工林の順調な蓄積増加によるもので，1960 年には 5 億 m^3 であったものが 2007 年では 5 倍の 25 億 m^3 に増加している．しかし，人工林の伐採跡地に針葉樹を植林する再造林が，長引く林業不況の中で低迷しているため，日本の人工林の林齢構成は一見美しい正規分布状を示しているが，実は若い人工林が少ないという大きな問題を抱えている（図 5.1.2）．つまり，植林がなされないまま時間が経過すると利用可能な材はやがて枯渇するのであり，日本の森林資源の持続性は維持できない．

日本の人工林の蓄積が増加しているにもかかわらず，木材自給率は 1995 年以降約 20％前後で推移しており，中国に次いで世界第 2 位の木材輸入国である．近年，自給率は 30％に回復する傾向を示しているが，これは木材の総供給量が減ったためであり，国産材の供給量自体は 1997 年以降 2000 万 m^3 以下で推移している（図 5.1.3）．

それでは，持続可能性を考えた時，国内の森林はどの程度の資源供給力を有しているのだろうか．まずは，その点から診断しよう．森林資源を持続するために，林業では森林の伐採を年成長量以下とするのが基本原則である．伐採量が成長量

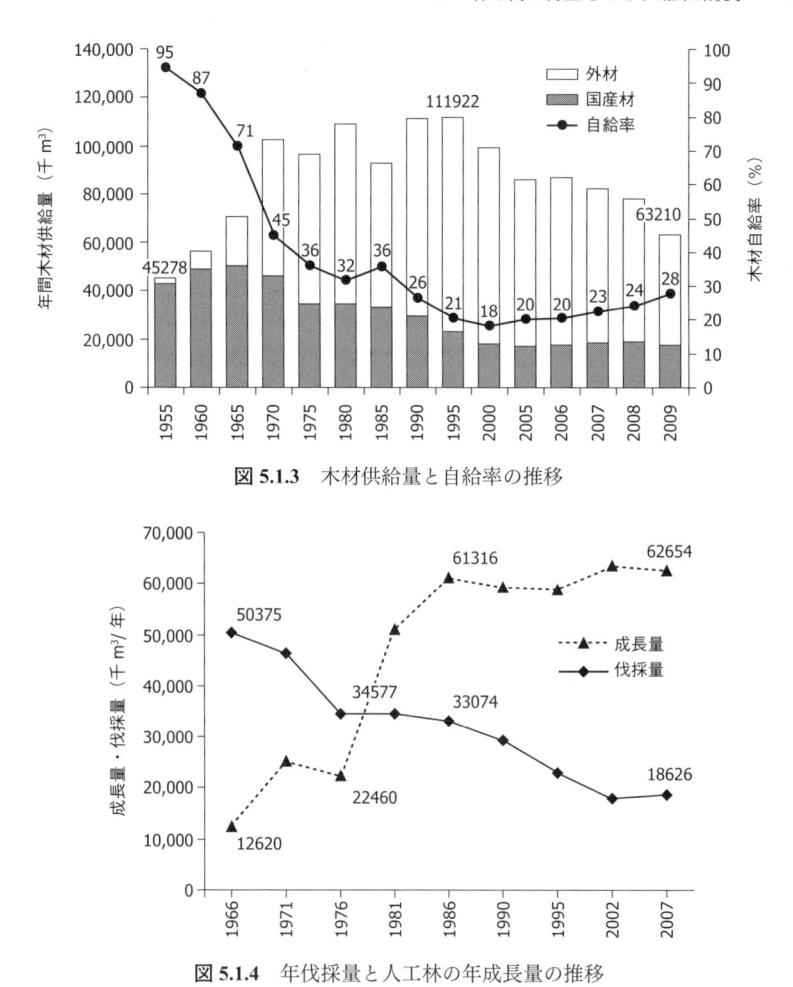

図 5.1.3 木材供給量と自給率の推移

図 5.1.4 年伐採量と人工林の年成長量の推移

を上回る場合を過伐というが，農林水産省が 2009 年に公表した「森林・林業再生プラン」が目標とする木材自給率 50％ というのは過伐にならないだろうか．人工林の年成長量は 1986 年まで増加し，それ以降は約 6000 万 m^3 を維持している（図 5.1.4）．一方，年伐採量は 2002 年まで緩やかに減少し，現在では 2000 万 m^3 以下の状態が続いている．1976 年以前は過伐状態のように見えるが，これは年伐採量の中に天然林も含まれているためである．2007 年の人工林の年成長量は 6270 万 m^3 であり，同年の木材供給量 6320 万 m^3 と比べれば，木材自給率 90％（5690 万 m^3）も可能な数字である．もし，今後の木材需要が高まる場合を考

えて，1995年のピーク時の木材供給量1.12億m^{3}をベースに試算すると木材自給率50％は5600万m^{3}に相当し，「森林・林業再生プラン」が目標とする木材自給率50％は，現在の木材供給量が倍増した場合を考えても過伐にはならないといえる．さらに，人工林の適正化へのシナリオを検討するため，ある一定の方針にしたがって間伐・主伐（間伐ではなく成熟木を切ること）・植林を繰り返しながら，図5.1.2に示す正規分布状の林齢分布を平準化させるためのシミュレーションを行った．その結果，伊勢湾流域圏の3県（愛知，岐阜，三重）で年間最大440万m^{3}の主伐を100年以上続ける必要があると計算された．つまり，日本の森林を適正かつ持続可能な状態にするためには，現状をはるかに上回る施業とこれにより収穫される資源の用途を考える必要があると診断できる．

(b) 都市のマクロな現状

日本の都市は，生産年齢人口減少，高齢者激増，経済停滞，格差社会の顕在化，財政難，環境問題の深刻化といった諸課題に直面している．都市基盤の整備や維持，修復に必要なコストを可能な限り削減しつつ，こうした諸課題への対応に向けて都市構造を再編するためには，公共交通機関をはじめとする都市基盤の密度が高く，かつ，災害危険度の低い適切な場所に多様性を持つ魅力的な都市空間を誘導・維持する一方で，都市基盤の密度が低い地域では自然環境や農地を積極的に保全・復元することが求められている．大都市都心部の商業地区に近接する多用途混在地域の多くは，良好な都市基盤が整備されているにもかかわらず，さまざまな理由により空洞化が進んでおり，一般的には，こうした地域を人々が住み，働き，集い，遊び，憩う魅力的な地域として再生することが求められている．これが現代の日本の都市の大まかな診断であるが，具体的な治療方法の検討は，各都市・各地区に委ねられている．

都市分野から建築分野に目を移すと，木造の衰退が叫ばれて久しい．わが国では国産材利用の約8割は住宅建築用であり，戸建て木造住宅の着工件数の減少は直ちに木材需要の低下につながる．景気の低迷とともに住宅の着工戸数が減少傾向にあるうえ，1965年以前は7割以上であった住宅の木造率が1990年代には4割台に減少し，現在でも5割強に留まっている．

RCや鋼構造に比べると，木造建築は耐火・防火性能の確保が難しく，腐朽など耐久性の問題も生じやすい．しかし都市域に建設される建物はさまざまな用途

を持っており，あらゆる建築物が一律にこれらの性能を求められるとは思われない．都市部でも延焼などの危険さえ与えなければ，耐火性能が多少劣っていたり，メンテナンスフリーでなくても良い建築物も存在する余地があるのではないだろうか．自然が少ない都市域でこそ，むしろ木材などの自然材料の利用がふさわしいところもある．

(c) 森林と都市の連携の欠如

　さて，森林と都市の現状を概観してきたが，今日の森林は輸入木材に頼らなくても国内需要を賄えるほどの豊富な資源蓄積量を有し，林業・林産業が有望な産業として成立しても不思議ではない状況に至っているにもかかわらず，資源を活かすことなく林業が衰退し続ける理由は何か．処方箋をどのように書けばよいだろうか．路網の未整備，急峻な斜面，機械化の遅れなど，ヨーロッパ先進国の林業とは状況が異なるとする指摘もあるが，林業とは育成管理された森林で収穫される材料としての木材資源が運搬・加工の後，使用・廃棄を経て，収益をあげながらの次世代森林の育成・管理・生産までを包括するものであり，山側だけに原因を求めても問題は解決しない．森で林業に就く者は市場に出荷した後の木材がどのように利用されているのか，一方，都市で建築に携わる者やユーザーは日本の森林の現状はどうなのか，というようなことに対する意識を持つことが重要である．

　たとえば，資源利用の現場を診断してみよう．国内の森林環境を適正化するために木材利用を促進するのであれば，その資源の強度性能がどのようであるかを考慮に入れた利用方法を考えねばならない．しかしながら，国産材利用の8割を占める住宅建設においてビルダーが要求する木材の強度性能は，日本の森林資源が有する強度性能分布より高い．しかし，国産材の強度性能は構造用材の必要性能を十分満たしており，需要側が要求する木材の強度性能のマージンが必要以上に大きく見積もられているのが現状である．つまり，必ずしも国産材の質が低いわけではない．産出される材料の特性を考慮して利用方法を考えることは，天然材料を扱う上で当然のことである．つまり，正確な診断を伴わない処方箋は効果的な治療につながらないのであり，科学的な診断結果を分野の壁を越えて共有することがきわめて重要である．

　これらの問題を分析すると，森で林業に就く者は市場に出荷した後に木材がど

のように利用されているかを知らず，一方，都市で建築に携わる者は日本の山の現状に関知していないという問題が根底にあると診断される．すなわち，林業・製材業・木材流通業・林産業[1]・建築業など，材料としての木材を受け渡していく業種間でコミュニケーションが不足しているのである．このように森・街が分断しているのはなぜか．それぞれの業種間で利害の対立があることも一因と考えられるが，個々の世界の常識にとらわれ，全体を俯瞰的に見渡し互恵的発展を考える主体が不在であるという構造的欠陥の影響が大きい．このことは学術の世界でも相似な構図があり，各分野に対応する林学，森林利用学，林産学，木材材料学，建築学，都市計画学などの間に連携がほとんどなく，相互理解・役割の分担・協働する仕組みが欠如している．

5.1.2 森林と都市の関係についての処方箋

以上の診断を踏まえ，森林と都市および関連する分野が抱える問題の本質的解決に向けて名古屋大学が取り組んでいる「都市の木質化プロジェクト」について以下では紹介する．このプロジェクトは，分野の壁を越えた専門家・実務家の連携による分野横断的な協働作業と社会実験であり，次のような処方箋のもと進められている（佐々木 2012）．(1)間伐による林地残材の回収を通じた山間部の地域づくりをめざす「木の駅プロジェクト」と協同して，森側の意識改革を試みること（高野 2012），(2)地域材を都市で利用する実験として，地域の森林組合から間伐材を購入し都心および大学のキャンパスで活用すること（古川 2012；太幡 2012；山崎 2012a），(3)森林から建築（川上から川下）に至るまでの関連する実務者・研究者が一堂に集まり，森林・林業の現状を知り，需要を掘り起こす企画を考えること（山崎 2012a；片岡 2012），(4)都心（名古屋市錦二丁目長者町地区）のまちづくり活動との連携を深め，森と街の連携のため山側（愛知県稲武地区）との交流を仲介すること（村山 2012），さらに(5)森林，木材および木造建築に精通した人材育成のための学生教育に関する啓発活動を行うことなどに取り組んだ．

---

1) 林学が森林管理を主たる目的とするのに対し，林産学は森林資源の活用を主目的とする．

5.1.3 森林と都市の関係についての治療

(a) 森林側からの治療例――木の駅プロジェクトを通じた意識改革

　日本の人工林は大量の間伐を必要とする時期となって久しく，さまざまな政策的援助もあり，全国で間伐が行われている．しかしながら，伐採した材を搬出して利用する利用間伐は低調であり，切り捨て間伐が大半をしめているのが現状である．これは，柱材や板材用に 3-4 m の長さで搬出する必要があるため，現状では高性能林業機械の導入や林道整備に多額の費用がかかり，市場価格に比べると採算が取りにくいからである．

　それに対し，最近，「木の駅プロジェクト」と称して，この現状を打破する取り組みがはじまっている（図 5.1.5）（高野 2012）．これは高知県の NPO 法人土佐の森・救援隊が，NEDO（新エネルギー・産業技術総合開発機構）の木質バイオマス活用事業に連動する形で考案した材の搬出システムが元となり，それを全国どこでも実施可能な形に工夫したものである．地域の山主が主体となり，自分の山を間伐して，2 m の長さで搬出する．これならばチェーンソーと軽トラックがあれば搬出可能となる．それを指定された土場まで運搬して計量する．プロジェクトの事務局は搬出者に対して，1 トンあたり 6000 円の対価を支払う．

　1 トンあたり 6000 円という単価は，上手にやれば日当として 1 万円前後と林業としてなんとか採算の取れる金額となり，そうでなくても，山間地域の高齢者

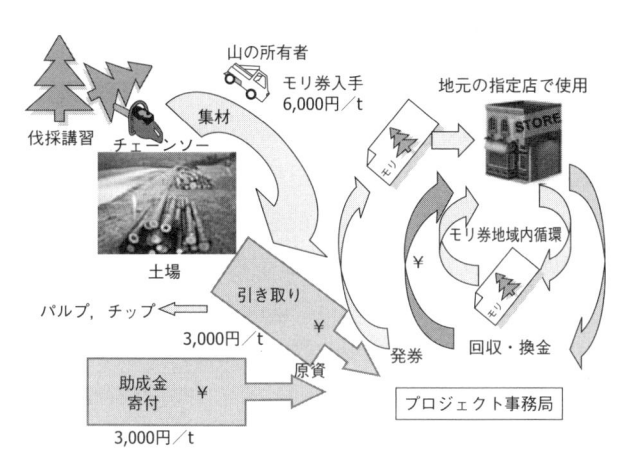

図 5.1.5　木の駅プロジェクトの仕組みの概要

にとって小遣い稼ぎとなる．「C材[2]で晩酌を」というのがキャッチフレーズである．高性能林業機械を導入して大量生産によってコストを削減するという発想とは対局にある考え方で，実際に材が搬出されるようになってきた．

搬出された材は，多くの場合，チップ加工会社が買い受けるが，その単価は1トンあたり3000円が相場である．したがって，1トンあたりもう3000円分を寄付金や助成金などでまかなうのが木の駅プロジェクトの標準的なやり方である．

さらに，搬出者への対価は，モリ券という地域通貨で支払われる．地域の商店などで利用されたモリ券は，プロジェクト事務局で現金に換金される仕組みである．

2009年に岐阜県恵那市笠周地区で実施されたのを皮切りに，2014年春現在，全国27カ所で社会実験がスタートしている（木の駅プロジェクトポータルサイト）．都市の木質化プロジェクトでは，2011年に行われた愛知県豊田市旭地区における旭木の駅プロジェクト社会実験に対する参与観察調査を行った（本田 2012）．それによれば，23日間で90トンの材が集められ，そのうち，30トン分は対価を要求しない寄付であった（「志材」と呼ばれる）．その結果発行されたモリ券36万円が地域内商店で使用された．アンケートによれば参加した19人中全員が今後もやりたい，条件があうならやりたいと答え，地域通貨の利用に関しては，地元にお金が流れてよかった（12人），話題性があってよかった（8人）など好意的な感想が多かった．

日本の山間地域は，林業の衰退とそれによる人工林の森林生態系としての荒廃および地域の過疎化を経験してきた．この現状の解決に向けて，木の駅プロジェクトの広がりは，以下のような重要なポイントを示唆してくれる．

・地域住民の主体的な取り組みである．
・投資を必要とせず気軽に始められ，安くても確実に収益が出る．
・自分の山を自分で整備する自伐林家を養成する．
・地域通貨の流通によって地域全体の経済的活性化をめざす．

木の駅プロジェクトは林業の取り組みではなく，地域住民が地域資源を活用して地域をよくしていくという，地域づくりの取り組みといえるだろう．

---

2) 木材は品質・用途によって，A材（製材用），B材（集成材・合板用），C材（チップ・ボード用），D材（搬出されない材）に分類される．

木の駅プロジェクトの課題は，1トンあたり3000円分を寄付や助成金に依存しており，持続可能なやり方とは言い難いことである．そこで，1トンあたり6000円での材の販路を開拓することが大きな課題となっている．

その候補として，地域の熱需要をまかなう薪ボイラーでの利用が挙げられる．温泉や福祉施設などに設置された重油・灯油ボイラーを薪ボイラーで置き換えるというやり方である．熱効率のあまり高くない薪ボイラーであっても，1トンあたり6000円の材で，灯油に比べて1/4程度の燃料コストとなる（本田 2012）．

さらに2m材を造作材，内装材や家具材として活用することができれば，1トンあたり6000円の買い取り価格は実現可能だろう．

木の駅プロジェクトと都市の木質化プロジェクトが連携することによって，木の駅プロジェクトで搬出された木材を都市の木質化プロジェクトで活用することができれば，山間地の地域づくりと都市の地域づくりの双方にメリットのある取り組みになることが大いに期待される．

(b) 都市側からの治療例①
──ストリートウッドデッキの構想・制作・実験的設置[3]

名古屋市錦二丁目長者町地区は，戦後に発展した繊維問屋街であるが，産業構造の変化や長引く不況により，繊維問屋の機能が低下し，空きビルや時間貸駐車場が増加していた．しかし，近年，建物が改修されて魅力的な店舗や多様なスモールビジネスが進出したり，国際芸術祭あいちトリエンナーレの舞台になった影響で芸術活動が盛んになったり，地区の状況が大きく変化している．

2011年4月に，錦二丁目まちづくり協議会によってまちづくり構想が採択された後，地権者や事業者が中心となり，森林や都市，建築の専門家も加わり，「錦二丁目都市の木質化プロジェクト会議」が始まった（村山 2012）．建物や公共空間における木材の利用，木材を使った子供向けイベントの開催など，木材を都市の中で使用するさまざまなアイデアが出される中，特にストリートウッドデッキ（Street Wood Deck：SWD）への関心が高まった．SWDとは，道路の縦列駐車スペースに設置する木製のデッキのことで，歩道の実質的拡幅，人々が一休みできるスペースや新たな商業活動の場の創出などに貢献する．これは，地区内に

---

[3] 本項は，村山（2013）を加筆・修正したものである．

図 5.1.6 真夏の長者町大縁会で活躍する SWD

公園がない中で貴重な公共空間である道路や駐車場において人々の憩いの場と賑わいを創出したいこと，繊維問屋の機能低下により道路の幅員が必要以上に広くなり交通安全上の問題があることなどの診断結果に加えて，森林の健全化のために都市での木材の大量使用が求められていることを踏まえ，分野横断的に検討された処方箋と治療方法である．コンセプトをまとめた説明文書を作成し，プロジェクトメンバーの建築家が基本設計をするなど，処方箋と治療方法を丁寧に書いていった．

都市の木質化プロジェクト会議は，その後，治療の実行に向け，実際にSWDを制作し，長者町の各種イベントの際にそれらを実験的に設置し，本格設置に向けた課題整理を行った．まずは2012年8月上旬の「真夏の長者町大縁会」において実験的なSWD設置を行った．大学側が実務家の協力の下，SWDの設計・制作と実験的設置に関わる経費負担をし，地域側が企画との調整，制作場所の確保，警察および市役所への説明などの準備を進めた．長者町通を通行止めにしない状態でSWDを設置することについて，市役所および警察からは，現行の法律の下では，設置の許可ができないとの回答を得た．法律への適合という大きな問題に直面し，「真夏の長者町大縁会」の会場である時間貸駐車場に設置することとなった．1日限りではあったものの，錦二丁目に人々が集う新しい公共空間が生まれ，大好評だった（図5.1.6）．

次に2012年11月の「ゑびす祭」の際，今度は通行止めになった袋町通に既存2基・新制作1基のSWDを実験的に設置した．さらに，祭終了後は，長者町内のビルの敷地内に，5/8の大きさに改造した3基のSWDを一定期間設置し，錦二丁目まちづくり協議会がその管理を担った（図5.1.7）．乾燥過程を経ていない水分を多く含んだ大断面の木材で制作したSWDは，数年後には，都市における自然乾燥の過程を終え，表面がきれいに削り取られ，建材，家具材などとして二次利用される予定である．これらの取り組みは日本木材青壮年団体連合会主催

「第16回木材活用コンクール」で受賞を果たした.

以上のように「木材利用による森林再生」に対して，決して直接的な取り組みとはいえないプロジェクトだが，治療という観点からその意義をどのように捉えることができるだろうか．この取り組みは，医学用語の「東洋医学」に類似している．「西洋医学」が身体の悪い部分を局所的に特定し，それを除去または改善する治療方法であるのに対し，「東洋医学」は適切なツボを押さえて身体全体の調子を整え，身体が本来持っている自然治癒力を回復させる治療方法を採るとされる（コラム1）．医学の分野においても，西洋医学のみでは現代社会で急増するストレスや心の不調からくる病気には十分に対応できず，東洋医学による補完が必要であると認識されている．森林の再生も，木材の活用も，都市の空間の形成も同様であり，西洋医学的な直接的なアプローチのみでは不十分であり，場合によっては問題を悪化させる可能性がある．本取り組みは，木材利用を介して森林と共生し，国土と都市を持続的に再生しようとする力（自然治癒力）を引き出す東洋医学的アプローチを採っており，そうした治療方法の重要性を示唆している．SWDの活動から見出しつつある東洋医学的「ツボ」は以下の5点である．①見える化：知識を実感につなげること，②生きもの（自然）の姿：有機物の力を感じること，③地域内から生まれる啓蒙活動：実感するポテンシャルを拡げること，④ハードとソフトの両輪が動き出すこと：SWDを置くことで町の動き・コミュニティを活性化させることが重要，⑤企業との連携：単なる企業側の社会的責任（CSR）ではなく，環境配慮と経済（実利）をWin-Winの関係にするビジネスモデルを企業は考え始めている．最後の2点は，ツボであると同時にめざすべき健康な身体ともいえる．

臨床環境学的にSWDの活動をさらに検討すると，SWDの制作と実験的設置という第一段階の治療の実行は，治療と同時に再診断の段階でもあることがわかる．治療そのものが次の諸課題の顕在化につながる診断であり，新たな諸課題の

図 5.1.7　名古屋センタービルの敷地に設置されたSWD（写真：あいざわ けいこ）

(c) 都市側からの治療例②――キャンパス木質化の試み

都市の建築物は，その立地や用途により必要な安全性能を持つようにつくられており大学も例外ではない．多くの学生が使用する大型のキャンパス内の建物をすべて木質化することは難しいが，その中には木質化が可能なものも含まれている．また建物内でも，用途によっては木質化が十分可能である部分があり，建物の用途や機能，美しさに配慮しつつ木質化を図る建築的提案が求められている．

都市の木質化プロジェクトでは，このような観点からさまざまなキャンパス木質化の提案を行い，その実現に向けて議論を深めてきた（図 5.1.8）．その結果，木材の特性を生かした使い方について，建築設計者もさらに理解を深める必要があることが共通認識され，まずは実現可能なところから木質化を推進し，問題点について実践を通して検討することとした．そこで名古屋大学東山キャンパスの新棟建設計画の中で，学内の施設整備を推進する教職員の協力を得つつ，建物外構設備として，木製駐輪場（古川 2012）と，建物内装の一部木質化（太幡 2012）を実現した（図 5.1.9，図 5.1.10）．

駐輪場は外構施設であるため，建設される新棟との対比および調和に配慮しつ

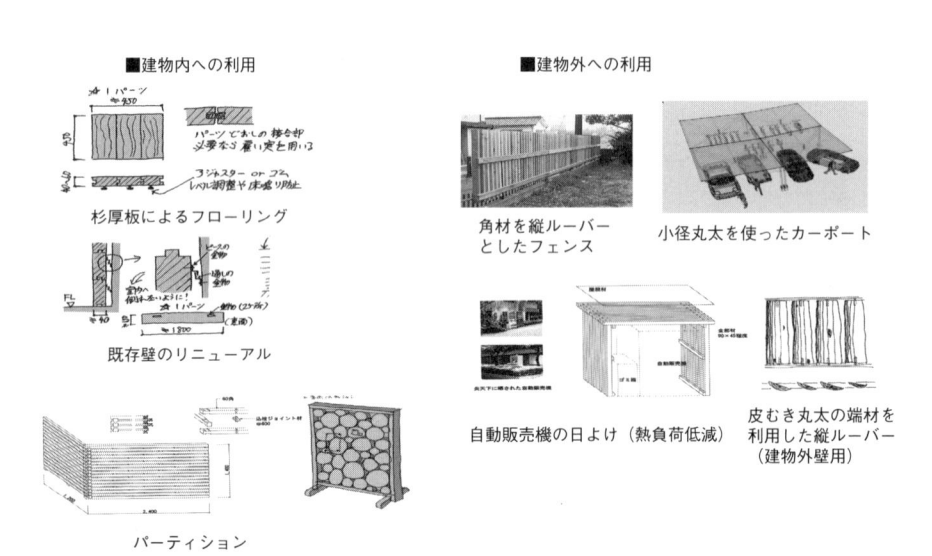

図 5.1.8 キャンパス木質化への提案

つ，既視感を抱かせない形態を与えることを考えデザインした．木材は他の構造材に比べて重量比強度は高いが絶対的な強度・耐力に劣ることなどから，ここでは構造効率の良い軸力主体の構造形式とした．さらに小中径の間伐材より歩留まり良く製材を得るためと軽量感のあるフォルムを求めて，主要構造部材は直径120 mmと90 mmの芯持ち丸太を用い，傾斜した柱で地震などの水平力に対抗する構造を採用した．建設に要した期間のうち現場施工は9日間であり，施工現場ではクレーンなどの重機を使用する必要がなく，簡単な足場と電動工具を用い，作業はすべて人力で行うことが可能であった．

図 5.1.9　木製駐輪場

図 5.1.10　スギ無垢材によるフローリング

建物内装の一部木質化としては，新棟には建築学を学ぶ学生・院生の研究室（320 m^2）があることから，この部屋に地域産スギ無垢材によるフローリングを施した．竣工間近のタイミングでの計画変更であったこともあり困難を伴ったが，関係者の理解と協力のもとに実現した．

現在のところ，これら施設利用者の反応も良好であり，木材が受容される可能性・手応えが感じられる．木材一般に関する印象，居住感，他材料床材との比較による不具合，メンテナンスなどに関する意識を調査した結果などから

・将来の木材利用の担い手が木質空間を体験することの重要性
・メンテナンスの重要性，経年変化による変色なども含め，木材に対する理解を深めるための努力

が必要であると改めて認識した（山崎 2012b）．これらキャンパス木質化の試みは，建築分野の研究者と実務者，学生だけでなく，木材供給元の組合など生産者に近い側からエンドユーザー側まで，多くの方々の参加と協力のもとで進められた．このこと自体が山と街とをつなぐ絆の実例であり，同様の試みを今後さらに活発化させることが，森林・林業の再生と都市環境の持続的維持への1つの有効な方策といえよう．

(d) 森林と都市の関係を築くための人づくり

5.1.1(c)項で述べたように，森林と都市の関係における重大な問題の1つとして，生産産業である林業・林産業と利用産業である建築業やエンドユーザーである市民の間における相互理解の欠如が挙げられる．この原因は山間部地域と都市部地域の間での教育・人材・産業的分断にあり，治療の担い手となる「全体を俯瞰的に見渡し互恵的発展を考える主体」の不在につながっている．ここでは，森と街の連携を育むために治療の担い手を養成する処方箋と，具体的な治療例について述べる．治療項目は

① 山間部地域と都市部地域の交流と都市部エンドユーザーの教育，
② 森と街の双方を理解できる若手人材の育成，

の2点である．

①山間部地域と都市部地域の交流と都市部エンドユーザーの教育

この処方箋は，森林を育み素材生産を行う山間部地域と資源の有効活用を担う都市部地域の交流を図り，地域の中で人材や物資が交流する素地を創ること，さらにこれにより，資源利用の良き理解者かつ駆動力となる都市部のエンドユーザーの問題意識を喚起するとともに木材利用への意識向上を図ることを目的としている．

治療は豊田市山間部地域と名古屋市中区錦二丁目長者町地区を対象に行った．事例の1つは，「錦二丁目マスタープラン企画会議」の協力の下で開催したワークショップである．このワークショップでは，森林・木材関係者，都市の住民，事業者，行政，研究者など普段は同席することのない面々を一堂に集めた．各分野代表者の講義の後，分野が偏らないようにバランス良くメンバーを配置したグループを作り，実際に長者町を探訪しながら都市における木材利用を考案した．グループの話し合いでは，各分野の強みを生かしたアイデアが発案され，徐々に

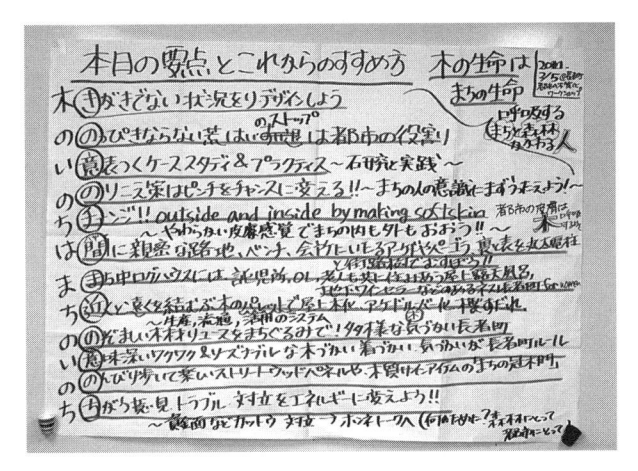

図 5.1.11 ワークショップのまとめ「木のいのちはまちのいのち」

分野を超えたつながりと相互理解が育まれ，分野単独では生まれなかった斬新なアイデアが生まれた．ワークショップでは，最後に各グループから木材を利活用した長者町地区のリノベーションプランが提案され（図 5.1.11），「木のいのちはまちのいのち」のフレーズを参加者全員で共有して終わった．

その後，このワークショップがきっかけとなり，錦二丁目まちづくり協議会内に「都市の木質化プロジェクト」が発足し，5.1.3(b)項で紹介した「ストリートウッドデッキの設置」をはじめとして，さまざまな形で都市部における木材利用につながっており，初段階の治療としては大成功した事例である．

②森と街の双方を理解できる若手人材の育成

この処方箋は，学界における林学，林産学，建築学間の分断状態に対処するもので，将来それぞれの分野で専門的実務を担う大学生および大学院生を対象に，山間部地域と都市部地域，あるいは森林管理と木材利用の双方を理解できる人材の育成を目的とするものである．

治療は，長者町地区における実践的な活動の中で行った[4]．参加者は，主に東海地区の7高等教育機関から学部学生・院生および教員と，指導者である設計士

---

4) ここに述べる若手人材育成事業は，時期を同じくして全国的に実施されていた人材育成拠点事業（一般社団法人　日本木材学会 2013）との合同事業である．

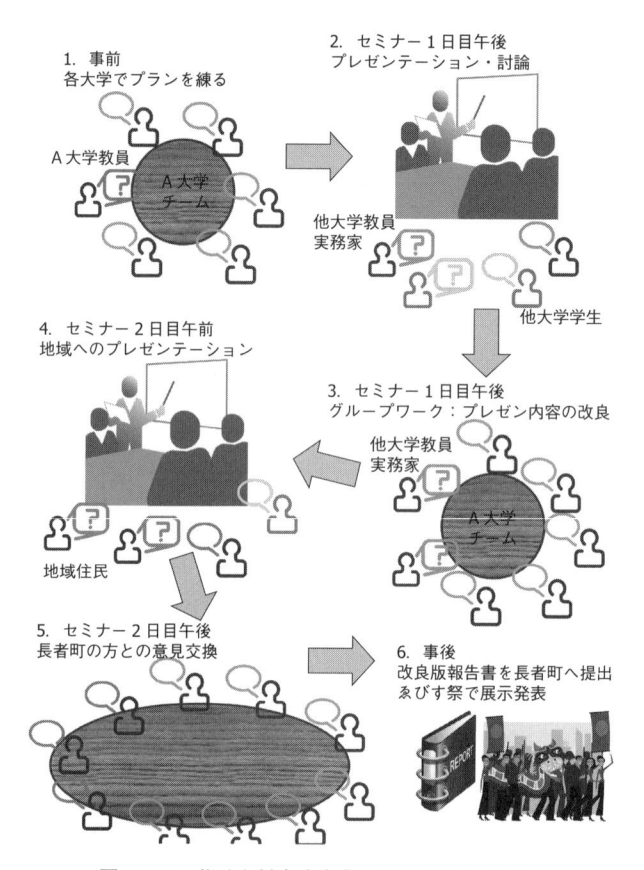

図 5.1.12 若手人材育成事業のプログラムの流れ

や森林事業従事者などの実務家であった．テーマを「木材を活用した街づくりの提案——計画・意匠・構造・材料系それぞれからのアプローチ」とし，森林と都市における問題の構造を正確に理解し，その上で解決策を考案する力や実践へとつなげる力を養うことを目標とした．プログラムの流れを図5.1.12に示す．プログラムでは，セミナーでの講義に加えて，学生は事前に提示した課題の中間報告を行い，それに対する指導を教員・実務家・地域住民で行った．学生課題は「都心部での木材利用」であるが，地域住民の要望から実際の長者町内の現場を具体的に設定した．実現化の要望が高い内容を課題として設定することで，学生には提案内容の実現性や採算性についても検討することを求めた．課題の取り組

み期間は約3か月であった．このプログラムにより，(1)木材利用および木造建築について，建築構造，計画，環境および林学，林産学の各専門分野からの指導により，多角的・総合的な視点を養う，(2)地域住民を模擬的に施主として見立て「提案」「改善要求」「再提案」のやり取りを行うことで，建築設計のプロセスを経験することができた．プログラムではさらに，実際の山間部地域や森林，林業の施業，木材生産についても理解を深めるために，豊田森林組合の協力を得て，人工林の間伐施業，原木市場，製材工場を見学し，木材生産の流れを体験した．

この治療を総括し，次の処方箋につなげよう．まず，治療（人材育成プログラム）による教育効果について，建築学科の学生においては，建築材料に「生産される場」と「生産過程」があることの気づきとなった．森林や木材そのものを初めて五感で感じることで彼らの木材への興味は大いに高まった．一方，森林系の学生においては，これまでの自らの観点が総論的，教科書的に森林の諸問題を捉えるだけで，それぞれの現場の改善や予防につながっていないこと，すなわち，診断のみに陥り，治療に及んでいないことに気づく好機となった．そして，建築系と森林系の両者にとって意義深いことは，深い関係があるにもかかわらず既存の大学教育プログラムでは接触することがない他分野の学生と協働できたことにより，他分野の専門領域を認識・理解するとともに，自らの専門領域の再認識と向学心が生まれた．

次に，これらの教育効果を生み出した要因を整理すると以下のようになる．

- 具体的な現場を想定した設計課題を提示したことにより，学生はイメージが持ちやすくなったこと．
- 事前準備と事後修正を通じて，一歩踏み込んだ取り組みを可能としたこと．
- 現場を自身の五感で経験したこと．
- 地域住民や実務家が現実の社会活動を学生に伝えたこと．
- 異分野の学生がそれぞれの専門領域を活かして協働したこと．

これらの知見は，さまざまな横断型，実践型，協働型教育プログラムに応用できるものである．

最後に，人材育成の現場における今後の課題として，現実的な運用上の問題には，受講料の問題と通常カリキュラムとの時間的な折り合いの難しさがある．単位化や就職活動の一環化といった，やや即物的なメリットがあると学生は積極的になるようだが，その場合，取り組み姿勢に脆さが生じる危険がある．また，セ

ミナーを開催する日程は，学生には通常カリキュラムの隙間である休日が望ましいものの，見学先の産業現場には平日が望ましいため，その調整が難しいことも現状では問題である．プログラムの構成面については，本プログラムの「提案止まり」から，社会現場において専門性を活かした実践活動を行い，そこから自身の専門性の向上にフィードバックさせるプログラムの構築が望まれる．そのためには一定期間にわたる継続的なプログラムが必要である．すなわち，本プログラムのような学部学生および博士前期課程の院生向けプログラムから，上級者プログラムへ発展する中で，学生自身で「立案→実践→検証→再立案→再実践→……」から成るプログラムの構築能力を養成することが望ましい．

5.1.4　臨床環境学的アプローチとしての都市の木質化プロジェクト

　第4章では，臨床環境学的な地域の診断と治療というアプローチについて概念的に説明した．都市の木質化プロジェクトにおいては，このアプローチを試行的に実践したものであり，本小節では，それを臨床環境学的アプローチとして整理するとともに，その中で見えてきた「かんどころ」について解説する．これらは臨床環境学的アプローチの骨格に血肉を盛り，実際に機能しうるものにするために必要な知見である．

　①異分野の研究者・実務者の共同作業としての問題・課題の分析と整理

　蓄積量が増大しながら生態系として荒廃していく人工林が問題とされ，その原因として，都市における地域材の需要が少ないという現状を分析した．その需給のギャップをもたらす問題として，林業から建築までの地域材のサプライチェーンが確立していないこと，さらにそれをもたらしているのは，業種間のコミュニケーション不足であると診断した．これは，異分野の学問分野の共同作業として明らかにされたとともに，実務者へのヒアリングや議論を通じて明らかにされた．インターかつトランスディシプリナリな問題分析といえるだろう．

　②将来シナリオとしての地域材利用実践

　処方箋としては，都市内での地域材の需要を喚起することが第一の課題としてあげられた．そこで，ストリートウッドデッキ（SWD）や駐輪場などの新しい利用形態を提案し，実際に試行的に制作・設置することによって，都市住民に「目に見える」ものを作り出した．これは，都市における多様で豊富な木材利用がす

すむという将来シナリオを，限定的な規模ながら提示したものである．

③治療としての異分野・異業種間コミュニケーションと人材育成

最も重要な課題とされた地域材の利用に関わるさまざまな主体間，異業種間のコミュニケーションを促進するために，ワークショップや森と街の交流の取り組みが実践された．さらに，将来，これら異業種間のコミュニケーションを重視しながら実務に携わることができる人材育成のために，学生を対象にしたワークショップを開催した．臨床環境学的治療とは，それを担う人の発掘，組織化，育成に行き着くといえるだろう．

このような臨床環境学的アプローチの試行的な実践において，以下のようにいくつかの「かんどころ」が見えてきた．

①小さくはじめる・できるところからとりかかる

SWD設置に典型的に見られるように，実践的な取り組みは小さな規模でスタートした．キャンパス木質化の取り組みは，すぐにできることからスタートし，建設が進んでいく中での設計変更として進められた．これは臨床環境学的治療における「かんどころ」と言えるだろう．これらが問題・課題の全体を見て最適な取り組みであるかわからなくても，さまざまな条件の制約がある中で，すぐにできることから小さくスタートしていくことが大切である．

小さくスタートすると，すぐに評価と再診断のプロセスにつながっていく．こうして「作業仮説ころがし」のループをとにかく一周まわして見ることで，議論を積み重ねるよりも問題・課題の全体像が見えやすくなるのである（図5.1.13）．そういう意味では治療としての実務的実践は新たな診断につながると捉えられ，診断と治療は別々のプロセスではなく，重なり合ったダイナミックなプロセスといえるだろう．

「作業仮説ころがし」の二周目には，それに関わる主体の数が増えて実践の規模が拡大することが期待される．治療としての実践は，人々の関心を高め，そこに主体的に参加する担い手を作りだすことが常にねらいとされる．

②関わるすべての主体間のミッションの共有および学び・自己変容を促す

プロジェクトをすすめるにあたって駆動力，すなわちドライビング・アクター（4.3節）となったのは，このプロジェクトのメンバーとなった異分野の研究者と実務家である．セミナーやワークショップ，SWDの設置などの実務的な実践の企画・運営を行う過程で，問題・課題についての認識と将来シナリオ，処方箋の

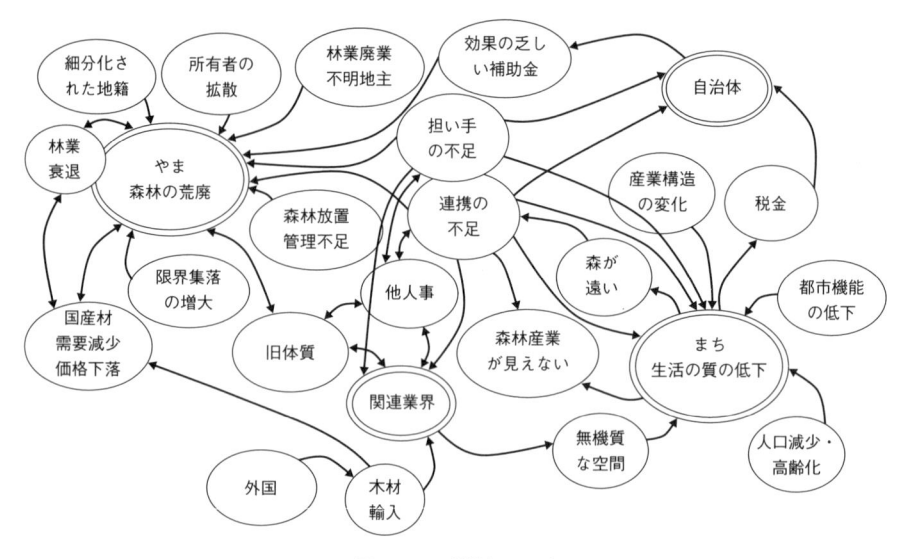

図 5.1.13 問題マップ

　共有が行われた．都市における木材利用を進めることで，それぞれの地域の課題への取り組みが前進し，さらにそのことによって，森と街を含めた地域全体をよりよくしていこうというミッションが共有され，信頼関係の基盤となった．そのミッションは，プロジェクトが対象とした錦二丁目のまちづくりの主体や山間地の住民組織の中に浸透していった．錦二丁目のまちづくり協議会の中に「都市の木質化プロジェクト」チームが形成され，さらに豊田市旭地区の「木の駅プロジェクト」の担当者がその会合に定期的に参加する動きがはじまり，住民の中にドライビング・アクターが育つこととなったといえるだろう．

　プロジェクトの過程では，対象者の学び・気づきと変容を促すことになる．そのことは駆動力側にいる研究者にもいえる．異業種間のコミュニケーション不足は，異分野の学問間のコミュニケーション不足と完全に対応していた．プロジェクトメンバーとして出会った異分野の研究者同士はそのことを反省することを迫られ，学問のあり方を考え直す機会となった．そのような研究者の自己反省と自己変容が，他の主体との信頼関係を構築するにあたって重要であった．

参考文献

一般社団法人 日本木材学会 (2013)：木のまち・木のいえづくり担い手育成拠点事業：「木のまち・木のいえづくり」を目指す若者のための教育プログラムの構築（飯島泰男委員長）．
片岡保・大橋俊夫・筧清澄 (2012)：木材活用の事例報告と考察．木材工業, 67(8), 362-366.
木の駅プロジェクトポータルサイト　http://kinoeki.org/　(2014 年 3 月 31 日アクセス).
佐々木康寿 (2012)：森林・林業の再生に向けた都市の木質化をめざして．木材工業, 67(1), 35-38.
高野雅夫 (2012)：燃料用バイオマスによる中山間地の地域再生．木材工業, 67(7), 317-320.
古川忠稔 (2012)：地域産スギ丸太を活用した駐輪場．木材工業, 67(2), 85-88.
太幡英亮・恒川和久 (2012)：キャンパス木質化の試み．木材工業, 67(5), 225-228.
村山顕人 (2012)：まちづくりと都市の木質化——名古屋市中区錦二丁目長者町における試み．木材工業, 67(4), 175-178.
村山顕人 (2013)：これからの都市計画とまちづくりを考える 3：ストリートウッドデッキの挑戦．日本建築家協会東海支部「ARCHITECT」, 2013 年 3 月号, pp. 6-7.
本田義裕 (2012)：木質バイオマスエネルギー利用のための木材収集システムと薪ボイラーの研究, 名古屋大学大学院環境学研究科修士論文．
山崎真理子 (2012a)：名古屋国際木工機械展併催シンポジウム——都市の木質化宣言．木材工業, 67(3), 133-136.
山崎真理子 (2012b)：建築学会院生室フローリングの居住者意識調査．木材工業, 67(9), 409-412.

5.2

櫛田川流域における臨床環境学

5.2.1 地域社会の縮図としての櫛田川流域

　伊勢湾流域圏は，伊勢湾に流れ込む流域の集合であり，三重県や岐阜県に見られるように古くから人に利用されてきた森林，そこに源を発し豊富な水量を集める河川，水資源の利用から発展した商工業，豊かな河川堆積物を利用した農業，流入河川からの土砂と栄養塩が生み出す干潟をはじめとする豊かな水辺環境と恵まれた水質に支えられる漁業と，森林から海洋までさまざまな生業がそこにある自然資源と密接につながってきた流域圏といえる．商工業の発展とは裏腹に，農業への人工肥料の過剰投与，森林管理の不足，河川沿岸における人工物の造成などは，現在，本来の流域圏がもたらす豊かな水質や森林生態系の公益的機能など自然の恵み，いわゆる生態系サービスを低下させているといえよう．

　伊勢湾流域圏のうち，三重県中部の櫛田川流域は，古くから交通の要衝である松阪市および多気町の2つの自治体でほぼ覆われている．流域の中心に全長85kmにおよぶ櫛田川が流れ，上流では林業，中流に茶葉の栽培や畜産業，下流にかけて農業や漁業を営む人々と市街地に住む人々で構成されている．櫛田川流域は，松阪市16.8万人，多気町1.5万人の人口を擁しており，少子高齢化や核家族化，都市部における商店街の空洞化など，流域全体の持続可能性を脅かす数々の問題点を抱え，いわば大都市圏を除く国内のどこでも見られる街や集落の風景を凝縮した流域とみなせるため，上流から下流まで流域全体を眺め，持続可能性を考えるには最適な地域であるといえよう．次節以降で取り上げる中国やラオスと比較すれば，高度成長期を終え人口が減少に転じた，いわゆる成熟した地域社会だということができる．

　2011年度と2012年度に名古屋大学では，インターディシプリナリな視点から

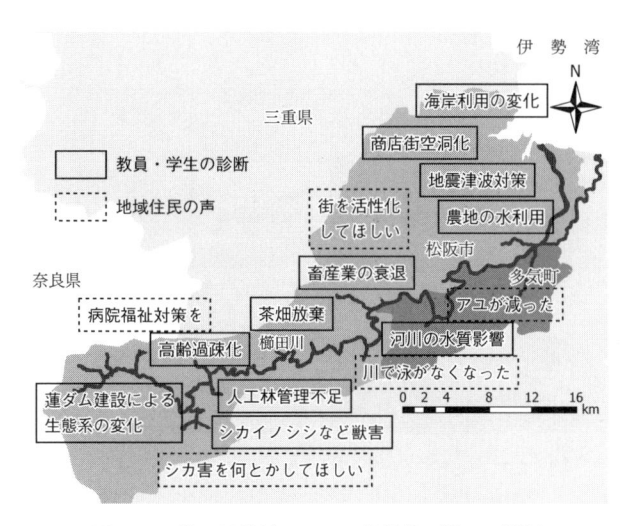

図5.2.1 櫛田川流域における持続性に関する問題

土木学，都市学，社会学，河川学，森林科学など専門の異なる教員および博士課程後期課程の学生らが分野横断的に，トランスディシプリナリな視点から，現場を櫛田川流域に設定して，流域における持続可能性の問題点の診断，すなわち**問題マップ**の作成を試みた．調査は流域全体を実際に見学するだけでなく，過去からの地域における変遷をどのように感じているかについての住民の意識調査，基礎的な統計データの変遷や将来計画などについての行政への調査も行った．その結果，本流域における持続可能性の問題点として，上流部では，蓮ダムの建設に伴う河川生態系への影響，林業の衰退による森林の管理不足，集落の少子高齢化，病院や生活インフラなどの整備が不十分なことが挙げられた（図5.2.1）．伊勢茶や松阪牛で有名な中流部に行くと，茶畑の栽培放棄地，茶畑への過度の施肥による水質への影響，畜産業の衰退，下流にかけては商店街の空洞化やダムの水量調整による農業や漁業への影響，海岸近くでは地震や津波対策などが挙げられた．

伊勢湾にそそぐ櫛田川（図5.2.2）は，河川水質の基準となるCOD（化学的酸素要求量）で見ると，南隣の宮川にはやや劣るものの，北隣の雲出川，愛知県の庄内川や矢作川などよりも清浄な河川であり，河川における汚濁負荷量では宮川や雲出川よりも小さい（田代 2012）．しかし，住民らは，櫛田川における水生・水辺植物の変化やアユなどの漁獲量の減少，昔のように河川で泳げなくなったことを感じていた．櫛田川のもたらした水はけのよい土壌や朝霧など中流域の独特な

図 5.2.2 櫛田川（左）と茶畑から見た集落と森林（右）

微気候で育成される伊勢茶（図 5.2.2）の栽培は，10 世紀初頭に遡るといわれる長い伝統を持つが，現在の茶の栽培には多量の窒素施肥を必要とし，それが櫛田川水系の水質変化をもたらしている．飲料のペットボトル化による消費量の減少や田畑同様の耕作放棄のため茶の生産量も年々減少し，家族が飲む量の茶のみを栽培している人も増えている．耕作放棄地では人の背丈以上に巨大化した茶の木も見られ，人工林と同様に，放置状態がさまざまな場所に見受けられた．人工林や畑のある上流中流地域では，サル，シカ，イノシシなどの鳥獣被害をどうにかしてほしいと住民から切実に訴えられた．

このような櫛田川流域で診断されたさまざまな問題点について，さらに具体化しそれらの因果関係を調べるため，各課題をわかりやすくキーワード化し，住民や行政の視点に立って，問題点の診断と治療のための提案を試みることとした．具体的なキーワードとはアユ，シカ，茶，人の動き（市街地化）などである．これらの例の 1 つとしてシカの研究例を下記に紹介していく．

5.2.2 森林におけるシカ問題

国内におけるシカ（ニホンジカ *Cervus nippon*，以下シカ）の生息分布域は近年拡大する傾向にあり，森林における鳥獣被害の中でシカ被害は最も面積的に大きい（林野庁 2013）．2011 年度の国内のシカによる農作物被害額は 83 億円に上る（農

林水産省 2013).シカの個体数増加の要因としては,温暖化に伴う積雪量の減少,狩猟による捕獲圧の減少（小泉 2011),狩猟規制などによるメスジカの死亡率の低下,また大規模造林に伴う草の生長など餌資源の増加（依光 2011),林道整備に伴うシカの移動経路の拡大（松田 2006）などが推定されているが,三重・奈良県境の大台ケ原における伊勢湾台風がもたらした植生環境の変化に伴う要因など地域特有の問題も指摘されている（柴田・日野 2009).

シカ被害として,幼齢木や樹皮の食害,剥皮被害による植生や木の材質への影響がある.北海道や関東以西の太平洋側で被害報告が多く,特に近畿地方では深刻な被害が多い（林野庁 2012).2010 年度における三重県の津・松坂地方では面積あたりのシカ個体数密度が 16.3 頭/km^2 と報告されている（三重県 2012).シカ被害の特徴として個体数密度が一定の値（3-5 頭/km^2）を上回ると急激に被害が顕著化しやすい傾向にある（環境省 2010).メスは 2 歳から 10 年間子を産み続けることができ,年あたり 15-20％も個体数は増加する（松田 2006).したがってシカ被害を軽減させるためには,一定の個体数密度以下に管理する必要がある.シカの森林生態系への影響はこのまま放置すると生態系の原状回復もできなくなる不可逆的なものであるため,強い危機感が持たれている（小泉 2011).シカの食害により栃木県日光におけるシラネアオイ群落の消失（矢原 2006）や大台ケ原におけるスズタケの消失など植物種への影響のみならず,鳥類層の変化（柴田・日野 2009),後継稚樹の消失や土壌表土の流出も危惧されている（横田 2006).

現在では各都道府県を中心に,シカの食害や剥皮から樹木を守るため,苗木をチューブ状の網で囲う方法や,樹皮をテープで巻きつけたりする方法,シカが一定の面積内に入れないように柵（防鹿柵）を作る方法などの対策をとっている.また環境省の指導の下,多くの都道府県が特定鳥獣保護管理計画を立て,積極的なシカ個体数の制限を狩猟などにより行っている（環境省 2010).

5.2.3 シカ問題の診断と処方箋

櫛田川流域の上流部には飯高町,飯南町（ともに松阪市）といった吉野林業に端を発する林業の盛んな地域が広がる.この地域の住民からの聞き取り調査では,特にこの 10 年ほどシカが農作物を食べ荒らすようになり,人里に近づいてきた感覚があるという.農業への影響は生活基盤を揺るがすので駆除もやむを得ない,

しかしできることなら駆除をしたくないという感情もある．農作物被害は冬に顕著でシカの食べものが不足しているためであろうと住民たちは推測するが，実際，前述の三重県のシカ個体数調査データから個体数密度が農作物に影響を与えるほど大きいことは明らかである（三重県 2012）．

　三重県では，特定鳥獣保護管理計画の中で，2002年度から積極的なシカ捕獲を行い，それまで3000頭/年だった捕獲数を，2010年度には1万5000頭/年まで増加させた．しかし，2002年度以降も，シカによる農林業被害額は増加傾向にあり，2010年度には3億7000万円を超えている．2015年度までこの積極的な捕獲を続け，シカの個体数密度を3頭/km^{2}まで減少させる計画である（三重県 2012）．

　ところでこの計画が達成されれば，三重県内のシカ被害は実際に大幅に減少するのであろうか．当然ながら森林は山々でつながっており，シカにとって県境はない．三重県を囲むすべての県で同じ目標が同時に達成されればよいが，実際のところ岐阜県，滋賀県，奈良県，和歌山県などでは，個体数管理の目標はそれぞれ異なる．また一般に，シカの個体数密度を推定することは，新鮮な糞を数える方法（糞粒法）や，入猟者1人が1日あたり捕獲したシカの頭数である捕獲努力量（CPUE）調査などであり，推定精度はあまり高いとはいえない．積極的な個体数管理により地域の個体数の減少は見込まれるものの，シカ問題そのものは長期にわたって続くことになるだろう．これまでの森林科学を専門とした研究分野，行政分野では，このような生態学的な個体数評価と管理でシカ問題を解決すること，シカの植生変化への影響を生態学的に評価し，特定の植物種を保護することに重きが置かれていたのが現状である．しかし，大量に捕獲されたシカの活用法についてはほとんど考えられてこなかった．

　シカ被害を受けている地域の現場で見聞きした，大気環境化学，都市計画，森林生態学など分野横断的な学生が取り組んだ研究課題は，「シカの活用と流通に関する研究」（高木他 2012）である．個体数管理のために捕獲されたシカの多くは廃棄処理され，自治体における経費負担も問題となっている．実際，三重県では捕獲から販売までの流通ルートを確立し，効率を高めることでシカ肉の有効的な利活用を今後進めていく方針である．そこで学生らは流通ルートの現状を把握し，それらの新たな構築に貢献することができないか，という研究課題を設定することとした．シカ被害が問題となっている住民からの聞き取り，地域現場での

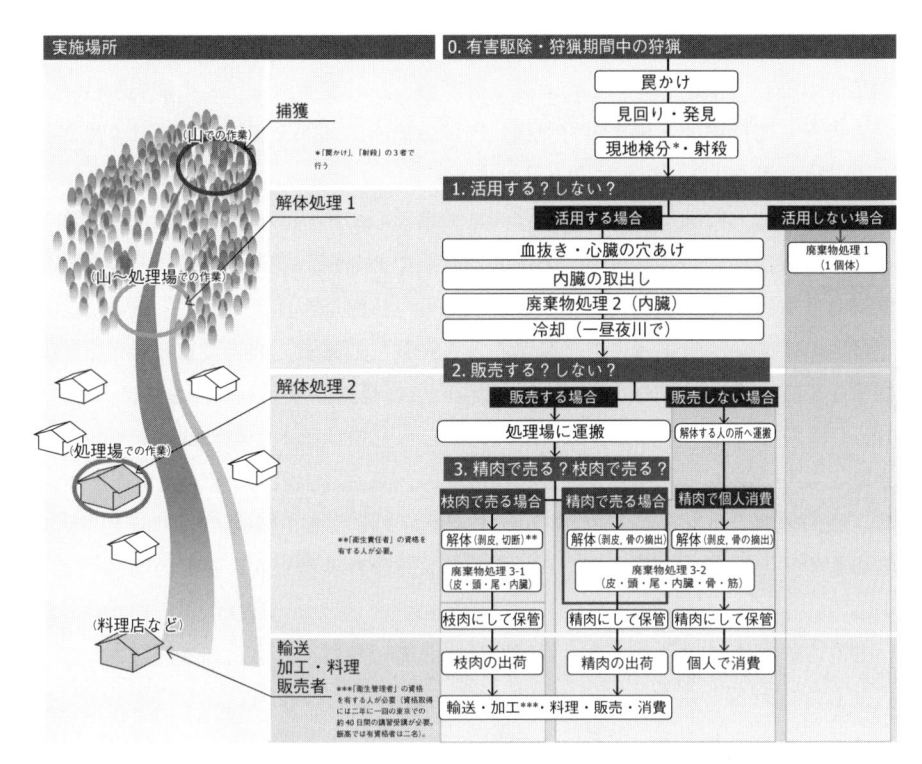

図 5.2.3 シカの利用と流通プロセス．狩猟から枝肉・精肉加工までの流通過程を整理した（高木他 2012）

観察，行政への聞き取りで，シカ被害の持続的問題解決と治療の糸口として，シカを利活用すること，特に流通ルートがカギとなると診断したのである．さまざまな統計や文献調査と同時に，狩猟者 2 名とシカ肉料理を提供しているシェフ 1 名に実際の狩猟方法，活用方法について聞き取り調査を行った．これまで肉の流通や利用販売に関する調査研究は，主に畜産学や農業経済学といった農学で細分化された専門分野で扱われており，森林科学の専門分野における研究では解決できない問題であった．まさに異分野構成チーム，インターディシプリナリな視野だからこそ取り組めた課題であると言える．

聞き取り調査後，シカ肉の流通ルートを図 5.2.3 のようにまとめ，活用する場合に肉を枝肉（皮・頭・尾・内臓のみ取り除き残りは解体しない）として出荷する場合と，精肉（枝肉からさらに肉の部分を取り出し加工）として出荷する場合，活

用しない（これまでの多くの場合と同様に廃棄する）場合の3つに分け，狩猟者-精肉店間の需要と供給を考慮したコスト計算およびビジネスモデルの構築を行った．シカ肉として活用する場合，狩猟後，内臓の摘出，頭部と四肢切断，はく皮が行われ（松浦他 2012），さらに骨と筋を含む枝肉または，それらを取り除いた精肉に加工される．狩猟者にとって，精肉まで加工して出荷する場合には，衛生許可や加工装置，精肉包装など多くの手間が必要であるが，枝肉で出荷する場合は，精肉よりも手間が少なく，シカ1頭の利用率（枝肉67％，精肉44％）も高いため，受け入れやすい．狩猟者の労働時間など人件費，運搬費，解体費などを考慮して試算したところ，枝肉を1900円/kgで精肉店に購入してもらい，さらに3000円/kgで精肉を販売できると狩猟者・精肉店とも利益が出る，いわゆるビジネスモデルとなりうることが明らかとなった．実際，東京，大阪，三重のレストランでは，枝肉の買い取り価格が1000-2000円/kgであること，精肉価格3500円/kgなどの報告（松井 2010）もあることから，本試算値は実現可能な範囲の価格設定であろう．

　これらの試算にはさまざまな仮定が含まれているため，実用的な提案としては考慮しなければならない事項は残されているものの，「枝肉として狩猟者が出荷できる流通ルートを確保する」という点について，シカ問題に対する治療への処方箋の1つを提案することができた．今回の処方箋のキーワードとなった枝肉については，料理するシェフから保存性が精肉よりも良く調理法も多様であるといった点に，また狩猟者から加工の手間が少なくコストも安く済むといった点に，お互いの利点を見いだすことができた．枝肉よりも精肉の方が料理人には扱いやすいであろうといった一般常識的な判断で済ませず，骨や筋などが含まれる枝肉の方が利用率だけでなく調理の多様性やコストに利点があるというプロの視点を聞き取り調査で引き出した点は，トランスディシプリナリな取り組みからこそ明らかにできたと言える．

　これらの処方箋提案についてヒントの多くを与えてくれたのは，実際に狩猟している人，また料理を提供している人，すなわち同じ流域内でも働く拠点を異にする人々であった．料理人や精肉店の求める肉の加工について狩猟者が理解すること，また反対に料理人が狩猟事情を理解することが流通ルートの確保には必須と言える．すなわち1つの職業からの観点だけでなく，俯瞰的な視野と相互の共通理解が必要とされ，それらをつなぐ役割を担う第三者的な存在，つまり臨床環

境学的な視点から取り組む人材が必要とされる．個々の狩猟者-料理人の信頼関係構築から確立される流通ルートは小さい規模かもしれないが，そこで引き出された流域内での生産者と消費者との信頼関係というカギは，より大規模な流通ルートを切り拓いていく際にも，重要となっていくであろう．今後さらに現実的な流通ルートの構築のために，流域内でシカの狩猟や料理などを取り扱っている人の把握，それらの人々のマッチング，安全にシカ肉を提供できるための解体・加工施設や検査体制の充実（松浦他 2012），シカ肉の需給動向についての把握も必要不可欠である．

　シカ，イノシシ，ウサギなど野生鳥獣の肉をフランス料理の用語として**ジビエ**と呼ぶ．近年ジビエ料理を国内でも広げるため，ジビエ試食会の開催や，カレーやハンバーガーにシカ肉を入れて販売するなどさまざまな取組みが始まっている（三重県 2012；林野庁 2013）．三重県も『みえジビエ品質管理マニュアル』を作成するなど，野生鳥獣の有効利用を後押ししている．この時代の流れの中で，今回の提案が実際の流通の中でどれくらい通用していくのか，特にジビエ料理人と狩猟者間の信頼関係構築のためのカギとなる事項をさらに診断し，現場で作業仮説ころがしを行うことが臨床環境学の治療のための処方箋提案に課せられた次のステップであるといえる．

5.2.4　地域資源を活かす治療法

　シカの個体数の増加は，先に述べたさまざまな要因の変化に伴うシカの死亡率低下が原因と考えられているが，近年のシカの餌不足については，森林の人工林化，管理不足による下層植生の衰退も原因として挙げられるであろう．戦後，資源として必要だと思われたスギ・ヒノキは人の手により広大な面積に植栽された．日本のような降水量の多い地域に植栽された造林地では，植栽苗以外の草木がすぐに繁茂し，シカの餌を当時欠くことはなかったのかもしれない（松田 2006）．しかし輸入自由化に伴う安価な外国産材使用とエネルギー転換により国産木材の価値が低下し，人工林を管理することさえできなくなる（5.1 節）と，光の入らない，シカの餌となる下層植生の育たない森が増えていく．餌を求めて人里近くの農作物をシカが狙い始めたのも，また貴重な自然植生に影響を与えるほどシカ食害が進んでしまったのも，実は人工林の管理ができなくなった林業の衰退，地

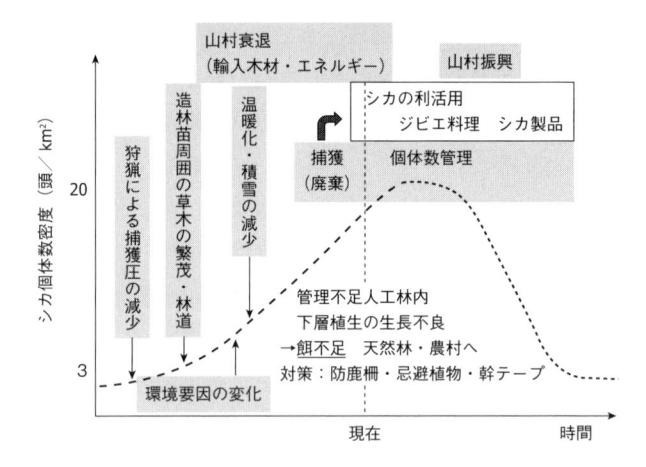

図 5.2.4 シカ個体数変化に関わる可能性のある要因．特定の地域の図ではない．シカの増加要因は科学的に証明されたわけではないが可能性が高いとされており，地域により他の要因もある．要因は松田（2006），小泉（2011），依光（2011）を参照した

方の人口減少，山村の過疎化（依光 2011）が招いた問題であるというのは魅力ある作業仮説といえる（図5.2.4）．すなわち今後の治療には，ジビエ料理のような地域資源を利用した山村振興がキーワードとなるであろう．

櫛田川流域におけるキーワードについてシカ以外の診断例を見ていくと，河川のアユ減少について，その原因の1つに河川中の残留塩素の可能性があることを指摘した（陳他 2012）．残留塩素はおそらく，櫛田川流域の6割以上の家庭が持つ排水処理方式である合併浄化槽由来の問題と推定された．茶栽培の人工的な窒素負荷量が多いことについては松阪牛堆肥の液肥利用を用いた循環的な改善手法を提案し（青山他 2012），茶業の衰退については留学生によるアンケート調査により中国・韓国・ベトナム・台湾など海外での伊勢茶販売の可能性を提案した（陳他 2013）．人の動きでは，空洞化しつつある商店街に人を呼ぶ方法として，子どもを連れて安心して買い物のできる歩行空間や駐車場，魅力ある商店など子育て世代にやさしい街づくりがカギとなるかもしれない（三室他 2013）．また旧市街と新市街が離れた多気町では，それらの人々が交流できる公共スペースと交通システムの必要性を提案している（稲永他 2012）．

私たちの行ってきた診断について，実際に櫛田川流域の上流部から下流部までの住民の方々と意見交換を行うワークショップを，松阪市長・多気町長，行政の

参加のもとで行った．臨床環境学で重要な点の1つは，まだ研究・調査の途中の段階であっても地域住民との話し合いの機会を設け，よそ者である私たちの視点を紹介し，情報を共有することにより，作業仮説ころがしを繰り返すことである．これまで見てきたシカ問題についても，実際に被害を受けているのは櫛田川流域の上流から中流に暮らす人々であり，下流の市街地に住む人々は，その問題の大きさを認識していない．同じ流域圏ではあるが自分の住んでいる所以外で起きている問題を紹介しその状況認識を共有することこそが問題解決，治療への糸口である．シカの利活用と流通は，市街地の人々の消費なくしては成り立たず，そのためには今回のようなワークショップなどを通した情報の共有が不可欠である．研究者や学生がよそ者の視点から，流域内の問題共有を行いながら治療へとつなげることも，現場で行う臨床環境学の1つの着目すべき利点である．

　櫛田川流域における臨床環境学の視点は，江戸時代の豪商を生んだ商人の街・松阪，10世紀に遡る栽培の歴史を誇る伊勢茶，吉野林業の流れを引く飯高・飯南の山林，高級和牛のトップブランド松阪牛などいずれも伝統に育まれた地域の宝が，郊外型大型商業施設，ペットボトル入りのお茶，安価な輸入木材・牛肉，産業構造やライフスタイルの変化などという広く捉えればグローバル化の影響によって衰退し失われていく構図を浮き上がらせた．それが，商店街や山村・農村の衰退をもたらし，若者の流出による人口減少・少子高齢化を進行させ，シカ・イノシシなどの食害を助長し，地域の魅力と人々の誇りを失わせてきた．こうした連関は「問題マップ」から読み取ることができ，地域が抱える環境問題が複合的であることが見えてくる（図5.2.5）．

　異分野混成チームが，現場の見学・住民からの聞き取りを通じ，地域の持続性に関する問題の「カギ」となりそうなキーワードを集め，個別課題を設定し，調査に基づく診断によって問題の構造を解明する作業仮説を立て，治療に向けた処方箋の提案を行い，地域の行政や住民との対話を重ねながら作業仮説ころがしを進めるとともに，各チームの検討結果を問題マップの上に重ねあわせ，環境問題の複合的様相を分析するという一連の手法は，他の地域の環境問題を考慮するときにも，そのまま使うことができるであろう．地域の持続的問題を臨床環境学的に診断するときには，世の中のグローバル化に伴う影響を見いだす視点を常に持ちつつ，地域のそれぞれの問題を掘り下げる姿勢が重要となる．

　これまでそれぞれ焦点を当ててきたキーワードは，櫛田川流域の持つまさに地

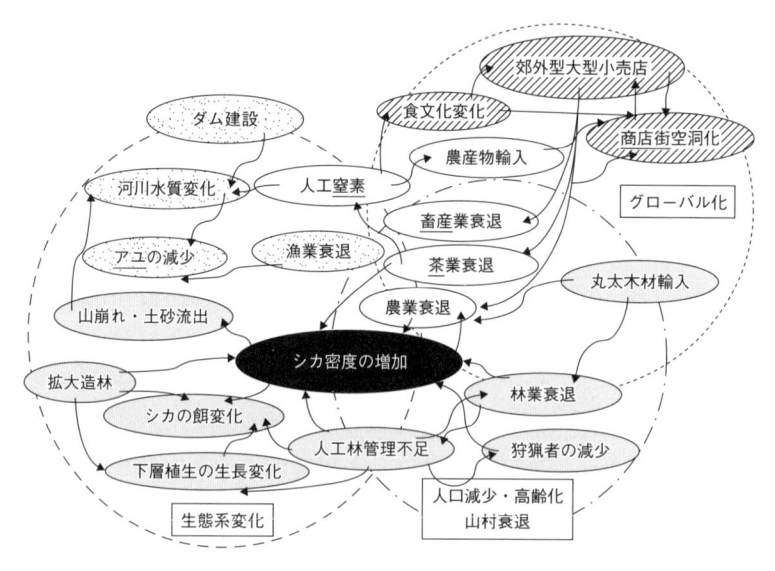

図 5.2.5 櫛田川流域における問題マップ

域資源ともいえる．これらの地域（ローカル）資源が，地域間または地域外への人の動き，グローバル化に，大きく影響を受けてきたのである．このことは単に櫛田川流域だけにあてはまるわけではなく，成熟した社会でありながら一方で国内の地方文化が衰退していくという，現在，日本が抱えているさまざまな地域の現状にあてはまることであろう．こうした地域の持続的問題の解決には，もう一度地域住民・地域行政によって，地域に根差した資源の見直しや他地域からの新たな視点の導入が必要であり，臨床環境学的観点からの診断と治療こそが，それらの地域の課題を解決していくことに貢献できるのかもしれない．今後櫛田川流域の研究チームでは，抽出されてきたキーワードを見直しながらそれらの因果関係を深く探るための考察を行い，地域を取り巻くさまざまな素過程を考慮した診断と治療への処方箋の提案を行っていく予定である．いろいろな作業仮説ころがしを行うことによって，地域資源を最大限に生かすことのできる処方箋を提示していくことが次の課題である．

参考文献

青山ちひろ・永井裕人・Sharifi Ayyoob（2012）：茶畑での"松阪牛液肥"利用で変わる櫛田川流域の環境．櫛田川 ORT 報告書　2011 年度臨床環境学研修（伊勢湾 ORT），30-48．

稲永路子他（2012）：多気町の住環境の現状と未来への提案――相可一区・二区と相可台の比較から．櫛田川 ORT 報告書　2011 年度臨床環境学研修（伊勢湾 ORT），5-10．

環境省（2010）：特定鳥獣保護管理計画作成のためのガイドライン（ニホンジカ編）．

小泉透（2011）：拡大するシカの影響．森林科学，61，2-3．

柴田叡弌・日野輝明編（2009）：『大台ケ原の自然誌――森の中のシカをめぐる生物間相互作用』，東海大学出版会．

高木淳二他（2012）：シカの活用と流通に関する研究――櫛田川 ORT 報告．環境共生，22，97-106．

田代喬（2012）：櫛田川流域の水・物質．櫛田川 ORT 報告書　2011 年度臨床環境学研修（伊勢湾 ORT），176-179．

陳淑佩・林正能・藤井英紀（2012）：櫛田川の鮎の持続的利用に関する研究．櫛田川 ORT 報告書　2011 年度臨床環境学研修（伊勢湾 ORT），5-10．

陳淑佩他（2013）：伊勢茶の新たな挑戦――海外輸出の可能性．櫛田川 ORT 報告書　2012 年度臨床環境学研修（伊勢湾 ORT），25-49．

農林水産省（2013）：全国の野生鳥獣による農作物被害状況について（平成 23 年度）．http://www.maff.go.jp/j/seisan/tyozyu/higai/h_zyokyo2/h23/index.html（2013 年 6 月 14 日アクセス）．

松井賢一（2010）：ジビエ料理の普及は，獣害対策につながるのか？――「鹿肉利活用」のポイントは，「販路の確保」と「調理法の普及」．日本鹿研究，1，21-26．

松浦友紀子・伊吾田宏正・岡本匡代（2012）：林産物としてのシカ肉を衛生的に管理する．森林総合研究所平成 24 年度研究成果選集，44-45．

松田裕之（2006）：シカはどう増える，なぜ増える．湯本貴和・松田裕之編『世界遺産をシカが喰う――シカと森の生態学』，pp. 65-82．

三重県（2012）：特定鳥獣保護管理計画（ニホンジカ）（第 3 期）．

三室碧人・伊藤圭・川口暢子（2013）：松阪商人の心に灯をともす――賑わいある中心市街（商店街）のあり方を探る．櫛田川 ORT 報告書　2012 年度臨床環境学研修（伊勢湾 ORT），7-23．

矢原徹一（2006）：シカの増加と野生植物の絶滅リスク．湯本貴和・松田裕之編『世界遺産をシカが喰う――シカと森の生態学』，pp. 168-187．

横田岳人（2006）：林床からササが消える　稚樹が消える．湯本貴和・松田裕之編『世界遺産をシカが喰う――シカと森の生態学』，pp. 105-123．

依光良三編（2011）：『シカと日本の森林』，築地書館．

林野庁（2012）：国土保全の推進と野生鳥獣等の森林被害対策．平成 23 年度版森林林業白書，87-95．

林野庁（2013）：森林の保全の確保．平成 24 年度版森林林業白書，103-114．

5.3

中国の都市化についての臨床環境学

5.3.1 発展する中国社会のマクロな診断

　私たちは，2010，2011 年度の 2 年間にわたって上海を中心に長江右岸，江南地方の都市および農村における都市化の現場を，臨床環境学研修（ORT）としてさまざまな分野の博士課程の学生たちとともに訪問調査した．2013 年度はそれに加えて東北部吉林省長春近郊の農村を調査した．そこで目にしたのは，日本でいえば高度経済成長とバブル経済が同時にやってきたような，社会の急激で根本的な変化であった．

　中国で最も都市化の進展が著しい上海を中心にする江南地方を例にとると，この地域は長江や銭塘江から運搬された土砂の堆積によって形成された，面積約 10 万 km^2 の世界有数のデルタである．デルタ地域には土砂の堆積過程で形成された無数の湖沼や人工的なため池，水路が分布しており，飲用水や灌漑用水，漁業，レクリエーション，水運などさまざまに利用され，70 年代前半まではクリーク（水路）景観を持ち，水郷文化が発達していた．中国で 3 番目に大きな淡水湖である太湖周辺は，古来「魚米の郷」と呼ばれた中国有数の豊かさを誇る穀倉地帯・淡水漁業生産地帯で，多くの米や淡水魚がとれ，豊かな食文化を支えてきた．

　1970 年代後半から，上海は急激な経済発展を遂げてきた．上海市の 1990-2005 年の土地利用図や上海市の統計年鑑から分析してみると，都市化が急速に進み，都市部面積は 1990-2005 年の 15 年間の間で，2467 km^2 から 5884 km^2 まで約 2 倍に増加した（図 5.3.1）．都市中心部の人口密度は 37.8×10^3 人$/km^2$（東京 23 区：13.5×10^3 人$/km^2$）となっている．また，1990 年以降総 GDP は平均して年間約 17％の増加率で成長している．さらに，2000 年以降，サービス業は第二次産業を

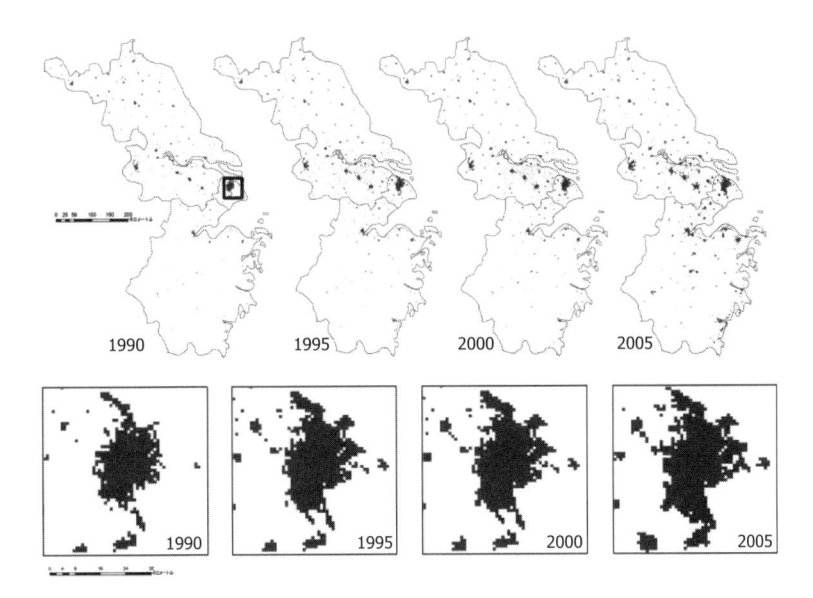

図 5.3.1 長江デルタ地域及び上海市の都市化．上：浙江省，江蘇省，上海市，下：上海市

追い抜き，2008年に総GDPの約6割を占めるようになった．さらに，サービス業のうち，知的産業のシェアが増加している．

江南地方の「純粋な」都市化の現場を目の当たりにして，私たちは，**都市化**とは，ひとつの地域がグローバル経済の枠組みの中に組み込まれていくことだ，と診断した．組み込まれるという意味は，グローバル経済の便利のために，土地利用が大規模に変化すること，人口が移動すること，さらに人々の価値観が変化することととらえることができるだろう．これらの全体像を示したのが図5.3.2の問題マップである．

まず，中国独特の土地制度に基づく独自の都市化のメカニズムが存在する．中国では地方都市が土地の所有者であり，都市計画を行い，それに従って農民を移転させ，土地を造成する．その土地の利用権を外資と結びついたデベロッパーに売却して，住宅地や商業用地，工業用地として開発させる．工業用地には外資系企業が立地する．売却益はまるまる市の財政収入となり，その潤沢な資金を活用してさらに郊外に鉄道や道路などのインフラを整備して，都市が拡大していく．

都市化の波は都市近郊農村にも広がっている．中国では社会主義新農村建設と

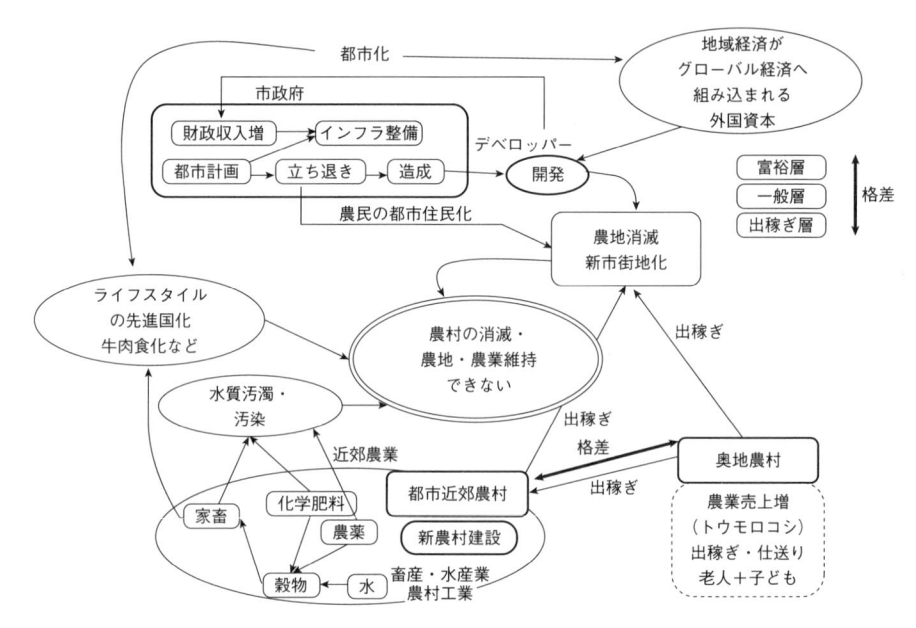

図 5.3.2 中国江南地方の都市化に関する問題マップ

して，農村においても経済的に豊かになるための政策が強力に進められている．特に江南地方においては，離農を積極的に行うための新農村建設が典型的に見られる．自治単位である村や社区内の集落（自然村）を1つの住宅団地に集中させるべく，人々を移住させ，元の土地は造成して工業団地や商業地，市街地とする．農民はそれまで持っていた土地の面積に応じて団地内の住宅を配分され，一夜にして資産家となり，若者は新しく建設された工場や商業施設で働くようになる．

そのような農村開発が進む中で，農村間にも格差が生まれている．都市近郊農村では，都市需要に対応した園芸作物や家畜の生産，上海蟹をはじめとする魚介類の養殖，農村工業の進展によって豊かになっている．一方，都市から離れた農山村は発展から取り残されている．

その結果，近郊農村の若者は都市へ，貧しい農村の若者は都市近郊農村へ，という玉突き的な人口移動が生じていることがわかった．

さらに都市化が物質循環に与える影響を調べると，人々の食生活やトイレの様式などライフスタイルの変化や，化学肥料を多用する農法への変化，自動車が増えることによる窒素酸化物の放出などによって，地域の窒素循環が大きく変化し

ていることがわかった．

まず，このような背景の中で発生しているさまざまな課題の中で，いくつかの具体的なテーマをとりだして，個別の診断と処方箋の提示を行いインターディシプリナリな分析を試みる．

5.3.2 ミクロな診断と処方箋

(a) 上海の都市再開発の診断と処方箋

都市の変貌は，「**開発**」と「**再開発**」という2つの顔を持つ．都市の外延に工場，オフィスビル，住宅が建設され，瞬く間に市街地となり，都市に飲み込まれていく局面はまさしく「開発」と呼ばれるにふさわしい．しかし，すでに市街地であった空間にある古い建物が撤去され，現代的なオフィスビル，高層マンション，高速道路などが建設されていく局面は「再開発」である．

一般に，再開発で問題になるのは，空間のデザインやプランニングもさることながら，そこにすでに住んで生活している人々の合意をどのように取りつけて事業を進めていくかということである．中国は社会主義国家であり，土地は国有である．政府が再開発を行うという強い意志を持てば，住民は政府の方針に従うしかない，というのが一般的な見方であろう．では，実際はどうなのか．上海の事例で見ていこう．

上海において，1980年代以降都市再生は市政府にとって重要な都市発展のための戦略であったが，政府が一定の空間すべての開発権限をデベロッパーに丸投げするような開発方式であった．そのような開発方式の下では，開発予定地域に以前から住んでいた人々はわずかな補償で追い出され，高級高層マンションが建設される．再開発後，家賃は高騰するので，元からの住民には手が出ない．結局，再開発が終わった後に高級マンションに居住するのは，経営者や芸術家など金銭的成功をおさめた上海の上流階層にならざるをえない．このような都市再開発は，都市社会の中に分断化状況を作り出す．

たとえば，上海市の都心に近い「新天地」は行政から土地利用権を譲渡されたデベロッパー主導の大規模再開発の対象地であり，石庫門と呼ばれる歴史的様式の建造物の外観が数ブロック分保存され，内部は洒落たレストランやブティックに改装された．他の地域はすべて取り壊され，高級マンション群が建設された．

2001年に再開発が終わった新天地は，一躍上海随一のトレンディ・スポットとなり，多くの外国人や旅行者，裕福な市民で賑わっている．しかし，元々ここに住んでいた住民は，わずかな補償金で立ち退きを強制された．高級マンション群に住むのは，そこを購入する経済力を持った上海の上流階層の人々である．

新天地再開発の事例は，街区が新しい市民のニーズに沿った快適な都市空間に生まれ変わったという点では評価できるが，そこに住んでいた住民の合意や満足度という観点からは，大きな問題があったと診断できるだろう．

それに対して，新天地と同じく盧湾区に位置する田子坊における都市再生は，複数の民間主体の自発的な参加によって，行政と協調する道を模索しながら実現された．田子坊の事例は，社会主義市場経済体制のもとで例外的に実現された住民主導の都市再生事業である．

「田子坊」は，3 ha の広さの空間に石庫門様式の家屋が密集していた地域である．90年代後半，新天地と同じようなデベロッパー主導型の再開発の計画が持ち上がった．しかしこの地区のリーダーはそれを承服せず，別の再生モデルを模索した．街再生のコンセプトとなったのが歴史的建造物の保存と**創造産業**（Creative Industry）の育成である．具体的には，古い建物を改造して，文化人のアトリエをつくる．それが市民をこの街に惹きつける．この街を訪れた市民向けに，昔からの集合住宅を外観だけ保存して内部を改装し，レストランやブティックなどのテナントを導入する．しかし文化的な雰囲気を壊すような店は作らせない．このようなエリアマネジメントの手法によって，田子坊は短期間のうちに，エキゾチックな雰囲気が漂う人気スポットとなった．外国人，旅行者，普段着の市民がリラックスして散策している．元からの住民は立ち退きを強制されていない．歴史的町並保全と住民の利益を共存させている．

田子坊再生の成功の要因は何だろうか．第一に，石庫門と呼ばれる歴史的建築様式の保全を中核とした街再生のコンセプトが広く文化人・メディア関係者の共感を呼び，支持を受け，創造階級（Creative Class）と創造産業の集積をもたらしたことである．田子坊はいまや上海独自の「海派文化[1]」発信の中心地である．

---

1) 18世紀半ば以降，中国において上海は海外への窓口として発展した．そこに育った独特の文化を「海派文化」という．開放性・先進性・市民性が特徴である．それに対してドメスティック・保守性・政治志向という特徴を持つ北京の文化は「京派文化」と呼ばれる．

第二に，田子坊にもともと居住する住民を含む多種類の利害関係者に利益を分配する革新的な事業運営モデルが形成され，複数の主体の間に協働関係が樹立されたことである．田子坊は，新天地とは異なり，住民の生活を犠牲にせず，むしろ向上させる方式を生み出した．第三に，行政が策定した計画に沿った都市再生ではなく，市場メカニズムを利用した革新的マネジメントによる都市再生だったことである．田子坊を訪れる消費者のニーズを常に意識したマネジメントを首尾一貫して臨機応変に行ったことが，継続的な再生事業の成功を導いた．

この3つの要因が田子坊の都市再生を成功させ，そしてその成功によって，スクラップアンドビルド型ではない，民間と行政が協働しながら，文化で成長をコントロールするという新しい都市再生モデルを現代中国都市社会に生み出したのである．もともと住んでいた住民の思いを尊重し，しかも市民のニーズにあった都市の再開発を進める田子坊型再開発は，中国における都市再開発のあり方としてひとつの処方箋を提示したものといえるだろう．

(b) 長江デルタ地域における都市化に伴う富栄養化問題の診断と処方箋

都市化とは，ヒト，モノ，カネが都市部に集中する過程であり，人々の生産と生活様式が農村型から都市型へと変化する過程でもある．その過程で地域の水や窒素などの物質循環のバランスが崩れ，環境に大きな影響をもたらす．

たとえば，かつて肥料として使われていた人間排泄物は水洗トイレの普及により下水道へ流されるようになる．したがって，下水を集中的に処理することが重要となるが，多くの発展途上国では下水処理施設の未整備や処理能力が不足している地域が多く，大部分の生活用水は処理されずに直接河川へ放出されており，人間の排泄物に多く含まれている窒素やリンは河川・湖沼・海洋の**富栄養化**を引き起こす原因となる．

富栄養化とは，本来は数千年という時間をかけて進む湖沼の一生で起きる遷移過程（湖沼→湿原）を表す陸水学の用語である．だが，この数十年は，人間活動の増大とともに，富栄養化は広範囲でしかも急速に進み，地域的問題から地球環境問題としての性質を持つに至っている．

このような人為的富栄養化とは，(1)海・湖沼・ダム湖・河川など閉鎖性水域に生活排水，工場排水，農業肥料などが流入し，水域の自浄能力を超える窒素，リンなどの栄養塩類が流れ込む，(2)水温や日射量など物理条件が揃う時，栄養塩類

を栄養素とするプランクトンが異常に増殖する，(3)その異常増殖によって，淡水では水の華，アオコ，海水では赤潮，青潮などが発生する，といった一連の現象である．

長江デルタ地域に位置する太湖では，1980年代後半から著しく水質汚染が進行し，2007年5月下旬から6月上旬にかけては富栄養化の進行によるアオコ（シアノバクテリアを主体とする微細藻類）の異常増殖によって上水供給停止などの障害が発生した．さらに，近年その影響は海にまで拡大し，長江希釈水影響下の東シナ海での海水中の溶存無機態窒素濃度は1971年から2001年にかけて，0.25 $\mu mol/L$ のベースで増加している（Siswanto et al. 2008）．東シナ海では赤潮発生頻度が1980年代から1990年代にかけて約4倍に増加し，さらに赤潮形成種が珪藻から渦鞭毛藻に遷移し，東シナ海生態系に変調が生じつつあることが報告されている（越川他 2009）．今後も長江からの栄養塩の流入量の増加が見込まれ，有効な手立てを打たなければ近い将来日本・韓国沿岸にも被害が及ぶと考えられる（Chen et al. 2003）．

長江デルタ地域の富栄養化問題を診断するため，私たちは農業を含む産業構造の変化および人々の生活スタイルの変化について，現地調査を行った．

この地域は都市面積の拡大に伴い，農地面積や農業生産構造が大きく変化した．1990-2005年の都市面積の増加分の約7割は水田からの土地利用変化によるものである．これにより水田面積は減少したものの，農業機械と化学肥料の活用による集中型農業生産が拡大され，長江デルタ地域の穀物（米）総生産量は減っていない．高付加価値の温室野菜や果実栽培や養殖池が増加し，一次生産よりも肉類などの二次生産が重視されるようになった．家畜飼養の形態も各家庭で飼養されていた豚や鶏や水牛は大規模な畜舎飼養へと変わっている．

また上海などの大都市では，低付加価値の米の需要は減少する傾向にあり，他地域から移入した米の消費が多くなっている．たとえば，上海市では中国東北産の米がよく売られている．上海農村地域で生産された米は食用から地酒生産用へと変化している．さらに，住まいと農地の分離や農村労働者の高齢化による労働力の不足などにより，地域内の人間や家畜の排泄物などの有機物資源の循環利用が減少し，化学肥料に強く依存するようになった．

都市部でも農村部でも，食生活は量的にも質的にも大きく変化した．たとえば，朝食は以前の「粥＋漬物」から「牛乳＋パン＋ハム」へと変化し，米や豚肉など

伝統食物の消費量が減少する一方で，小麦粉や牛肉やミルクなどの消費量が急激に増加している．食物消費構造は特に郊外・農村地域において大きく変化し，動物性タンパク質食品の比率が上昇して今後も増加する傾向にある．また，2000年以降，家庭での食物消費量が大きく減少したことがわかる．聞き取り調査のデータから分析すると，都市地域での減少は主に中食（加工食品）と外食（特に昼食）の増加によるものであり，農村地域では主に近代化農業の普及進展により労働量が減り，食物摂取量も減ったことによるものである．

各地域の人間排泄物の排出ルートを調べたところ，水洗トイレはすべての地域に普及していた．都市地域では都市下水システムの普及により，ほとんどの人間排泄物が，肥料として利用されずに下水システムに流されていた．その一方で，農村地域では，一部の地域で分散型下水処理施設が設けられているものの，7割以上の人間排泄物が腐敗槽や肥料貯留などによって肥料として農地（主に住まいの近くにある野菜畑）に戻されているか，そのまま垂れ流されるかになっている．

上海市では主要交通手段としてバイクと自家用車の数の増加が著しい．バイクの数は90年代後半から急速に増加し，2005年頃に頭打ちとなった．一方，自家用車は2000年以降直線的に急激に増加し，2000年の約7万台から2010年には104万台に達している．

私たちは都市を1つのエコシステムとして捉えて，急速な都市化に伴う人々の生活スタイルおよび生産スタイルの変化がどのように地域の窒素循環や水・土壌環境に影響を及ぼしているかを解明し，物質循環の視点から富栄養化問題の診断・予防的治療をめざした．巨大都市である上海市を一例として，窒素バランスモデル（図5.3.3）や産業連関分析や現地調査，統計解析などの学際的アプローチによって，農業活動，工業部門，家計消費から水域へ流出する窒素負荷量の時系列変化を推定したところ，以下のことがわかった．

1) 農地や農作の減少（域外へのシフト）によって化学肥料由来の河川への窒素負荷が減少している．
2) 自動車の増加により，排出するNO_xも増加した．その結果大気からの窒素沈降量が増加し，地域窒素負荷源が化学肥料から大気沈降へシフトした．
3) 製造業からサービス業への産業構造の変化，工場排水処理技術の改良および工場の外部への移転により，第二次産業からの廃水による窒素負荷は2000年以降劇的に減少した．

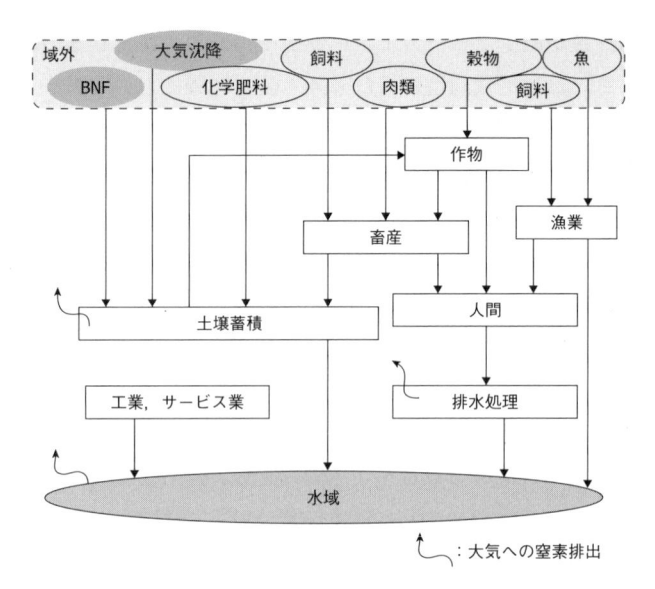

図 5.3.3 上海市窒素バランスモデル

4) 農地からの窒素流出量が減少した反面，地表面や河道がコンクリートなど人工被覆で不浸透化したことによって，雨水中および屋根・道路・地表に蓄積された窒素は排水路，下水道（雨水の排水管）や地下水を通って流下し，都市域から水域への窒素流出量が増加した．

5) 1980年には上海で生産された肉類や魚は同地域の消費量より多く，一部は域外へ移出されていたが，2008年になると域外から移入するようになった．

留意すべき点は，汚染の深刻な工業（製紙業，化学工業など）は周辺の中小都市や農村へ移転し，また，第二次産業だけではなく，食料も地元で生産せずに，外から移入するようになりつつあることで，つまり窒素負荷が大都市から中小都市や農村へと転移するようになっていることである．

上海市政府は1980年代半ばから水質改善に向けてさまざまな取り組みを行い，それが功を奏した地域もある．しかし，2011年11月に長江デルタ地域において水質調査を行ったところ，24か所の内14か所が生活飲用水はおろか工業用水，農業用水としても利用できないレベルを意味する劣V類であり，人口集中地域の小河川の水質は9割以上が劣V類となっていることがわかった．

統計年鑑によると，1995年以降，生活排水は工業排水を上回り，2005年には

総排水量の75％を占めている．したがって，上海市の水汚染は「工業汚染」から人口集中・大量消費に基づいた「都市型・生活型汚染」へ変化している．

しかし，私たちが2009年上海市で行った現地調査の際，何を富栄養化の原因と考えるかを一般市民に尋ねたところ，上海市都市部では「工場排水」と答えた人が7割以上，農村地域では「肥料や農薬の過剰使用」と答えた人が5割弱であった．つまり，富栄養化を引き起こす原因や発生源に対する一般住民の認識はまったく不足しているように見える．今後，このような事実を一般住民に正しく伝え，認識してもらうことが必要であろう．

一般的に認識されていないが，人々の衣・食・住・移動のすべては窒素循環と密接な関係がある．たとえば，(1)私たちの食生活は窒素やリンの循環に大きな影響を与えている（劉 2013）．生活の向上に伴って畜産物の消費量が増加し，人間の排泄物に含まれる窒素，リン含有量は増加する．また，肉類生産の増大は穀物飼料の生産増や家畜排泄物の増加を通して，環境への窒素・リン負荷量を増加させる．したがって，同じタンパク質の量を摂取する場合は，肉食は素食より環境への窒素負荷量が5倍ほど高い．(2)食生活のみではなく，衣料のセーター，ぬいぐるみ玩具，家庭インテリアなどに使われている合成繊維（ナイロンやアクリルなど）は窒素を含む高分子化合物である．(3)自動車やトラックなど交通手段の普及は前述したように大気沈降により陸上の窒素負荷源になる．したがって，私たちの日々の活動自体が環境負荷を増加させるもっとも重大な要因となっている．

これまで上海市政府は積極的にトップダウン式の大胆な水質汚染「治療」を数多く実施してきたが，一部の水域では水質改善が見られたものの，湖では水の華やアオコが，東シナ海では赤潮や大型クラゲが依然頻繁に発生している．グローバルな水・大気の循環によって，中国国内のみではなく，より一層広域化した環境問題が発生する可能性が示唆されている．

これらのことにより，この地域の新たな環境対策としては，
(1) 総合型流域管理：下流の工場を上流に移動させるといった小手先の対応ではなく，流域全体にわたって負荷低減をはかる．
(2) 都市・農村の連携：都市で発生した有機廃棄物を農村での農業肥料として活用するなど．
(3) 郊外・農村地域の「循環型社会」の形成：下水処理設備の普及，ゴミ処理体制の確立など．

(4) 都市中心地域の点源汚染の改善：下水処理に窒素・リンの高度除去処理技術の導入など．
(5) 正しい情報の伝達：水質汚染の実態やその原因，人々の暮らしとの関係などをわかりやすく周知．
(6) 市民参加による「低環境負荷社会」の形成：トップダウンだけでなくボトムアップの政策立案と市民参加型の実践．
(7) 国際的枠組みへの参加：東シナ海の水質汚濁問題の解決など，周辺諸国との連携．

などが，現状に基づいた処方箋になると考えられる．

(c) 中国農村部における廃棄物に関する診断と処方箋

　中国では，先に開発の対象とされていたのは，都市部であったが，近代化に遅れていた農村部も産業振興やインフラ整備のため，開発が急がれている．農村部は地理的にのみならず，経済的，政治的，文化的にも都市の周辺に位置づけられているため，都市が便利でモダンである一方，田舎は立ち遅れで「ダサい」ものと思われがちである．近代化のインパクトにさらされるままの農村部では，伝統的な耕作などに基づくライフスタイルが近代化の波に飲み込まれていったのである．

　こうした農村部が抱える問題を診断するために2012年8月，吉林省東豊県の農村地域での聞き取り調査を行った．それによれば，生活ゴミのみならず，鶏や牛，豚などの畜産の振興で，近年，大量に排出される動物の排泄物が問題となっている．訪問先では，飼育場所は自宅の庭であることがほとんどで，大量のハエを惹きつけ，また未処理のまま放置された糞の匂いで近隣トラブルが絶えない．自宅の周辺で放置しきれない動物の排泄物が道端や畑の周辺で堆積し，寄生虫の温床となり，雨水で流出し畑を汚染して農作物の枯死を引き起こしている．

　もともと，伝統的な耕作はこれらの排泄物を有機肥料として使い，農作物を養い，しだいに土地の栄養分へと変化させていく．つまり，本来，人間・動物の糞→農作物・土地→食料→人間・動物というサイクルで無駄なく農作と生計が営まれていた．しかし，こうした循環の哲学が近代化の波に飲み込まれ，むしろ化学肥料が便利で清潔なもので，科学の結晶であり，進歩の象徴であるとポジティブに捉えられている．こうした近代的な農作業の中で排泄物の持つ伝統的な機能を

失ったことに，近代化を無防備に受け入れる人々の姿勢が如実に現れていると考えられる．さらに，当の村では，若者がほとんど出稼ぎで隣の長春市に行き，農繁期の時のみ戻ってくる．限られた時間内で本来，化学肥料を何回かに分けて施すはずだったのが，一度にまとめて土の中に埋めてしまうことが多く，しかも上限分量を超えることがしばしばである．都市部との格差を埋めるため，農民が出稼ぎに出なければならないという現象は，農村・農民が都市を中心とする社会構造の周辺に位置づけられていることを改めて浮き彫りにしたが，一方では，その原因は土地の肥沃度が衰退したことにもある．東北部は，肥沃な「黒土地」と呼ばれ，食糧生産量の1/5を占めるほどの全国有数の食糧生産基地である．しかし，化学肥料や農薬の使用によって過去50年間，「黒土」は50％が失われ（2012年6月12日付「経済参考報」），過去20年間，土地の有機物含有量が年平均10％以上減少している（2005年3月4日付「中国環境報」）．これに伴い食糧生産量が減少し，さらにその分を補塡するため化学肥料がより多く使われるという悪循環が起きている．

　廃棄物問題の解決などの公共事業の実施に向けて，村民の自立的な参画を促すためには，これまで中国で行われていたような強制動員は既に時代錯誤ととらえられており機能しない．また一連の農村改革によって行政の権威も揺らいできた．従って，教育的手立てが，もはや唯一の処方箋として機能しうると考えられよう．

　しかしながら，中国は1970年代前半から，学校における環境教育を開始したが，今日の状況と照らしてみれば，十分に成果があったとはいえず，むしろ学校教育の限界が露呈したといえる．そのため，村民に対するインフォーマルな教育形態である生涯学習の推進が必要である．吉林省東豊県の村でのフィールド調査によれば，それぞれの村には文化活動室や学習室，図書室などの施設が設置されている．また，ヒアリングによって，ゴミ問題や動物の排泄物の問題に対して，村民たちの関心が高いことも明らかになった．つまり，一見，ゴミの散乱について村民たちは無関心のように思われるが，実際には，彼ら・彼女らの問題関心は高く，また，問題解決の意欲やエネルギーがあると思われる．そのエネルギーを，どのように引き出すかは，教育の仕事である．教育とは，既知者が未知者への教化（Indoctrination）を行うことではなく，学習者への支援である．つまり，村行政には，村民の調査学習する時空間を確保し，専門家やNGOの助けを借りて，息の長い教育実践活動を推進していくことが求められる．その中では，学習をめ

ぐる各アクター，すなわち村民，村幹部，専門家やNGOなどが，ゴミのリサイクルや有機肥料の使用といったメリットを相互扶助しながら学ぶことによって，村民が自立的に村の公共事業へ参加する契機となりうる．

　また，学習内容については，近代科学を基本とする知識体系の再検討をすべきである．つまり，自然との「対決」を根底的に持つ西欧型の近代科学は，今日まで自然を「支配」し，「征服」してきた．しかし，近代以前には，多様な文明があり，自然との付き合い方は必ずしも「対決」的なものではなかった．それぞれの地域では，かつて自然とどのように付き合い，どんな環境的な智恵が育まれていたのか．近代科学を導入した各地域の文化的土壌の中にも，古くから培われてきたものが存在しているに違いない．従って，村民たちの学習を支援する際に，廃棄物の処理技術についての学習は当然必要であるが，さらに学習内容の充実に向けて，地域に根ざした人々の思想の根底にある伝統文化を吸収することによって，近代社会を超える新しい地平が出現するだろう．

　では，環境教育における最も基本的な目標はなんであろうか．それは，人が社会生活を送るために必要な力が基本的な読み書きや計算であるように，人が環境問題を理解し，行動するために必要な，基本的な知識・能力である（北村 2000）．つまり，環境リテラシーの育成と普及である．だが，環境知識の学習はあくまで環境教育の一部分に過ぎず，実践活動を取り入れることによって環境教育がはじめて完成される．これは環境教育の原則ともいえるものであり，したがって，村民の環境学習は村の環境管理という側面と，全員参加というアプローチを重視するプログラムでなければならない．個人レベルにおいて，たとえば廃棄物を処理する場合，自分はどうすれば環境によいかという出発点から環境問題をめぐる思索が始まる．個人的経験と結びついた学習プログラムは，村民にとって，家の周辺という最も身近な場所を利用することができる．このような学習は，抽象的な知識を学習するより，村民の環境への関心と解決意欲をより容易に喚起できる．活動の主体としての村民は，村落の環境管理への評価と是正を通してそれまでの問題意識がより強くなり，問題解決の手法を改善することで新しい問題を未然に防止する力が育まれるであろう．こうして，近代化への無防備によってもたらされるインパクトも徐々に学習の射程に内包され，悪化の一途をたどる環境問題もやがて転機を迎えるのではなかろうか．

5.3.3 マクロな処方箋——市民参加による管理された成長

以上，3つの事例を概観した上で，中国の都市化に対するマクロな処方箋を考察しよう．現在の中国社会の環境問題や都市再開発問題への対応は，新たな段階にさしかかろうとしていると考えられる．中国は建国以来，指導者が人民を指導するという**トップダウン政策**によって，国づくりをしてきた．改革開放政策もトップダウンであるし，その中での都市開発や環境問題への対応もわずかな例外を除けばトップダウン政策である．それによって，相当な成果をあげてきたといえるだろう．都市開発においては，いずれの都市においてもすぐれた総合的・体系的な都市計画を行っている．どの都市に行っても，都市計画を住民に示す巨大な模型展示がある．トップダウン政策によって都市計画とそれに基づく都市開発を行うことができるという意味では，中国は都市開発の1つの理念型を提供している．日本のように土地の私有権が強いと，行政がつくる都市計画は規制や税制を通じたさまざまな間接的な誘導措置によって実現する他ない．それに比べて中国では，行政による直接的な都市計画，都市開発・再開発が可能となっている．上海の新天地の再開発はそのような成功事例の1つといえるだろう．

都市化に伴って発生するさまざまな環境問題への対応においても，地方政府による太湖周辺における水質汚染対策に見られるように，トップダウンの総合的・体系的な対策がとられている．経済成長によって収入が激増した行政が，潤沢な予算を投じて環境対策を行っている．それによって集中的に政策が実施された所では水質が相当に改善するという目に見える成果が表れている．

このような成功事例を日本の経済成長の歴史に照らしあわせて解釈するならば，理念的には「規制なき成長」から「コントロールされた成長」へのシフトといえるだろう．例えば日本の高度経済成長時代に出現した激甚公害の1つである四日市の大気汚染に対して，70年代に入り総量規制とともに，政府の財政的支援のもとで工場の排煙設備に対して脱硫装置の導入が一気に進んだ．その結果としてぜんそく患者の発生は劇的に減少したという歴史がある．中国の場合は，中央集権的な社会制度と経済規模の巨大さから，そのようなトップダウン型の成長のコントロールがより徹底した形で行われているといえるだろう．なお中国というと，たとえば2013年冬には北京などでPM2.5による大気汚染が深刻になったことから，一般には排出源のコントロールがいまだにできていないという印象を持たれ

がちである．しかし，現実には2000年代に入った頃から硫黄酸化物排出量が大幅に増加したのを受けて，環境基準が厳しく設定されるなどさまざまな政策がトップダウン式に打ち出されている[2]．

一方で，私たちのORTおよび臨床環境学的な研究の1つの成果として，トップダウン政策の限界が見えてきたともいえる．トップダウン政策は，政策資源を狭い範囲に集中的に投入し，そのことによってひとつの先進モデルをつくるというスタイルになることが多い．したがって，政策対象になったモデル地区では目に見えて成果が上がるけれども，それ以外の地区では何も変化がない，もしくは状況は悪くなる，ということになり，モデル地区とそれ以外の地区の格差が広がることになる．先進モデルは政策資源の集中投入なしには実現できないとすれば，他地区の模範にはなりえない，ということである．

またトップダウン政策は，そこに住む住民の利害に真っ向から対立する場合でも，強引に実行される．上海の都市再開発でも，太湖周辺の水質汚染対策でも，住民の立ち退きが強いられている．ORT活動の中では，南京市の農村地域の都市開発に際して，立ち退きに反対する住民が困惑している状況を知った．そこに住む住民の犠牲を払って実現される成果でよいのだろうか．今日では，このような状況に対し，これまでは指導される一方だった住民が，抗議行動を起こしたり，そのことがマスメディアによって報道されて行政を動かしたりする状況も部分的には生まれてきた．その背景には，トップダウン政策に付随するさまざまな不正と不公正の問題がある．都市開発において，その実現を担うデベロッパーなど利益を得る民間企業には，共産党の幹部とのつながりの強い人物がいるということは市民の間でよく話されていることがらである．社会全体として豊かになりつつも，経済的な格差はむしろ拡大している状況の中で，このような不正と不公正に対する市民の不満は高まっているといえるだろう．

このような段階において，次の処方箋を提示するならば，それは**市民参加**による政策課題の達成をめざすということになろう．上海の田子坊地区においてはそ

---

2) 2005年頃から技術移転の成功によって中国の石炭火力発電所に排煙脱硫装置が多数設置されることとなり，その後は硫黄酸化物排出量が減少するとともに，エアロゾルによる大気汚染も減少傾向にあったことが衛星観測などから確認されている．たまたま2013年冬はシベリア高気圧が弱く風が弱まったことにより，汚染源排出量が変化しなくてもエアロゾルが高濃度になりえたことが，気象モデル研究から明らかにされている．

こに住む住民の利益を守りつつ，住民が参加する形で都市再開発を成功させた．これは中国における都市再開発の新しい先進モデルとなりつつあり，このスタイルならば，他の地区，都市において模範となりうるだろう．

水質汚染問題においては，相当な政策資源を投入したとしても，点で行う水質対策では間に合わず，全体的には汚染状況を改善することはできないし，むしろ汚染の広域化が進んでいるということが明らかになってきた．農村の家畜糞やごみの処理についても，住民一人ひとりの意識が変化し，有機農業の進展や，都市と農村との間で有機廃棄物を循環するような住民主体の動きがなければ，状況は改善しないと考えられる．

日本においては，1970年代の公害対策に見られるトップダウン政策の時代から，1980年代後半以降の市民参加，市民主導の環境対策やまちづくりの時代に変化してきた．中部地方では，長良川河口堰建設問題，藤前干潟廃棄物処分場建設問題，愛知万博会場開発問題などにおいて，環境問題への取り組みについての市民参加の新たな形がたちあらわれてきた．これは困難な状況の中で，ねばり強く運動を続けていった市民たちの努力の賜物といえよう．

中国において政策課題への市民参加は，特別に困難な問題をかかえている．共産党一党支配のもとでは，トップダウン政策以外の方法論はなじまないと考えられてきたからである．市民参加は国の屋台骨を揺るがすことになりかねず，政府としては慎重にならざるを得ないだろう．

それでも，日本の経験は中国においても参考になるものと思われる．日本の市民参加の進展との比較において，中国型の市民参加のあり方を探求することは，今後の中国における臨床環境学の重要課題といえるだろう．この点に関して，私たちがORTの中で連携してきた中国の研究者たちは大きな関心を寄せている．日本からの臨床環境学的な研究／実践が中国の環境問題の解決のために貢献できるところであろう．今後のさらなる対話と連携が求められている．

参考文献

北村和夫（2000）：『環境教育と学校の変革』，農山漁村文化協会．
越川海・東博紀・河地正伸・長谷川徹・岡村和麿・清本容子（2009）：初夏の東シナ海陸棚域における渦鞭毛藻の優占的出現．2009年度日本海洋学会春季大会．
徐春陽（2011）：現代中国における市民主導型都市再生——田子坊の歴史的文化資源の活用．

西山八重子編『分断社会と都市ガバナンス』, 日本経済評論社.
徐春陽・黒田由彦 (2009):現代中国の都市再開発最前線――上海の事例から.『地域開発』, 534号, 71-76.
劉晨 (2013):上海市における食生活が水土壌環境に及ぼす窒素・リン負荷量の推定. 環境科学会誌, 26(5), 印刷中.
Chen, C., Zhu, J., Beardsley, R. C., et al. (2003): Physical-biological Sources for Dense Algal Blooms near the Changjiang River. *Geophysical Research Letters*, 30 (10), 1515, doi: 10.1029/2002GL016391.
Siswanto, E., Nakata, H., Matsuoka, Y., Tanaka, K. & Kiyomoto, Y. (2008): The Long-term Freshening and Nutrient Increases in Summer Surface Water in the Northern East China Sea in Relation to Changjiang Discharge Variation. *J. Geophys. Res.*, 113 : C10030.

5.4

ラオスの森林をめぐる臨床環境学

5.4.1　ラオスの発展と天然資源

　インドシナ半島の中央部に位置するラオスは，四方を中国，ベトナム，タイ，カンボジア，ミャンマーに囲まれた内陸国であり，国連の指標によると「後発」に分類される開発途上国である．約650万人が暮らす国土は，面積が日本の本州とほぼ等しく，約8割を山地が占め，西側にはメコン川が流れ，中部から南部にかけて平地が広がっている．国民の生活は農業に強く依存し，平地では水田水稲作，山地の斜面では焼畑陸稲作を柱に，林産物採取や漁撈など，多様な資源利用を組み合わせた自給自足的な暮らしが営まれてきた（横山・落合 2008；野中 2008）．

　一方，1980年代からラオス政府は本格的に市場経済化に取り組み，近年では，政治的・経済的にも脚光を浴びるようになっている．東南アジア大陸部の中心に位置することから，周辺諸国を結ぶ交通インフラや，首都ビエンチャンの都市インフラの整備が，諸外国の援助によって急速に進められている．

　2020年までに後発開発途上国からの脱却をめざし開発に取り組むラオスだが，他方で，環境問題や格差の拡大が懸念されている．深刻な公害や環境破壊を経験した先進国の轍を踏むことなく，開発と環境を調和させた持続可能な発展が実現できるだろうか．

　持続可能な発展という点からいえば，ラオスが国際社会から後押しを受けた時間はまだそれほど長くない．19世紀末からのフランスによる植民地支配，第二次世界大戦後の抗仏戦争と独立をめぐる政治的混乱，ベトナム戦争など，多難な時代を経て社会主義国家が成立したのは1975年のことである．その後，ロシアやベトナム，中国といった他の社会主義国と同様に改革・開放路線に舵を切り，

1986 年に,「**チンタナカーン・マイ（新思考）**」政策を掲げて市場経済への移行を進めた.以後,ラオス人民革命党による一党独裁体制を堅持しながらも,隣国のタイやベトナムをはじめ,近年,関係拡大が目立つ中国などと,政治的イデオロギーを越えた多面的な外交を展開している（山田 2008）.同時に,国際機関や日本,西欧諸国などからも支援を受けながら国づくりを進めてきた.

慢性的な財政赤字や資本不足を補うものとして注目されているのが恵まれた天然資源である（Menon & Warr 2013）.近隣諸国の経済成長に伴う需要増大を背景に,電力の輸出は外貨獲得の重要な手段とみなされ,メコン川水系での電源開発が進められている.人口密度の低い国土も開発が期待される重要な資源であり,政府も各種制度の改革を通じて外国資本の誘致や商品作物の栽培などの促進を図ってきた.また,近年は,金や銅,ボーキサイトなどの鉱物資源の開発・輸出も急速に伸びている.とはいえ,豊富な資源の存在が,経済の一次産品への依存や汚職などを招き,均衡ある経済発展や健全な国家統治に必ずしもつながらない可能性にも注意を向ける必要がある（佐藤 2004）.これら天然資源の開発と保全が,ラオスの持続可能な発展のカギを握ると考えてよいだろう.

本節では,土地という汎用性の高い資源の供給源であり,また,多くの国民の生計ともかかわりが深い森林に焦点を絞り,今後のラオスの持続可能な発展について臨床環境学的に検討する.

5.4.2　森林問題をめぐる背景

規則的に雨季と乾季が訪れる熱帯モンスーン気候に属しているラオスには,熱帯モンスーン林（雨緑樹林）が広がっている（秋道 2007）.典型的な森林タイプは,乾季に落葉する落葉混交林と乾燥フタバガキ林であり,水条件のよいところでは常緑林となる.代表的な樹種であるフタバガキ科の樹木は用材の他に,樹脂が採取される.また,北部の山岳地域では標高 1000 m を境に,ブナ科やクスノキ科などが占める照葉樹林が広がるようになる.

森林をめぐる現在の状況におけるラオスと日本の根本的な違いは,ラオスでは森林が林産物の採取や狩猟の場であり,住民の生活環境の一部として機能している点である.他方で,ラオス政府にとっても,木材貿易が財政を支えていることから,森林は重要な資源である（松本・ハーシュ 2003）.また,ラオスの森林は

東南アジア諸国の中でも自然の宝庫である．したがって，今後の開発による森林減少は，住民生活から生物多様性までさまざまな観点での影響が懸念されている（北村 2003）．

森林減少の一因とみなされているのが人口増加に伴う焼畑地の拡大と休閑年数の短縮である．森林保全と貧困対策を課題に掲げる政府は，焼畑を旧態依然とした生業と捉え，平地への集落移転，土地・森林分配事業による焼畑の制限，常畑への切り替えと商品作物栽培を促進してきた（大矢 1998）．近年は，商品作物の栽培地を求める国外からの参入者も加わり，ゴム林の造成や，トウモロコシなどの作付面積の拡大といった土地利用の変化も報告されている．

森林をめぐる環境問題の「診断」には，自然生態学のみならず，文化生態学，歴史生態学，政治生態学は有効な視角である（市川 2003）．自然環境がその土地に住む人々との関係を超え，広く社会の中の利害関係に組み込まれている状況においては，その問題を統合的に分析することが不可欠である．また，貧困や開発の側面からの診断も，途上国の森林に関わる環境問題の理解には重要な知見を提供してくれる（石曽根・王・佐藤 2010）．たとえば，開発による森林伐採問題の診断には，伐採に伴う自然生態系の変化のみならず，地域社会への影響，さらにはその後行われる植林事業の背景にある国際的な枠組みの理解まで含める必要がある．このような統合的なアプローチにより，ラオスの森林を診断した事例を次に紹介する．

5.4.3　3つの地域における臨床環境学

私たちは，2010年から4年間，地理学や地域研究，農学を核に，大気科学や気象学，都市工学といった専門分野を加えたインターディシプリナリな構成で，合わせて4度の現地調査を，以下の3つの地域において実施した．調査には，ドライビング・アクター（DA）として期待される現地の研究機関や中央・地方行政組織の協力の下，母国の森林政策の将来を担うラオス人留学生を加え，トランスディシプリナリな構成で取り組んだ．また，調査村を再訪して研究成果を伝えるなど，継続的な「治療」「診断」プロセスを視野に入れた，住民との信頼関係の構築にも取り組んだ．

第一に，中部の平野に位置する村で，ユーカリ植林による所得機会の増加や生

物多様性への影響を評価した．第二に，焼畑農業を続ける北部の山村で，気象の変化や市場経済の浸透が伝統的な暮らしに与える影響を検討した．第三に，都市化の著しい首都近郊の農村で，土地・森林利用の変化を調べた．先進国で都市の緑化や里山の価値が議論されていることからも，中長期的な観点から，ラオスにおける森林開発と保全の関係を考察した．

　地域の自然に適応した伝統的な暮らしに，開発と環境，すなわち，近代化や都市化，気候変動とその対策の影響が，重なるように作用しているのが，今日のラオスが直面している変化の特徴だとまずは見立てることができる．以下，ラオス各地で実施した臨床環境学の取り組みを順に紹介する．

(a) ユーカリ植林をめぐる問題

①ラオスにおける植林事業の展開

　国連食糧農業機関（FAO）によれば，ラオスは1950年代から60-70％の森林率を維持しており，森林国と位置付けられ，開発の進む東南アジアの中では生物多様性の宝庫とされてきた．しかしながら豊かな森林の一部は，近年，チーク，ユーカリ，パラゴムノキ，アブラヤシといった有用樹種の一斉人工林へと変貌しつつあることも事実である．ラオスでは，北部地域における1990年代の小規模農家によるチーク植林，中南部における2000年ごろの援助機関によるユーカリ植林と，過去に2回の植林の波があり，そして現在は3回目の波として，外国企業による植林事業が全土的に繰り広げられている（百村 2008）．

　植林事業のグローバル化の背景のひとつとして，1997年の第3回気候変動枠組条約締約国会議で採択された温暖化防止に関する国際的な取り決め「京都議定書」が挙げられる．この議定書における**クリーン開発メカニズム**（CDM）は，先進国が開発途上国に技術・資金などの支援を行い，温室効果ガスの排出量の削減，あるいは吸収量の増加を行うことにより，その削減量あるいは吸収量の一部を先進国の温室効果ガス排出量の削減分の一部に充当することができる制度である．ラオスにおける植林事業の展開は，先進国にとってCDMの対象として魅力を持っているといえる．

　CDMとして植林事業が承認されるためには，植林対象地が「荒廃地」であることが条件である．焼畑の休閑林や二次林などは，見かけ上，「使われていない＝荒廃」状態であっても，その地域の住民にとっては林産物の宝庫であろう．に

もかかわらず，住民による評価が考慮されず，その判断基準が曖昧なまま，政府レベルで「荒廃地」の判定がなされているのが現状である．このような問題を抱えつつ，ラオスでは政府から認可を受けた外国企業による植林が進んでいるが，2013年の時点では，国連のCDM認証を受けた植林事業は存在しない．

②ユーカリ植林のインターディシプリナリな診断

ユーカリは，ポプラ，アカシアなどとともに，早生樹の代表的な樹種であり，植林してから5-15年で成熟するため，短い周期で伐採・収穫することができる．また，伐採された根株から萌芽更新する樹種であり，一度植栽したら伐採後も再植林せずに再度収穫可能であることから，植林樹種として有望視されている．ユーカリ材はその材質から，おもに，パルプや薪炭として利用されている．

一方，一般的に早生樹植林では，森林が単一樹種構成であることによって生じる生物多様性の低下，早い成長を支える活発な光合成活性に伴う蒸散作用がもたらす地下水位の低下，短伐期で収穫されることによる窒素・リンなどの樹木の成長に必要な養分の減少などが懸念されている．

しかしながらこれらの早生樹植林で懸念される問題は，植林前の状態と比較しなければ，その影響を評価することはできない．植林事業が許可された「荒廃地」の住民にとっての植林対象地の価値は，その時の村の状態によって大きく異なることが予想され，まさに臨床環境学的に現地を診断して評価する必要がある．

その一例として，ユーカリ植林が行われているラオス中部のボリカムサイ県P村の事例を紹介する．P村では，2008年から外国企業とラオス政府の合弁会社によるユーカリ植林が行われている．政府から認可を受けた企業は，村に対して植林地ヘクタールあたり50ドルを支払い，また森林の造成・維持管理のために村人を雇用する．これらは村人にとって非常に魅力的な現金収入源とされる．

P村ではかつて二次林だったところにユーカリ植林がされており，植林による影響を評価するには，現存する二次林とユーカリ人工林を比較すればよい．二次林とユーカリ人工林における植生調査の結果から，Shannonの生物多様性指数[1]を用いて植物の多様性を比較すると，図5.4.1のような結果になり（Umemura et al. 2012），ユーカリ植林が生物多様性低下を引き起こすことは明らかである．し

---

1) $H' = -\sum_{i=1}^{S} P_i \log_2 P_i$ で定義される．ただし S は種数，P_i は i 番目の種の個体数が全個体数に占める割合．S が多く，各種が均等な割合で近く分布するほど高い数値となる．

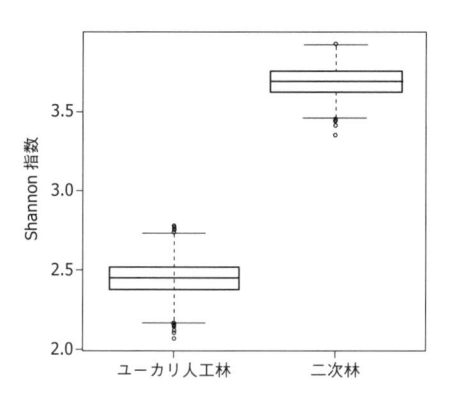

図 5.4.1 P 村のユーカリ人工林と二次林における木本植物の多様性の Shannon 指数を用いた比較

かしながら，村人が利用する林産物の種類と量を比較すると，必ずしもユーカリ人工林が悪いとはいえない（図 5.4.2）．人工林において，果実や葉を食用とする植物は，明らかに種数・量ともに低下しているが，薬用植物は種数・量ともに増加している．また，宗教行事用植物や殺虫効果のある植物，家畜の飼料用など「その他」に分類される林産物は，人工林において種数は減少しているものの，量的には増加している．ただし，この調査結果は植物に限られているため，魚や鳥など野生動物も含めて生態系として評価する必要がある．

　森林の価値を評価するには，林産物の利用に関する在来知の継承も重要な問題である．P 村の例では，すでに薬用植物の専門家である薬剤師がいなくなっていることから，ユーカリ植林地における薬用植物の種数・量の増加というプラスの効果が見えにくくなっている．有用植物，特に薬用となる植物の見分け方，利用方法などに関する知識が若い世代に継承されていかなければ，将来にわたってこれらの植物の収穫場としての森林の価値を評価することができなくなる．

　調査により，P 村では二次林・人工林を問わず林産資源に影響を与える要因がいくつか見出された．外来植物ヒマワリヒヨドリ（*Chromolaena odorata*）は，中

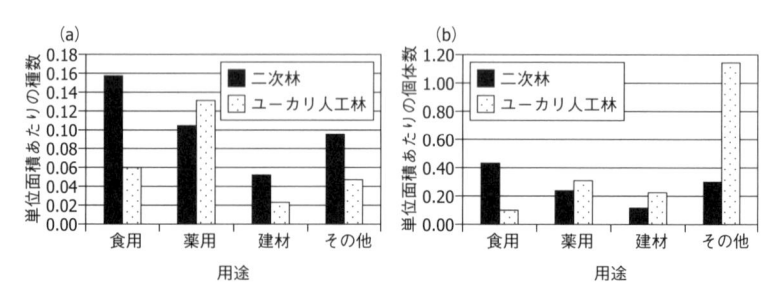

図 5.4.2 P 村のユーカリ林と二次林から採取される林産物の用途別の種数（a）と個体数（b）

南米を原産地とする植物で，日本でも要注意外来生物に指定されており，その旺盛な繁殖力とアレロパシー作用[2]から，在来植物に与える影響が大きい植物である．この植物が林内に侵入していることが明らかとなった．また，家畜の放牧も林産資源には脅威となる．放牧されている牛は，二次林のみならずユーカリ人工林内にも侵入して採餌行動をとっており，植生の現状はその影響もあると推測される．

P村においては，森林植生に関わる調査のみならず，インターディシプリナリな視点でさまざまな調査をおこなっている．その中で，村人の家計を支える収入の調査を行った．その結果，この村では，畜産による収入が60％程度と最も高く，工芸品（織物）製作，米，漁業による収入がそれに続き，人工林の維持管理で得る収入は全体の2％以下と非常に低く，また林産物による収入も1％程度と低いことが明らかとなった．したがって現時点ではユーカリ人工林を含む森林の存在は，村人にとってあまり重要な経済価値を持っていないということになる．しかしながら，P村のユーカリ人工林は，そろそろ初めての伐期を迎えるため，伐採による村への経済効果が現れたとき，村人の価値基準がどう変化するのかが，CO_2 吸収効果の評価と併せて，ユーカリ植林に関する今後の診断および治療における処方箋の要となるであろう．

(b) 北部農山村の多層的な森林利用と環境変化

①グローバリゼーションの中の北部農山村

ラオス北部は山地斜面が90％以上を占める山岳地帯である．地質学的には壮年期にあたる山地で，波打つ山が続くような景色が広がる（図5.4.3）．このような土地で人々は，山地斜面では**焼畑**，山間盆地では水田を営んで生活している．またこの地域は，多くの民族が共存する地域で，山間盆地には主にタイ系民族が多く分布し，山地では多様な少数民族がそれぞれ独自の文化・慣習を維持しながら生活を行っている．

長い間中央権力や大きな市場とは隔絶された地域であったが，内戦をきっかけとして輸送用の道路網が形成され，内戦終結後にそれを基にインフラの整備が進められてきた．さらに1986年の経済開放以降，市場経済がラオスの山奥まで影

---

[2] 植物が生産する化学物質が，周囲の植物や他の生物に何らかの作用を及ぼす現象．

図 5.4.3　ラオス北部の地形とパッチ上に広がる焼畑耕作地

図 5.4.4　ラオス北部に大々的に導入されているタイのトウモロコシの品種

響を及ぼすようになってきた．特に近年は中国，タイ，ベトナムなどの隣国からの投資も急速に増大し，山地部への影響はここ10年ほどで特に顕著である．20-30年ほど前までは，地域の生業はほとんど自給用の陸稲を生産する焼畑に依存しており，商品価値を持つ資源はわずかであったが，最近ではトウモロコシ（図5.4.4），バナナ，スイカ，ゴムをはじめとして商品作物が大々的に栽培，植林されるようになってきている．このような動きには，商品作物を焼畑地に栽培し常畑化を促進することで焼畑を安定化させ，やめさせようという政府の思惑も働いている．政府には2020年までに後開発途上国から脱却の方針があり，これまで自給用作物を生産し一地域内で交換を行ってきた焼畑地域を市場経済に乗せることで，山地部の生産活動を「経済活動」として組み込もうとしているのである．

このような社会情勢の下，具体的に現地にどのような変化が訪れているのであろうか．現地調査を実施したラオス北部のある農村を事例に臨床環境学的視点から考えてみたい．

②焼畑地のインターディシプリナリな診断

ここで事例として挙げるのは，ルアンパバン県北部にあるK村である．この村は，標高約1000mに位置し，伝統的に焼畑が行われてきた村である．この地域の焼畑ではモチ性の陸稲が主作物として栽培されており，雑穀やラッカセイなどさまざまな作物が混作されている．特にキュウリは陸稲について重要で，焼畑

地で栽培されたキュウリは味がいいと評判で，商品価値を持っている．焼畑地はほとんどの場合1年間作物を耕作した後，5-10年程度放棄される．放棄されたこの焼畑休閑林ではさまざまなものを採ることができる．現金収入源となるカルダモンの一種，ラタン，タケノコ，コンニャクなどが採取され，特にこの村では樹脂が香料の原料になるトンキンエゴノキが自生しており，現金収入源として重要である．イノシシ，野ネズミ，タケネズミなどの野生動物も頻繁に捕獲され売買される．また商品価値を持たないような日々の食材や日用品も周囲の自然から採取される．この地域では，焼畑が作り出す環境は，地域住民の生活の基本になっているのである[3]．

多民族が共存するラオス北部では，各民族はそれぞれの特技を生かし，近くに居住する別の民族と物や労働を交換しながら生活している．ここで事例として挙げているK村の民族であるカム族は，製材に熟練しており，周囲に居住するモン族やタイ系の民族の村に行き，森林の樹木を伐採，製材し，現金，米，製材した木材の一部を受け取る．こうした収入は，焼畑が不作の時に重要である．すなわち焼畑を行っている農村では，陸稲生産を中心におきながら多層的な森林・土地利用を行うとともに，時には民族間関係も利用しながら多様な生業活動が行われていることが特徴となっている．

このような特徴を持つK村で，2011年，焼畑ができないという事態が起きた．焼畑は通常，2月に伐採，その後乾燥させた後に4月中旬の雨季の始まりを待って火入れを行う．火入れの時期が早すぎると雑草が繁茂してしまう一方で，遅れると伐採した草木が湿って火がつかない．そのために，村人は雨季が始まる直前に，風が強く乾燥している日を選んで火入れを行う．しかしながら，2011年は，雨季が始まる時期を見誤り，火入れができなくなってしまったのである．その結果，村では大規模なコメ不足になってしまった．

このような問題が発生した原因について診断するために，私たちはまず，なぜ

---

[3] ラオス北部の焼畑を行っている村では，政府による土地分配事業がない場合には，村の土地は，焼畑耕作地を除いて通常は共有地である．しかしながら，この村はトンキンエゴノキが大昔から商品価値を持ってきたため，森林がそれぞれの家族の土地として分配されている．休閑林に自生するトンキンエゴノキは通常約7年目から2, 3年程度樹脂を産出する．そのため基本的には村人は，トンキンエゴノキが生えていない土地を平均5年程度，生えている土地を10年程度で回しながら焼畑を行ってきた．

村人が火入れ時期を見誤ってしまったのか，気候学的な検討を行った．その結果，この地域では，数十年単位で見ると，乾季の終わりから雨季の始まりの季節（3月から4月前半）の降水量はあまり変わらない一方で，標準偏差が大きくなっており，近年になればなるほど，降水量のばらつきが大きくなっていることがわかった．聞き取り調査では，村人は火入れの時期を待っているうちに，いつの間にか雨季が始まってしまった，また最近は雨季の始まりを予測するのが難しくなっていると証言が得られた．長期の気候の分析の結果とこの証言を合わせると，長期的な気候変動が，気候に大きく依存する生活を行ってきた人々に影響を及ぼし始めていることが可能性として考えられる．

また，聞き取り調査を行っていく中で，焼畑を行うときには全世帯が1か所で大規模に火入れを行っていること，このような焼畑のやり方に変えたのは2003年であるということが明らかになってきた．このような焼畑のやり方になったきっかけは2件の火事である．1件目は1999年に村の大半を焼き尽くした火事，2件目はある世帯の焼畑の火入れが延焼して隣村の集落を燃やした2002年の事件である．この結果，村の幹部で火をコントロールすべきという意識が生まれ，2003年以降1か所で焼畑を行うようになった．

すなわち，長期的な天候の影響によって，雨季の始まりの予測が難しくなってきたということ，そしてかつてはバラバラに行っていた焼畑を，2件の火事をきっかけに村人が1か所で大規模に行うようになったという2つの要因が重なり，2011年の火入れができないという事態が引き起こされたと診断される[4]．

③K村の分析からみる新しい視点

今回，K村の事例から明らかになったことで顕著な点は，グローバルな気候変動が具体的に地域の生業に影響を与え，ただでさえ不安定な山地斜面の生産活動のリスクを増大させている可能性を示唆できた点である．これまでの地域研究では，「総合的」，「学際的」な視点を取り込んできたものの主として現地で得られた情報を扱ってきた．一方で今回は，グローバル的な視野から分析を進める学問分野と協働したことで，広域で起こっていることが地域にとって無視できなくな

---

[4] 焼畑地で陸稲が生産できなかった問題に対し村人は，火入れができず雑草が繁茂する悪条件下の焼畑地およびすでに火入れを行っていたキュウリの焼畑地で陸稲を生産し，さらに足りない分は上記の製材や林産物，肉体労働に従事し補うことで，危機を乗り切る道を選んでいる．

っているという視点を新たに提供することができた．

　ラオス北部は現在，急激な社会変化，環境変化の真っただ中にある．変動するラオス北部の農村の将来のあり方を考えるとき，より総合的な観点から将来を構想していく必要がある．現場で起こっている問題に応じてさまざまな学術領域を有機的に結合していくことで，これまでとは異なる新しい角度からの地域情報の提供が可能になる．気候変動に限らずとも，近年急速にグローバル化する社会を分析するためには，世界経済やグローバル企業の動向，国際社会のパワーバランスなども分析の枠組みとして入れる必要も出てくるであろう．

(c) 都市化と近郊農村の自然

①モンスーンアジアの都市化の特徴

　世界的スケールで見たとき，モンスーンアジアの都市化の特徴は，人口支持力の高い稲作に支えられ，工業化以前から大都市が幾つも存在し，かつ農村人口も稠密なことである．農村から押し出された人口移動による「工業化なしの都市化」は，インフォーマルセクターに依存する都市経済と広大なスラムを生み出してきた．近年の工業化の進展は，都市化にますます拍車をかけ，アジアには人口一千万を越える巨大都市（メガシティ）が多数出現すると予測されている．

　モンスーンアジアの都市の特徴は，都市周辺に都市でも農村でもない地域が広がっていることである．都市周辺部では，近年，公害企業の進出や廃棄物の集積によって土壌や水質の汚染が深刻化している．いかにスプロールを抑え，都市周辺に緑地や優良農地を確保するかが課題となっている．

②ラオスの都市化

　こうした人口密度高位地域が卓越するモンスーンアジアにあって，ラオスは例外的に人口が少なく，人口密度ではブータンとともに最下位に位置する．それはラオスが国土の大半が森林に覆われた山岳国であり，平野はメコン川流域の小規模なものに限られているためである．

　首都ビエンチャンの人口は1980年頃には20万人足らずであり，それでもラオス随一の人口規模であった．ラオスにおいて都市人口が拡大しなかった要因は，ラオスの農村のほとんどが中山間地域にあって人口が少なく，都市に向かって人口を押し出す，いわゆるプッシュ要因に基づく人口移動が少なかったからである．また，かつてのフランス領インドシナにおいて，フランスは海に面したベトナ

ム・カンボジアの開発は進めたが，内陸のラオスにはほとんど投資せず，鉄道，道路などの交通インフラはほとんど整備されなかった．第二次世界大戦後フランスに代わって影響力を持った米国は，ラオスの共産化を食い止めるため，多額の投資を行ったが，その効果はビエンチャンに限られ，そのごく近郊であっても，近代とは程遠い伝統的な農村生活が営まれてきた．1975年のベトナム戦争終結に伴う米国のインドシナからの撤退後も，社会主義政権のもとで都市経済の発達は抑制され，人口移動は制限されたため，ビエンチャンの人口規模は小さいままであった．こうした地理的，歴史的，政治的な要因のため，ラオスの都市化状況は，モンスーンアジアの他の国々とは異なっていた．

しかし1986年に市場経済を導入したことによって，様相は一変した．特に2000年代に入ってからは，交通インフラの整備と外国資本の流入によって，工業開発，商業開発，都市開発が進展し，他のモンスーンアジアの都市化と類似した特徴を見せるようになった．ビエンチャンにおいて工場労働者の需要が増大し，一方で農村部では市場経済が浸透することによって現金収入の要求が高まり，若年者層を中心に農村からビエンチャンへの人口移動が急激に増加した．そのためビエンチャン都市圏の人口は，1990年代に50万人を越え，2011年には約80万人に達している（国連世界人口年鑑）．また，市街地の外延的拡大が始まり，森林や農地から工場，住宅地などへの転換が進み出した．

③ビエンチャン近郊農村の都市化のインターディシプリナリな診断

ここでビエンチャン近郊の農村D村を例に，現状と今後の展開について考えてみる．D村では2004年から総合地球環境学研究所や名古屋大学などにより地理学，歴史学，農学，林学，都市計画学などによるインターディシプリナリな調査が継続的に行われてきた．D村はラオスの他の平地農村と同様，天水田での稲作に依存した村である．稲作のほかは，水田や川・池での漁撈，森林での山菜の採取や小動物の狩猟，乾季には塩づくりも行っている．ビエンチャン市街地からは直線距離で20kmほどしか離れていないが，2010年に村へのアクセス道路が簡易舗装されるまでは，車でも1時間以上かかった．特に雨季には道路がところどころ冠水するため，さらに多くの移動時間を必要とした．交通手段のない住民にとっては，ビエンチャンへの通勤は不可能であり，賃労働収入の源は，主として出稼ぎであった．ところが2000年になって外国資本による工場がビエンチャン周辺に多数立地し，労働者確保の目的で，工場から通勤バスを運行させたため，

表 5.4.1　D 村における土地利用の変化（足達他 2010）

地目	1952 年		1982 年		1997 年		2006 年	
	面積(ha)	割合(%)	面積(ha)	割合(%)	面積(ha)	割合(%)	面積(ha)	割合(%)
天水田	172.4	6.7	423.6	16.4	663.0	25.7	749.4	29.1
浮稲水田	0.0	0.0	23.9	0.9	139.5	5.4	100.4	3.9
灌漑水田	0.0	0.0	0.0	0.0	53.4	2.1	55.6	2.2
森林	1539.3	59.7	1362.8	52.9	1182.0	45.9	1085.1	42.1
河畔林	265.6	10.3	291.9	11.3	237.4	9.2	253.9	9.8
草地	493.3	19.1	366.6	14.2	187.1	7.2	197.9	7.7
宅地	2.5	0.1	4.2	0.2	9.8	0.4	16.0	0.6
水域	104.8	4.06	104.9	4.1	105.6	4.1	111.1	4.3
畑地・商業的放牧地	0.0	0.0	0.0	0.0	0.0	0.0	8.3	0.3

（空中写真と高解像度衛星 Quick Bird 画像の解析および現地踏査により作成）．

D 村も通勤圏に組み込まれるようになった．

　表 5.4.1 は，D 村の 50 年間の土地利用の変化である．天水田の面積が一貫して増加しており，逆に森林面積が減少している．つまり，森林を伐採し，そこを天水田に変えるという「開田」が一貫して行われてきた．ただ，開田のスピードは弱まっている．宅地の面積も増加しているが，まだ村の面積のごく一部でしかない．畑地と商業的放牧地も 2006 年の統計にごくわずかな面積が登場した程度である．村民は，キノコ，タケノコなど食用植物をビエンチャンの市場まで運び換金しているが，それらは森林や水田から採集したものである．2005 年時点で野菜栽培を行っていたのは村の 261 世帯の中で 3 世帯のみであった．また，牛・水牛の放牧は盛んだが，それらは雨季には森林や草地，乾季には天水田が干上がった場所で行われており，放牧専用地は小規模のものが 1 企業によって運営されているにすぎない．

　このように D 村は，就業形態や土地利用の面では，都市化の前段階にある．しかし，近い将来，都市化が一挙に進む兆候はある．その参考になるのが，タイ東北地方のドンデーン村の事例である．ドンデーン村は 1960 年代から継続的に日本の調査チームが入っており，村の変容が明らかになっている．1980 年頃までは D 村と同様，天水田に依存した村であったが，その後灌漑が普及した．また，近くのコンケン市周辺の工場への通勤者が増加し，2002 年には 4 割の世帯に常備労働者がおり，自営業や日雇いを含めて，ほとんどの世帯で農外収入が農業収入を上回っている．漁撈や野菜作は，一部の世帯のみが専業的に行うように

なり，ほとんどの世帯は自家消費のための米作のみで，現金収入は賃労働から得る状態に変化した．土地利用に関しては，森林面積は少なく，灌漑水田が卓越し，集落内は舗装され，プロパンガスが供給されている．

④都市化と森林

D村とドンデーン村，そして日本の経験をあわせて考えると，モンスーンアジアの都市近郊農村において土地利用は，表5.4.2のように変化し，森林面積は大きく減少すると診断される．この表で，D村は，これから兼業化が始まる段階にあり，ドンデーン村は第2期兼業化の段階に入っている．ドンデーン村は，今後，コンケン市の経済発展が進めば，日本の都市近郊農村のように，虫喰い状に都市的土地利用が増加していくであろう．

開田期では，森は薪炭材や家屋の建設資材，山菜，キノコ類，虫，小動物などの林産物の供給場所，雨季の放牧地として機能していた．しかし，兼業化が進むにつれて，村民は平日に村で過ごす時間が少なくなり森林での採取狩猟が行われなくなっていく．米以外の食料は，賃労働から得た現金によって商店から購入されるようになる．畜産も専業化によって専用の放牧地でなされるようになる．さらにプロパンガスが普及し，薪炭材の需要が低下すると，農村の住民にとって，経済面での森林の必要性はほとんどなくなる．

D村が将来こうした段階を迎えた場合に，都市近郊の森林にはどのような意味があるのであろうか．1つには，良好な景観，生物多様性の確保といった文化的・環境的な意義付けであるが，より重要なのは，都市スプロールを食い止める防波堤の役目である．本項の冒頭に述べたように，モンスーンアジアの都市化の1つの特徴は，都市でも農村でもない地域の存在である．これは，ヨーロッパに比べて都市計画規制が弱いという制度的な面もあるが，稲作の卓越というモンスーンアジアの特徴からも来ている．稲作における労働力需要は季節的変動があり，農閑期には稲作以外の労働が行われやすい．雨季と乾季の区別が明瞭な東南アジ

表5.4.2 モンスーンアジアの都市近郊農村における土地利用変化

	開田期	兼業化（第1期）	兼業化（第2期）
森林面積	急減	急減	急減
水田面積	急増	増加	停滞
都市的土地利用	—	増加	急増

アではそれが顕著である．また，稲作は機械化と農薬によって労働時間を大きく削減することができる．したがって，稲作はすぐれて兼業化が進みやすい農業であり，都市的生活が農村に侵入して，土地利用・景観面でも農業と非農業が混合した地域が出現しやすい．自家消費用の米の確保のためしか意味のない稲作は，賃労働による収入が増加すれば放棄されやすく，農村の住民が兼業からさらに脱農へと進んだとき，稲作の担い手が確保できないため水田から他の土地利用への転換をせまられ，結果としてスプロールが進んでいく．したがって，スプロールの抑制のためには，開田されない森林の維持が有効であり，都市近郊農村の森林の役割は，まさにそのことにあるといって良い．

5.4.4 森林を診る視点

以上の3つの地域の事例をもとに，ラオスの森林を生業の視点から捉えると，大きく2つの形態が見られることが明らかになる（図5.4.5）．1点目は，焼畑と組み合わされた休閑林の利用である．K村の事例から，焼畑陸稲作の終了後に休閑された空間では，植生の遷移段階に対応して，草本が卓越する状態から，低木の早生樹種で構成される段階，高木も混じる状態にいたるまで，さまざまな休閑林の景観が観察できた．そして，それぞれの休閑林に内包される林産物は多種多様である．2点目は，里地の中に包含される雑木林の利用である．D村の事例から，この雑木林は，日本の里山と類似の林と理解できる．薪炭材採集，製炭，キノコやタケノコ，山菜，樹木の葉などの林産物が

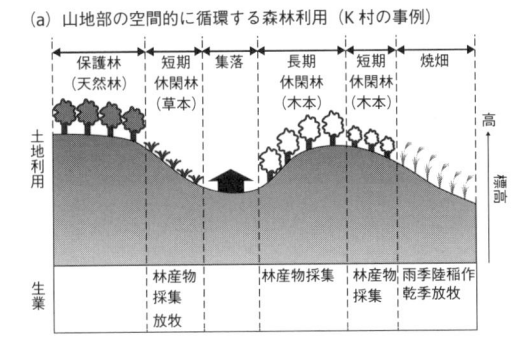

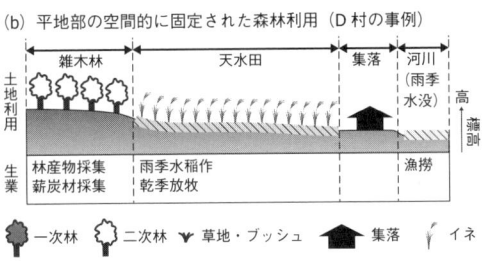

図5.4.5 ラオスにおける生業の視点からとらえた森林の2つの形態

利用されていることが示された．ラオスの森林利用は，K 村の事例で示されたように，「空間的に循環する森林利用」と，D 村の事例で示されたように，「空間的に固定された森林利用」の 2 つに分けることができる．

　空間的に循環する森林利用が見られる K 村の事例は，焼畑によって成し遂げられる独自の森林利用形態であり，世界的にも限られた地域にしか残っていない．空間的な植生遷移の変化の利用だけではなく，生業活動の変化も伴うのが特徴である．K 村では，牛は，舎飼いではなく，集落周辺の森林に放牧している．放牧地は，エサとなる草本植物が卓越する 1-2 年目の休閑地である．その休閑地もやがては木本類が卓越し，森へと変わっていくが，毎年，焼畑が営まれるので，常にどこかの休閑地で草地が提供される．これは，放牧だけではなく林産物の採集でも同じことであり，植生の遷移段階が異なる森が集落の周りに複数存在することによって，その遷移段階に応じた種類の林産物が常に提供され続ける．

　すなわち，空間的には同じ場所でも，植生が変化することで，そこで営まれる生業活動が，焼畑農業から放牧へ，そして林産物採集や狩猟へと変化していくという特徴を有している．焼畑における休閑は単に次の耕作のために地力を回復させるためではなく，耕地から二次林へと自然植生が遷移する異なるステージのさまざまな生態系から，異なる種類の有用植物を採取し，それらの販売によって収入を得る目的がある．林産物採集は，副次的な生業ではなく，焼畑陸稲作とセットになった主業となっていることが注目される．

　一方，D 村のような空間的に固定された森林では，意図的な維持管理が必要となる．主要な生業は水田水稲作であり，雑木林からの林産物採集は山地住民と比べると副次的な生業として位置づけられる．十分な水田面積が確保され，山地に比べて村落外部での雇用機会が多いビエンチャン近郊の平地部農村では，雑木林の利用によって生活を維持する必要性はなくなりつつある．雑木林では，日々の食卓で食されるおかずであるキノコやタケノコなどの林産物や燃料としての薪炭材が採取されている．しかし，都市化の進展により，食生活やエネルギー源の変化が起これば，低地の雑木林は，開墾しやすい空間として真っ先に転換が進む空間となるだろう．しかし，もし D 村の森林を意図的に維持することができるのであれば，森林が都市化のスプロールを防ぐ役割を果たすことができる．さらに，都市郊外のグリーンベルトとして，これまでとは異なるリクリエーション的な価値の付与も可能となるかもしれない．タイや日本での経験から，D 村が今後たど

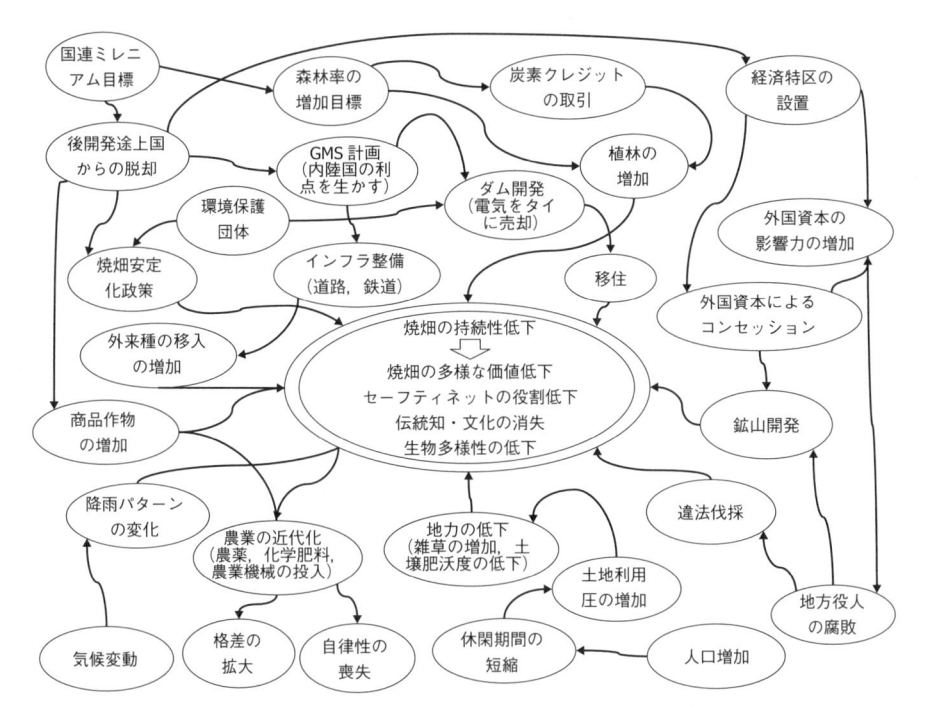

図 5.4.6　ラオスの焼畑をめぐる問題マップ

るであろう変化を見通した上で，現在行われている雑木林の維持管理を持続していく道筋をみつけていくべきだろう．

　都市近郊でなくても平野部の場合，P 村の事例で示したように，産業植林によって，雑木林が消滅している．経済的な利益と引き替えに日本の里山的な雑木林は消滅しているのである．グローバル化の波に飲まれ，人々の伝統的な森林利用が徐々に消滅し，どの地域でも似たような生業形態へと画一化していく．しかし，都市的な土地利用への転換や経済のグローバル化による価値の変化が本当の豊かさを提供するかどうかはわからない．

　K 村の事例で示された山地部の「空間的に循環する森林利用」と，D 村の事例で示された平野部の「空間的に固定された森林利用」の 2 つは，現在のラオスの森林利用を代表するものと捉えることができる．そして，P 村の事例で示した産業植林も私たちの先進国の生活にはなくてはならないものである．森林に関して，これまでは CO_2 吸収源であるとか，生活の糧となっているとか，さまざまな議

論がなされてきた．しかし，本節で提示したラオスの森林利用は，もっと多様であり，経済的な価値や生態系保全だけでその価値を計ることができないことを示している．

焼畑の持続可能性低下をめぐる問題の広がりを問題マップとして描くと，図5.4.6のようになる．特に重要なのは，焼畑の持続性低下が，単純に自給自足や現金収入の1つの手段を失うという問題ではなく，その活動が狩猟採集や放牧といった他の生計手段，それに伝統知や文化，生物多様性とも分かちがたく関係している点である．それゆえ，代替手段が存在すれば解決すると安易に考えられる問題ではない．そして，そのラオスの村落で生じている問題が，開発や環境をめぐる国際社会の動向や気候変動を含む複雑な因果関係の中で発生していることがわかる．

5.4.5 森林問題への処方箋

ラオスの森林利用と森林の機能をここまで3つの村を事例に見てきた．グローバル化による社会経済変化や都市化の進展によって，人々の生活スタイルは今，大きく変わろうとしている．もっとも大きな変化は，森林と人との関係性の変化で，平地では森林を開発することで，都市化を促進させる方向に向かおうとしているが，逆に山地部では焼畑のような森林利用を止めさせることで，森林を保護する方向に向かおうとしている．しかし，平地でも山地でも，森林は必要であり，それぞれ異なる利用方法と機能があることに気づくべきである．地域性を考えずに画一的に森林を保護したり，開発したりすることが問題なのである．すなわち，今後の森林利用のための処方箋は，地域のニーズにあった森林の利用方法と機能を総合的かつインターディシプリナリな視点から正しく診断し，そして将来の子孫のために「使える森林」を残していく努力をすることである．

処方箋を具体的治療につなげるためにはどうすればよいか．ラオス政府は，森林法（1996年制定，2007年改正）や環境保護法（1999年制定）などの環境関連法の整備を進め，管轄官庁を設置して取り組んでおり，これはある種の「治療」体制といえよう．しかし，既に見たようにラオス政府は焼畑抑制の政策をとっており，「地域のニーズにあった森林利用」を理念にしているとはいえない．また，予算と人材の不足から制度の実効性は十分ではなく，国際協力にも問題がある．

たとえば日本の援助機関の場合，事業の案件は相手国政府の意向を踏まえて調整されるため，現地国が力を入れる政策と相容れない対案や取り組みは難しい．現地で活動するNGOや調査研究機関からの政策提言・報告も，権威主義的な政策の執行や不十分な制度の実効性といった「政治化された環境」で効力を発揮するかは定かでない．また，研究成果の提示が従来は開発する側の啓蒙に力点を置き，開発を受ける側への情報提供が不十分であったとの指摘にも応えなければならない（金沢 2009）[5]．一党支配体制の社会主義国家での治療は手探りの課題だが，インターディシプリナリな調査・評価は欠かせない活動になるだろう．

現在，ラオスでは，先進国に追いつこうと必死になって開発を進めようとしている．確かに，ラオス農山村の人びとの生活は，科学技術に支えられた現代の生活を基準とすれば遅れているかもしれない．しかし，先進国で見直されはじめた自然と共に暮らす生活を基準とすれば最先端を走っているといえる．陸上トラック競技でたとえると，周回遅れのトップランナーのような状態である．しかし，チンタナカーン・マイ以降，ラオスも急激に先進国のような生活へと変わろうとしており，一気にスパートをかけて周回遅れを取り戻す勢いである．失われた自然を取り戻すべくさまざまな試みを実施している日本から見ると，都市化が進み，森林は消え失せ，開発が急激に進むラオスの現在の姿は，かつての日本の開発の過ちを繰り返そうとしているようにも見える．このままの周回遅れのままのほうがラオスにとっては幸せなのかもしれない．

一方で，ラオス独自の開発と環境が調和した発展への期待を抱かせる側面もある．先進国の教訓を参照できる「後発」の立場にあること，環境を軽視して開発だけに傾注することが難しい国際世論もその一部である．また，そもそも，地球規模の環境問題を引き起こした近代の開発や豊かさのあり方が，ラオスが目指すべき唯一のモデルでもないはずだ．先進国の経験に学びながらも，先進国の後追いではなく，多様性に富んだ国土や民族の存在，国際的なNGOや国境を越える周縁少数民族の活動，東南アジアの地域統合の動きなど，従来の「国家」を中心とした枠組みでは捉えきれない可能性を検討する点に，臨床環境学の大きな挑戦がある．

---

5) 格差の拡大や環境破壊が進まないよう，村人と行政官の対話の場を作るなど，実践的な工夫は一部試みられてはいる（東 2010）．

図5.4.6で示した焼畑をめぐる問題マップは，ラオスの森林問題のひとつの断面であり，さまざまな問題ひとつひとつにマップを描くことができる．問題マップを構成する多様な関係アクターと研究者との連携や，アクター自身が問題の構造を理解することがトランスディシプリナリな体制づくりに重要であろう．たとえば，研究者の目に映る伝統的な焼畑農業を軸とした暮らしの価値や意義を，ラオ語はもとより，英語や日本語でも記したイラスト入りリーフレットの制作と配布は，関係アクターの思考の転換を狙った作業仮説ころがしの一手として位置づけることができる（横山・広田 2013）．問題の構造的な因果関係を踏まえて，作業仮説ころがしのプロセスを継続的に展開していくことが臨床環境学の要点である．そのためには，持続可能な地域づくりに向けた試行錯誤を継続的に実施できるような「診断」と「治療」の体制構築をめざさなければならない．

参考文献
秋道智彌編（2007）：『図録　メコンの世界──歴史と生態』，弘文堂．
足達慶尚・小野映介・宮川修一（2010）：ラオス平野部の農村における水田の拡大過程──首都ヴィエンチャン近郊農村を事例として．地理学評論，83，493-509．
石曽根道子・王智弘・佐藤仁（2010）：発展途上国の開発と環境──資源統治をめぐる近年の研究動向．国際開発研究，19(2)，3-16．
市川光雄（2003）：環境問題に対する3つの生態学．池谷和信編『地球環境問題の人類学──自然資源へのヒューマンインパクト』，世界思想社．
大矢釟治（1998）：森林・林野の地域社会管理──ラオスにおける土地・林野配分事業の可能性と課題．環境経済・政策学会編『アジアの環境問題』，東洋経済新報社．
金沢謙太郎（2009）：熱帯雨林のモノカルチャー──サラワクの森に介入するアクターと政治化された環境．信田敏宏・真崎克彦編『東南アジア・南アジア　開発の人類学』，明石書店．
北村徳喜（2003）：森林の利用と保全．西澤信善・古川久継・木内行雄編『ラオスの開発と国際協力』，めこん．
京都メカニズム情報プラットフォーム　http://www.kyomecha.org/index.html
クリスチャン・コサルター＆チャーリー・パイスミス著，太田誠一・藤間剛監訳（2005）：『早生樹林業──神話と現実』，CIFOR．
佐藤仁（2004）：貧困と「資源の呪い」．井村秀文・松岡俊二・下村恭民編『環境と開発』（シリーズ国際開発第2巻），日本評論社．
野中健一編（2008）：『ヴィエンチャン平野の暮らし──天水田村の多様な環境利用』，めこん．
東智美（2010）：森林破壊につながる森林政策と「よそ者」の役割──ラオスの土地・森林分配事業を事例に．市川昌広・生方史数・内藤大輔編『熱帯アジアの人々と森林管理制度──現場からのガバナンス論』，人文書院．
百村帝彦（2008）：植林事業による森の変容．横山智・落合雪野編『ラオス農山村地域研究』，

めこん，pp. 233-265.
松本悟・フィリップ・ハーシュ（2003）：メコン河流域国の森林消失とその原因．井上真編『アジアにおける森林の消失と保全』，中央法規出版．
山田紀彦（2008）：ラオス―深まる対中国関係の現状と問題点．『アジ研ワールド・トレンド』，157, 33-39.
横山智・落合雪野編（2008）：『ラオス農山村地域研究』，めこん．
横山智・広田勲編（2013）：『ラオスの山の生活――変わっていくこと変わらずにいること』，名古屋大学グローバルCOEプログラム「地球学から基礎・臨床環境学への展開」(http://ir.nul.nagoya-u.ac.jp/jspui/handle/2237/19746)
渡辺一生・星川和俊・宮川修一（2007）：タイ国東北部・ドンデーン村の過去70年間における天水田域拡大過程．農業農村工学会論文集，75, 507-513.
Menon, J. & Warr, P. (2013) : Lao Economy : Capitalizing on Natural Resource Exports. *Asian Economic Policy Review*, 8, 70-89.
Umemura, M., Aoyama, C., Tokumoto, Y., Abe, K., Hirota, I. & Yokoyama, S. (2012) : Vegetation and Plant Use Differences between a Secondary Forest and Eucalyptus Plantation Site in Bilikhamxay Province, Laos. *The Lao Journal of Agriculture and Forestry*, 27, 89-109.

5.5

診断と治療の無限螺旋としての臨床環境学

　本章では，臨床環境学に関係するさまざまな現場を見てきた．その中には，日本の伊勢湾流域圏における住民と研究者が一体となった，中山間地と都市を共に再生させるための試みから，中国の都市と農村の急激な変貌に際しての行政と住民の役割，さらにラオスの農村における森林の開発と保全をめぐる葛藤まで，国内外でのさまざまな種類の事例が含まれている．臨床環境学の実践という観点から見ると，すべての事例が同じ達成度を示している訳では無く，むしろ海外の事例については，4.3.6 小節で詳しく述べたように，日本の研究者が現地の住民や行政とともに，臨床環境学の取り組み，すなわちトランスディシプリナリな連携を進めて行く上での本質的な難しさが，反映されているといえよう．

　ここではしかし，臨床環境学の実践に不可欠な要素としての「作業仮説ころがし」に特に着目し，各現場における臨床環境学的実践の「共通の構造」を提示することで，本章のまとめとしたい．臨床環境学の取り組みとは，本書でこれまで述べてきたように，「診断」と「治療」の不断の相互作用からなるが，それは，図 5.5.1 に示すように，「診断と治療の螺旋構造」という形で表すことが可能である．環境問題に対するあらゆる「治療」は，社会に対して何らかの作用をもたらし，新たに発生した問題の「診断」が必要となる．それは，また次の「治療」を要請し，世の中を新たなステージに引き連れて行く．

　日本では，戦後，国土再建のための膨大な木材需要の発生という「診断」に基づいて，全国で拡大造林という「治療」が行われたが，産業構造の変化と輸入材の普及という新たな状況の下で，森林資源の過蓄積による生態系の劣化という，次なる「診断」に至り，新たな「治療」が模索されるようになっている（図 5.5.1 a）．中国では，政府が遅れた都市と農村の状況を「診断」して，トップダウンの開発という「治療」を行った結果，環境問題という副作用があらゆる地域で発生

し，次なる「診断」が必要となった．それに対して，再度，トップダウンの環境対策という「治療」が政府主導で行われ，一部で画期的な環境の改善に成功しつつも，汚染の広域化，汚職と格差の拡大といった，高次の副作用をもたらしつつある．今後は，それらの的確な「診断」と，住民参加による新たな処方箋に基づく「治療」が待望されている（図 5.5.1f）．ラオスでは，農村の状況への「診断」に基づき，外資の導入による森林の開発・人工林化や焼畑抑制などの「治療」が行われてきたが，その結果，地域住民による森林利用が衰退するという副作用が起きたことが「診断」できる．むしろ「使える森林」としての焼畑休閑林や里山雑木林の価値を再評価することで，先進国の負の経験である都市のスプロール化を予防するという，新しい「治療」が展望されている（図 5.5.1j）．図 5.5.1 では，それぞれの現場での診断と治療の関係性を 1 本の螺旋構造で表したが，本章で提示された多数の「問題マップ」の複雑さを踏まえれば，現実の世界では多数の螺旋が絡み合っているので，図 5.5.1 はその一部を取り出したものに過ぎないともいえる．

　さて，図 5.5.1 には，臨床環境学の実践例とともに，近過去における歴史上の事実が併記されている．もとより海外の事例では，臨床環境学の実践は，螺旋を一周してすらいないので，ここには，それぞれの現場でこれまでに起きてきた，あるいはこれから起こるであろう，環境問題の「診断」と「治療」の相互作用に関する，過去・現在・未来が書かれている．賢明な読者は，すぐに気がつくかもしれない．「臨床環境学などを考えなくても，作業仮説ころがしなどをしなくても，世の中は勝手に"ころがって"いるのではないか」，と．「診断」と「治療」の相互作用として環境問題の歴史を捉えるなら，第 2 章で詳述したように，学問が誕生するはるか以前から，人類はその無限螺旋を回してきたに違いない．臨床環境学には，実際，どのような意味があるのだろうか．本書で提案する臨床環境学の真の意味とは，実のところ，これまでの人間社会で自然に生じてきた「診断と治療の螺旋構造」を，むしろ「自覚的に回すこと」なのである．

　「禍福は糾える縄のごとし」という中国の古い諺がある．幸福と不幸は，より合わせた縄のように交互にやってくるという意味である．良かれと思って取り入れ，一時期，人々に幸福をもたらした政策や技術が，時間の経過と共に思わぬ副作用を招き，人々に新たな不幸をもたらすことは，第 2 章で述べたように，人類の歴史の中では，極めてありふれた事実である．これまでの人類は，その幸福と

第 5 章 臨床環境学の実践と展望

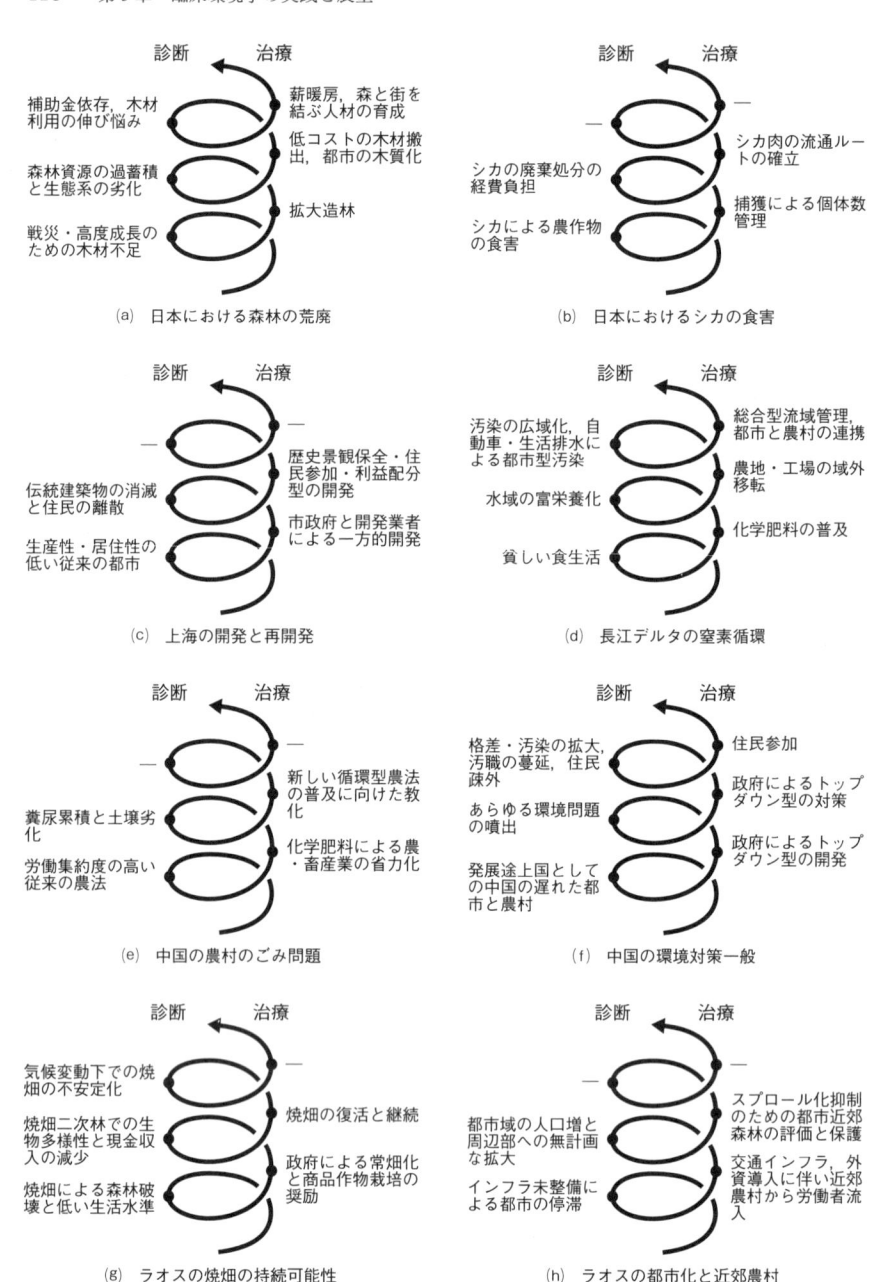

(a) 日本における森林の荒廃

診断：
- 補助金依存，木材利用の伸び悩み
- 森林資源の過蓄積と生態系の劣化
- 戦災・高度成長のための木材不足

治療：
- 薪暖房，森と街を結ぶ人材の育成
- 低コストの木材搬出，都市の木質化
- 拡大造林

(b) 日本におけるシカの食害

診断：
- —
- シカの廃棄処分の経費負担
- シカによる農作物の食害

治療：
- シカ肉の流通ルートの確立
- 捕獲による個体数管理

(c) 上海の開発と再開発

診断：
- —
- 伝統建築物の消滅と住民の離散
- 生産性・居住性の低い従来の都市

治療：
- 歴史景観保全・住民参加・利益配分型の開発
- 市政府と開発業者による一方的開発

(d) 長江デルタの窒素循環

診断：
- 汚染の広域化，自動車・生活排水による都市型汚染
- 水域の富栄養化
- 貧しい食生活

治療：
- 総合型流域管理，都市と農村の連携
- 農地・工場の域外移転
- 化学肥料の普及

(e) 中国の農村のごみ問題

診断：
- —
- 糞尿累積と土壌劣化
- 労働集約度の高い従来の農法

治療：
- 新しい循環型農法の普及に向けた教化
- 化学肥料による農・畜産業の省力化

(f) 中国の環境対策一般

診断：
- 格差・汚染の拡大，汚職の蔓延，住民疎外
- あらゆる環境問題の噴出
- 発展途上国としての中国の遅れた都市と農村

治療：
- 住民参加
- 政府によるトップダウン型の対策
- 政府によるトップダウン型の開発

(g) ラオスの焼畑の持続可能性

診断：
- 気候変動下での焼畑の不安定化
- 焼畑二次林での生物多様性と現金収入の減少
- 焼畑による森林破壊と低い生活水準

治療：
- 焼畑の復活と継続
- 政府による常畑化と商品作物栽培の奨励

(h) ラオスの都市化と近郊農村

診断：
- —
- 都市域の人口増と周辺部への無計画な拡大
- インフラ未整備による都市の停滞

治療：
- スプロール化抑制のための都市近郊森林の評価と保護
- 交通インフラ，外資導入に伴い近郊農村から労働者流入

図 5.5.1 診断と治療の無限螺旋としての臨床環境学の展開

5.5 診断と治療の無限螺旋としての臨床環境学

(i) ラオスのユーカリ植林

診断側:
- 生物多様性の減少、土壌水分・養分消失
- 村の現金収入不足と先進国の地球温暖化対策の必要性

治療側:
- ―
- ―
- ユーカリ植林事業の誘致によるCO$_2$固定

(j) ラオスの森林利用一般

診断側:
- ―
- 森林からの地域住民の乖離
- 後発国としてのラオスの農村

治療側:
- 使える森林としての雑木林・休閑林の再評価
- 外資導入による森林の開発・人工林化、焼畑抑制
- ―

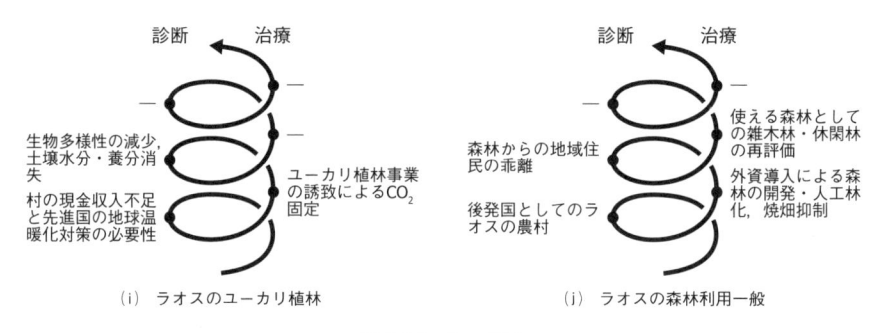

図 5.5.1 （つづき）

不幸の連鎖を受動的に受け入れるしかなかった．賢明な一部の人々は，その展開を予知できていたかもしれないが，「インターディシプリナリ」な視野の広がりはもとより，「トランスディシプリナリ」な取り組みも全く不可能だった古代中国においては，縄のように訪れる禍福の連鎖を避けることはできなかったに違いない．

このことは実は，今日の世界でも何も変わっていない．図 5.5.1 における「診断と治療の螺旋構造」の多くは，正にそのことを示している．臨床環境学とは，「そうした禍福の連鎖のメカニズムを深く理解して，歴史の無限螺旋を解きほぐし，むしろ自覚的に回していくことにより，禍を減じ，福を増すことをめざす取り組み」なのである．つまり，これまでの人類を支配して来た「糾える縄の呪い」から人々を解放することこそが，臨床環境学の究極の目的といえるかもしれない．

コラム2：臨床環境学実践の経験から見えてきたこと

　臨床環境学研修（ORT）の中で，私たち大学院博士課程の学生チームは「茶畑での"松阪牛液肥"利用で変わる櫛田川流域の環境」と銘打って，三重県櫛田川流域の特産品を活かした地域循環型農業のアイデアを提案し，その意義をフィールド調査によって検証した．茶の栽培には米や野菜よりも多くの窒素肥料が必要であり，降雨などによって大量の窒素成分が河川に溶脱することで富栄養化の問題が発生することが指摘されている．一方で松阪牛の肥育施設からは常に牛糞が排出され堆肥として利用されているが，化学肥料ほど積極的には流通していない．そこで私たちはこの堆肥を液体の状態（液肥）にすることで，パイプラインなどを利用したより効率的で溶脱量の少ない施肥が可能になるのではないかと考えた．

　液肥の需要と供給の量的関係を製造実験・成分分析と茶畑の航空写真判読で調べた結果，液肥から得られる窒素成分は流域の全ての茶畑に供給できる量と推定された．さらに水質調査と農業従事者への聞き取り調査により，松阪牛液肥は櫛田川流域の水質改善を促進し，茶畑経営における労働力・肥料費の軽減にも寄与するという示唆を得ることができた．

　まったく異なる専門を持った少人数の大学院生による共同研究であったが，それが比較的上手くいったのは，構成メンバーの専門性を活かす部分と，未知の分野にチャレンジする部分を明確に区別して計画を立てたからであろう．化学実験と空間解析はそれぞれ得意なメンバーで分担し，全員が初心者である水質調査や聞き取り調査は教員の指導を受けて実施した．1つの調査項目にこだわらずさまざまな内容を組み合わせたのも成功の要因かもしれない．

　一方で，困難も多く経験した．従来の博士研究と根本的に異なるのは，研究を進める上で学生グループ内での合意形成が常に必要であることである．あらかじめ研究目的が与えられているわけではなく，互いの意見をすり合わせながらの試行錯誤が続いた．しかしこれは主体性を育むための程よい緊張感を生んだ．特に「分野横断がいかに上手くいかないか」を学生のうちに経験することは，研究室の外の世界を俯瞰することになり，自己の客観視に資するものである．なにより学生の立場であるので，多少の失敗をしても大きな損害にはならない．このような"安全に失敗できる場"において，自分の可能性や環境学の現場を直接学ぶことができたのは，幸運であったと思う．

　自分の学問領域における博士研究の高い専門性を研鑽しつつ，同時に実践の中で臨床環境学という新しい学問を習得することで，私は自らの専門性を応用する方法やさまざまな専門家と協力する作法を身につけることができた．また多分野を専攻する大学院生のチーム研究であるからこそ，高度な専門性を組み合わせた今までにない革新的なアイデアを創造し，その価値を客観的に示すことができる可能性を感じた．このような取り組みを通じて異分野連携の苦労を経験した若手博士人材や教員と学生の試行錯誤によって得られた教育手法は，これからの大学院教育で分野横断カリキュラムを実施していく上で重要な役割を果たすことだろう．

第Ⅲ部

臨床環境学を支える基礎環境学

第6章 基礎環境学の提唱と課題

　臨床医学に対をなす学問としての基礎医学があるように，本章では臨床環境学に不可欠な基盤として基礎環境学を提唱する．ここでいう基礎環境学とは，個別の基礎的学問である環境化学や環境経済学などを意味するのではない．それは臨床における取り組みを理論的に支えるために，ともすれば個々の現場では忘れられがちな環境問題の歴史的背景や階層的構造を明らかにして，それにふさわしいガバナンスの方向性を示すためにある．まず6.1節において，基礎環境学の全体像を概念的に示す．任意の環境問題は時空間座標上の1点で起きているに過ぎないが，それはより長く大きな時空間スケールの中に位置づけられるため，その全体像を理解してガバナンスに生かしていくことの重要性について述べる．続いて6.2節では，歴史上に起きた無数の気候変動に対する社会の応答を例にとり，数十年周期の気候や環境の変動に人間社会が特に脆弱である事実と，その背後にある人々の環境への過適応のメカニズムを明らかにする．そして環境問題の解決には，短期的適応性と長期的持続性をあわせ持つ施策が重要であることを論じる．さらに6.3節では，今日の地球環境問題がグローバルな問題とローカルな問題が相互作用する階層的な構造を持っていることを示し，異なる空間スケールの問題を同時にガバナンスできるような，問題群の垂直統合の必要性と，それに向けた課題について議論する．最後に，6.4節では，「都市のスプロール」という時間と空間が一体となった問題を取り上げ，空間計画に時間軸を統合していくことで，問題の悪化を招く「負のスパイラル」を「正のスパイラル」に転換していける可能性について提案する．

6.1

新しい基礎環境学の必要性

6.1.1 新しい基礎環境学——従来の認識からの決別

　本節では，臨床環境学と対をなすべき重要な研究教育の一分野として，**基礎環境学**（basic environmental studies）を提唱する．医学のアナロジーで考えるならば，臨床医学に対して基礎医学があるように，臨床環境学に対して基礎環境学があってしかるべきであり，それは基礎医学が必要であるのと同様に必要であろう．しかしその必要性は，「臨床の現場での問題の解決」を志向した臨床環境学ほどには，明確に理解しにくいかもしれない．そもそも一般に，基礎環境学という言葉には，どのような語感があるのであろうか．世の中には環境を冠した学問が無数に存在する．環境化学，環境生物学，環境心理学，環境地理学，環境工学，環境経済学等々である．およそ環境〇〇学という言葉の枠組みの〇〇の部分に入れることのできない既存の学問は，存在しないのではないだろうか．それほどに「環境」という言葉は，あらゆる学問の中に，少なくとも形式的には浸透している．そして，そうした既存の「環境〇〇学」を構成する「〇〇学」こそが，「環境学の基礎」であるという意味で，基礎環境学として理解されていることが多い．

　しかし，ここで定義する基礎環境学とは，そういうものではない．むしろ，ここでは，そうした縦割りの既存の学問とは完全に対極をなす新しい学問として，基礎環境学を定義する．一言で言ってその目的は，個別の現場に深く根ざして活動することを特徴とした臨床環境学が陥りやすい，個別主義や視野の狭さを克服するために，臨床の現場を支える共通の基盤を作ることにある．つまり，あくまでも臨床環境学が主役であり，それを下から支えるのが，基礎環境学の目的である．

6.1.2 臨床を支える共通の基盤——臨床環境学と基礎環境学

　臨床の現場を支える共通の基盤とは何か．それには，2種類の内容が含まれる．1つは，診断から治療，影響評価（副作用の予測）に至る，一貫した臨床での環境問題の「診療のノウハウ」を高度かつ詳細に体系化することである．これは実は，4.3節で詳述した「学」としての臨床環境学の内容そのものでもあり，臨床環境学と基礎環境学の境界領域に位置する．そして，「学」としての臨床環境学それ自身を，外から支えるのが基礎環境学の目的であり，もう1つの臨床を支える共通の基盤にほかならない．それは，過去から現在に至る無数の臨床の現場から発信されてきた（いる）個別の環境問題に関する知見を，より広い視野から，収集・分類・比較・統合することで，個々の臨床の現場に現れている個別の環境問題の背景や未来について，洞察を深めるためのツール（多くの場合それは，環境に関わる複層的な多数の問題群とその中に含まれる無数の客観的・主体的要素の相互関係に関する，壮大かつ構造化された時空間的マップにあたる）を提供することである．これは基礎医学の重要な使命の1つである，「多数の症例の中から共通する病因を探り出し，将来の疾患に備えること」に対応するといえよう．

　ここで「臨床環境学」と「基礎環境学」，それから既存の「環境○○学」の関係について図示しておこう（図 6.1.1）．第4章で詳しく述べたように，臨床環境学とは，これまで，「診断」と「治療」の2つの分野に大きく分断されていた無数の「環境○○学」を，臨床の現場の共有を前提として統合することで，初めて成り立つ学問である．そして基礎環境学も，臨床環境学と同様に，「診断」と

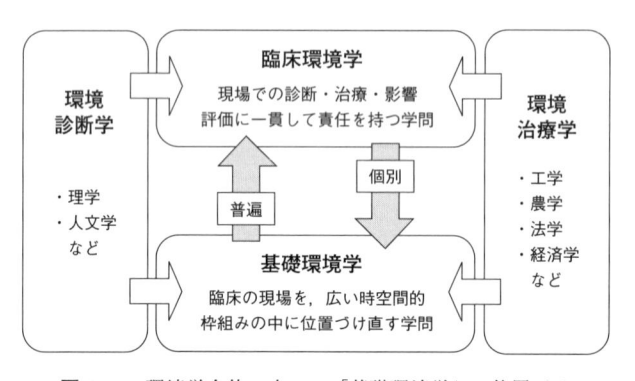

図 6.1.1　環境学全体の中での「基礎環境学」の位置づけ

「治療」の2つの分野に分かれている無数の「環境○○学」の成果を踏まえながら，環境学の目的である臨床での実践を支えるために存在している．

6.1.3　臨床の現場を越えて——多様な空間・時間スケールへの認識

　臨床の現場では，実際の環境問題が発生していて，常に問題解決に向けた取り組みが求められている．それゆえ，そこでは，環境診断学と環境治療学の統合を含めた学問の再編成が必要であり，結果として，さまざまな形での視野の広がりが，日常的に達成できる可能性がある．しかし臨床の現場は，通常の時空間座標上では1つの点をなすに過ぎず，その現場を見ているだけでは，環境問題が発生した原因や問題解決の行方を見通すことは困難である場合が多い．臨床での実践だけに根差した取り組みでは，時間的・空間的な視野の狭さが，必然的につきまとうのである．

　実際，現在の特定の場所で起きているいかなる環境問題にも，その発生に至るまでの長い歴史的な背景があり，それにはまた，地域から地球全体に至るさまざまな空間スケールでの自然環境や人間活動の変化，それらと相互作用する人々の意思決定が，大きく影響している．つまり，臨床環境学を下から支える基礎環境学の使命とは，臨床の現場を，より広い時空間的な枠組みの中に位置づけ直すことであり，個々の現場を越えて，多種多様な空間・時間スケールへの認識を自由自在に広げられる能力を身につけ，その認識を前提として，個々の臨床現場の問題をガバナンスしていく大きな方針を作り上げて行くことにほかならない．そして，そのためには，無数の臨床の現場における経験・知見を収集して，時空間的に統合する高度な取り組みが必要になる．

6.1.4　臨床の現場から抽出される共通の課題

　第5章では，日本，中国，ラオスという，経済の発展状況が大きく異なる3か国での典型的な環境問題を取り上げ，臨床環境学の立場から診断と治療（処方箋の提示）に取り組んだ．それぞれの地域ごとに生じている問題は千差万別であるが，そこには基礎環境学で取り上げるべき，以下のような共通の課題がある．

　第一に，あらゆる問題は，グローバル化の影響を受けている．日本の林業が衰

退するのも，中国の都市活動が拡大するのも，ラオスの山村に商品作物が導入されるのも，すべてグローバル化と関係している．地域内だけでは問題の根本的な解明や解決は不可能であり，常に地域外の諸要因との関係を正確に理解して行くことが必要である．第二に，あらゆる問題は，論理的な因果関係に従って，順番に発生している．たとえば，ラオスにおける都市の拡大と森林の開発は，高度成長期直前の日本で経験されたものと基本的に同じである．問題の発生には複雑な経緯があるにせよ，必ず原因があり，特定の地域で認められた問題の原因から結果に至る経験は，他の地域における問題発生の予防に活用できるはずである．第三に，あらゆる問題には，社会の多数のステークホルダーが関係している．日本では都市の木材利用の多様化が，中山間地の林業再生のカギを握っているし，中国の窒素汚染問題の解決には，食料の生産と消費の両端を担う農村と都市の間での物質循環をめぐる連携が不可欠である．異なるステークホルダー間の利害を調整できるガバナンスが，常に求められている．

　個々の臨床の現場での経験から，このような問題群の共通の空間的・時間的関係性を抽出して普遍化し，新しい臨床の現場での問題の診断と治療に生かしていくことが，基礎環境学の目的である．

6.1.5　基礎環境学の構築をめざして——階層性と歴史性

　さて，そうは言っても，基礎環境学とは，具体的に何をする学問なのか．当然のことながら，基礎環境学では，臨床環境学よりも，はるかに抽象的な難しい課題に挑戦することになる．ここでは，その際に重要になると思われる2つのキーワードを示しておきたい．**階層性**と**歴史性**である．

　環境問題には，個々の集落から地域，国家，地球全体に至る，さまざまな空間的な階層が関係しており，それぞれの階層には，固有の問題群の運動法則がある．また，個々の階層における現象には，上下の階層からの影響が，常に空間スケールを越えて与えられている．こうした複雑な階層性が存在することが，今日の地球上における環境問題の特徴である．こうした階層的問題群の成り立ちを理解していくためには，さまざまな空間スケールでの問題の調査を可能にする「地理情報システム（GIS）」などの技術の習得を前提として，環境診断学と環境治療学を横断した学際的な取り組みが必要になる．問題群が階層的であるのと同様に，そ

れに向き合う人々の対応・意思決定，ガバナンスのあり方も，また階層的である．例えば，グローバル化の波に完全に洗われていない伝統的な地域には，長年にわたって培われてきた在来の環境への対処法，すなわち「伝統知」に根差した技術が備わっていることが多いが，近年は，国際的に体系化された近代科学の知見，すなわち「科学知」を用いて，環境問題への対応を行うことが，国際機関はもちろん，発展途上国の政府機関でも，日常的に行われている．同じ問題群に対するこれらの異なるアプローチは，当然，さまざまな軋轢を生むが，一方で，こうしたローカルな知恵とグローバルな知識の関係を整理し，その効果的な統合を図る取り組みも，基礎環境学の重要な内容になるであろう．

　個々の臨床の現場では必ずしも調べることのできない環境問題のもう1つの側面が，その歴史性である．環境問題の原因を正確に診断して，治療を施すとともに，治療行為の影響評価や副作用の検出を行っていくためには，過去・現在・未来に跨る，環境問題の歴史的展開に関する性質を，熟知しておかねばならない．一般には，現代の事例も含めた「環境史」に関する知見が，その学問的基盤になりうるが，過去に起きた環境問題を，ただ暗記的に復唱しているだけでは，現在の問題の理解に役立つ「環境問題の歴史的展開」に関する洞察を得ることはできない．古環境の試料や歴史学・考古学の史料・資料にあたって，問題を把握する能力はもとより，そこに記されている過去の記録を，環境診断学だけでなく環境治療学の立場からも読み解く，分野横断的な共同作業が必要になる．ここでも，問題群に歴史性があるように，それに向き合う人々の対応のあり方も，当然，歴史的性格を背負っている．人間の環境に対する理解やそれに対処する際の知恵は，地域毎に，「伝統知」という形で伝承されてきたが，それは，絶対不変のものであったとは考えにくい．気候変動を含む自然環境の変化や，人間自身によるさまざまな環境問題の発生の結果，伝統知は，次々に作られ，また継承・発展，あるいは否定・消滅してきたと考えられる．このような人間の「知」に潜む歴史性は，伝統知に限らず，科学知においても，同じように認識されなくてはならない．端的な例として，食料増産のための切り札として導入された科学知の結晶である農薬が，他ならぬ科学知自身によって，農業従事者や消費者の健康被害，生態系の破壊などに結びつくことが証明され，大きく使用制限を受けるようになってきた歴史的事実などは，環境問題の歴史的展開を考える際に，人間の「知」の歴史性を，考察の中心に置くべきことを示している．

6.2

環境問題の時間的構造
――共通する発生・拡大のメカニズム――

6.2.1 気候と歴史の関係――数十年周期変動への脆弱性

　高分解能古気候学という研究分野がある．樹木の年輪や鍾乳石，サンゴ，氷床コア，年縞堆積物などの試料の分析，さらに歴史文書に書かれた天候記録の読取などから，過去に起きた気候変動を数百～数千年にわたって年～月単位で明らかにしていく学問である．近年，特に鍾乳石や樹木年輪に含まれる酸素同位体比の分析から，過去の降水量の変動を詳細に復元する研究が，日本や中国を含む世界中で進められてきた．酸素原子には重さの異なる3つの種類のものがあるが，以下では試料の中に含まれる質量数18の原子の16の原子に対する存在比を**酸素同位体比**と呼ぶ[1]．それは大気中での水の相変化（蒸発や凝結）によって大きく変化するため，過去に起きた大気水循環の変動が，炭酸塩や有機物，氷などに含まれる酸素同位体比の変動の形で記録されているのである．近年，酸素同位体比などの気候変動に関するデータを詳しく解析する中で，気候変動と人間社会の歴史の間に，ある1つの法則性があることが明らかとなってきた（中塚 2012）．それは，数十年の周期で気候が大きく変動する際に，しばしば，世の中に大きな動乱が生じる，ということである（ダイアモンド 2005）．

　図6.2.1は，中国西部で得られた鍾乳石の酸素同位体比の変動を示しており（Zhang et al. 2008），それは中国内陸部に雨をもたらす夏の季節風（モンスーン）の強弱を記録していると考えられている．この鍾乳石のデータからは，過去

[1) 酸素同位体比は，サンプルの同位体比の国際標準物質の同位体比に対する偏差で表す．たとえば，10‰（パーミル）は，両者の同位体比の比が1.010であることを意味する．]

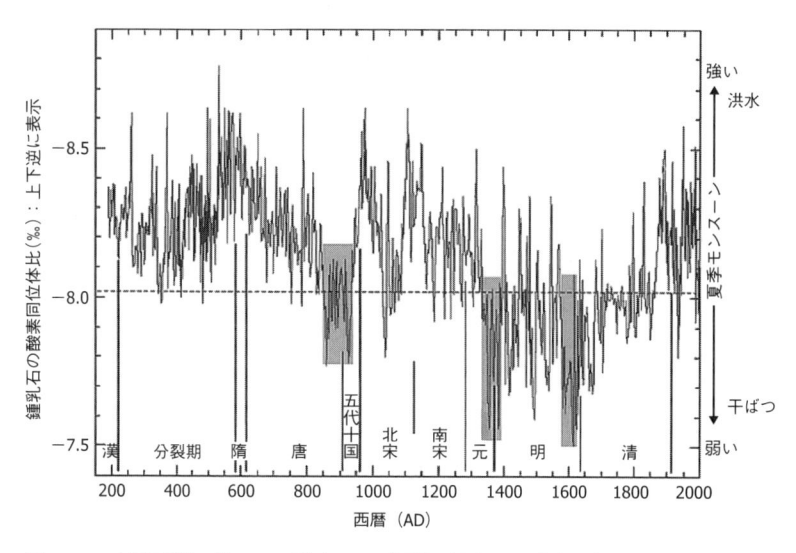

図 6.2.1　中国西部で得られた過去 1800 年間の鍾乳石の酸素同位体比の変動．酸素同位体比の表示には，国際標準物質（VPDB）を用いている

1800 年間にわたりさまざまな周期の変動があったことがわかるが，大きな王朝が交代する時期，すなわち，唐や元，明といった王朝が崩壊した時期には，数十年間続く長い干ばつが生じていたことが明らかとなった．一方，図 6.2.2 は，名古屋大学の博物館に展示してある岐阜県東部の大ヒノキの年輪に含まれるセルロースの酸素同位体比の分析から得られた，過去 800 年間の本州中部の夏の降水量の変動の記録である（中塚 2012）．図 6.2.2 には，酸素同位体比自身の変動と合わせて，その変動の周期性が，時代とともにどのように変わったかを示す「ウェーブレット解析」の図も示した．この図からは，過去 800 年間の中で，鎌倉時代の末期から南北朝動乱期に至る 14 世紀を中心とする中世の時代に，数十年周期変動の振幅が最も拡大する時代が訪れていたことがわかる．14 世紀は，図 6.2.1 に示した中国の鍾乳石の酸素同位体比にも大きな変動が認められており，東アジア全体で夏季モンスーンの大きな変動があったことを意味するが，元王朝の崩壊期とも一致するこの時期は，日本史の中でも，戦乱が継続的に起きて最も混乱を極めた時代に対応しており，気候変動と人間社会の関係に関する何らかの示唆を与えている．

　数十年周期の気候変動が世の中に動乱をもたらすとしたら，一体何が原因なの

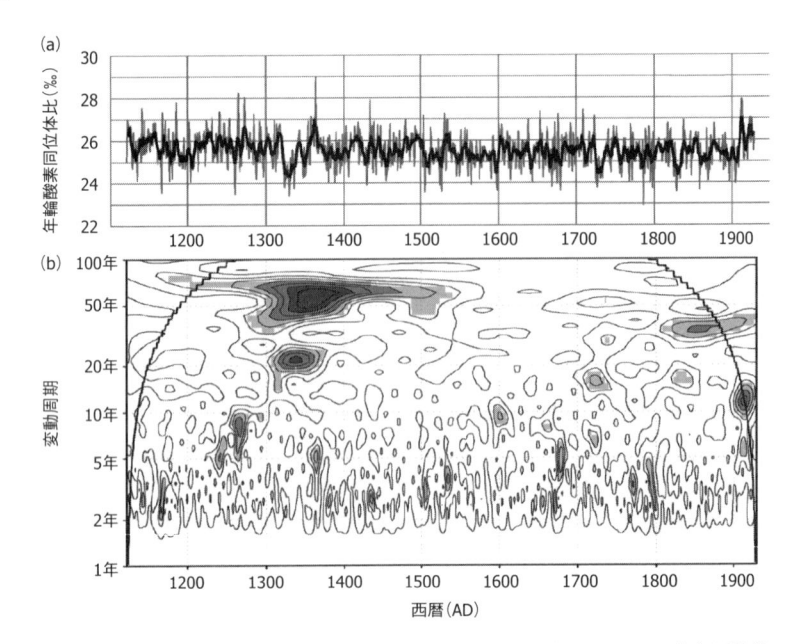

図 6.2.2　名古屋大学博物館所蔵の木曽ヒノキ円盤の年輪セルロース酸素同位体比の変動（a）とその変動の周期性の歴史的変化を示すウェーブレット解析図（b）．酸素同位体比の表示には，国際標準物質（VSMOW：標準平均海水）を用いている

であろうか．確かに洪水や干ばつなどによって農産物の不作が10年以上続くとしたら，飢饉などが起きて世の中は大変なことになったに違いない．しかし毎年のように，洪水と干ばつのような極端に異なる気象状態が，入れ代わり立ち代わりやってくるよりも，10年くらい同じ気候が続いた方が，まだましなのではないか．しかし，実際には，図6.2.1や6.2.2を見てわかるように，数年の短い周期で気候変動が起きているときには，特に大きな社会の動乱は生じない．

　数十年周期の気候変動に対する人間社会の応答の意味を理解するためには，気候が悪化したときよりも，気候が好転したときの人々の生活の変化について考える必要がある（図6.2.3）．前近代において，人々の生活は，一定の**環境収容力**，すなわち気候や環境が規定する一定の農業生産力などが許す範囲内で営まれている．人口と生活水準の積で表される人間活動の大きさは，環境からの制約を越えて，野放図に拡大していくことはできない．ここで，数十年周期の気候変動が起きて，あるとき，気候が農業生産などにとって大幅に好転したとしよう．当然そ

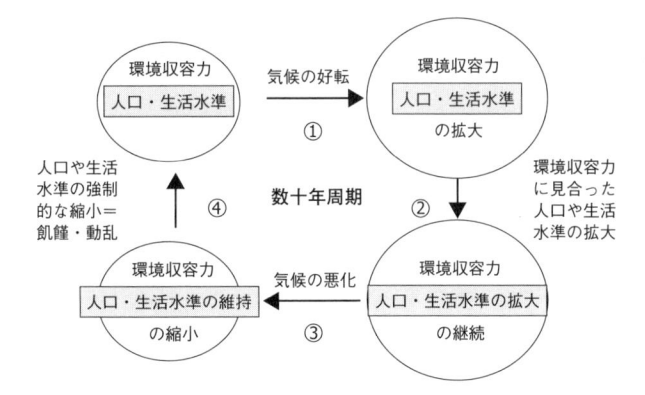

図 6.2.3 なぜ，人間社会は数十年周期の気候変動に対して脆弱なのか？①気候変動による環境収容力の拡大，②拡大した環境収容力への過適応，③気候変動による環境収容力の縮小，④縮小した環境収容力による強制的な人口や生活水準の縮小

の社会は豊作に恵まれ，環境収容力は一時的に拡大することになる．もしも，その変動が数年周期のものであり，数年後に環境収容力が再び縮小してしまうなら，人々は人口や生活水準を変えることはないであろう．しかし，数十年周期の気候変動の場合，好適な気候条件は10年以上にわたって続き，人々は拡大した環境収容力に応じて，次第に人口を増大，もしくは生活水準を拡大させることが予想できる．新しく大量に生まれた若い世代を中心に，人々がその豊かな環境に慣れきった頃，数十年周期の気候変動によって，再び農業生産は不作に転じ，環境収容力は縮小する．この時，人々はどのように対応するであろうか．人口を人為的に減らすことはもちろん，生活水準を切り詰めることも，非常に難しいに違いない．しかし，縮小した環境収容力は容赦なく人々を襲い，飢饉や戦乱による大量死によって，結果的に人口や生活水準が縮小させられることになる．

　数年周期の気候変動であれば，人々は，数年前にあった不作の年を記憶しているため，一時的な豊作に過度に反応することはないし，逆に豊作のときの余剰生産物を，次の不作に備えて蓄えておくことも可能である．一方これが，数百年周期の気候変動であれば，人々は変動の存在に気づくこともなく，数世代にわたって無理なく人口や生活水準を変えて，その変動に自然に適応して行くであろう．数十年周期の変動が危険なのは，変動の周期が人々の記憶よりも長いために，次に起こる変化の「予測」ができず，環境収容力の拡大に過度に応答してしまう過

適応の現象が生じる一方で，変動の周期が人々の寿命よりも短いために，環境収容力の縮小に際して，効果的な「対応」ができないことにある．

6.2.2 「過適応」——通底するメカニズム

産業革命以前の歴史時代の気候変動は，通常，人間が起こしたものとは考えられていない．太陽活動の変化や火山噴火，或いは大気海洋の相互作用によって，さまざまな周期の気候変動が生み出され，人々はただ，それに翻弄されていたと解釈できる．しかし，図 6.2.3 で示した「過適応」のメカニズムは，数十年周期の気候変動のみならず，人間が引き起こす環境問題にも通じるものであると考えられる．環境収容力の制約を取り払う，何らかの技術的・制度的なイノベーションが成功裏に行われた時，人々は，最初はおずおずと，そのうち急速に，その技術や制度を利用して，人口や生活水準を大幅に拡大していく（図 6.2.4）．例えば，乾燥地域における灌漑農法の導入，貧栄養で不安定な農地への化学肥料や農薬の投入などにより，人々は，歴史的に極めて大きな環境収容力の拡大を勝ち取り，人口や生活水準を急速に拡大してきた．

問題は，その技術的・制度的なイノベーションが，しばしば予期しない副作用を伴っていることである．灌漑農法における塩害の問題や，化学肥料の多投による水域の富栄養化，農薬による生態系の破壊などが，それに当たる．その結果，拡大した環境収容力は，再度縮小を迫られることになる（図 6.2.4）．そもそも，

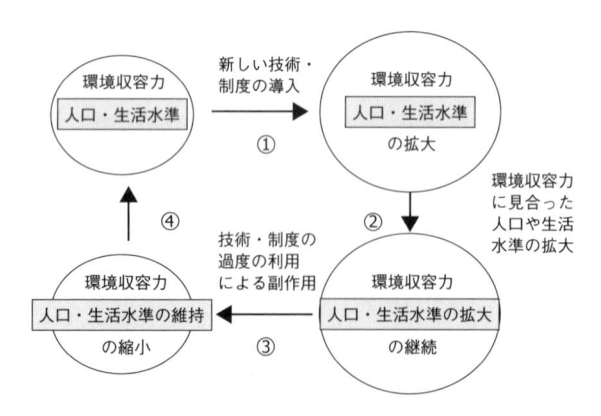

図 6.2.4　人為的環境問題と数十年周期気候変動の相同性

自然や社会にそれまで存在しなかった新しい技術や制度を導入するのだから，予期しない副作用が発生することは，むしろ自然なことといえるかもしれない．いずれにしても，おずおずと利用され始めた初期の頃には，副作用が表面化しにくいのに対して，新しい技術や制度の中で育った若い世代が，それらに過度に依存，すなわち過適応して，人口や生活水準を拡大していくに従って，技術や制度の過度な利用が進められ，やがて，副作用が大々的に表面化したときには，もはや社会全体が，そこから抜け出せなくなってしまっている，という構図ができあがる．

数十年周期の気候変動の時間スケールは，自然の力で偶然生じるものであるが，人為的な環境問題にも，人間の1世代の時間スケール，すなわち，数十年という時間スケールで，同じように問題が発生，拡大し，崩壊していくことが，図6.2.4のように，しばしば認められる．環境問題とは異なるが，明治維新から現在に至る社会変動のプロセスも，図6.2.4の過程で説明できるかもしれない．すなわち，日本における明治初期の「帝国主義」の導入から拡大（過適応），敗戦による崩壊に至るまでの70余年，さらに敗戦後の「高度成長」の導入から拡大（過適応），近未来に予測される財政破綻までの70余年．近代の日本は，2つの数十年周期の波で説明できるといったら，言いすぎであろうか．

システム論的な意味での人間社会の「固有周期」が，数十年なのだとしたら，気候変動という外力の数十年周期変動に反応して，数十年周期での過適応と崩壊が生じるのと同じく，技術・制度革新という内的因子によっても，同じ周期の自励振動が引き起こされるのは，理にかなっていると言えるかもしれない．今後，環境問題の発生から拡大，崩壊に至るプロセスを，事前に予期して，対応できるようにしていくためには，数十年の寿命を持った生物の個体群からなる「人間社会」の特性を理解していくことが，そのカギを握っているといえよう．

6.2.3 なぜ「過適応」は起きるのか

ここで，特定の技術や制度への過適応が生じるメカニズムについて，考えてみたい（図6.2.5）．歴史上，新しい技術や制度は，ほとんどの場合，何らかの既存の問題の解決策として導入されてきた．その新しい技術や制度が，たとえ表面的であっても問題の解決に直接役立つものである場合，その利用は社会の中で急速に広がっていく．それは単に直前の問題を解決するだけでなく，往々にして，強

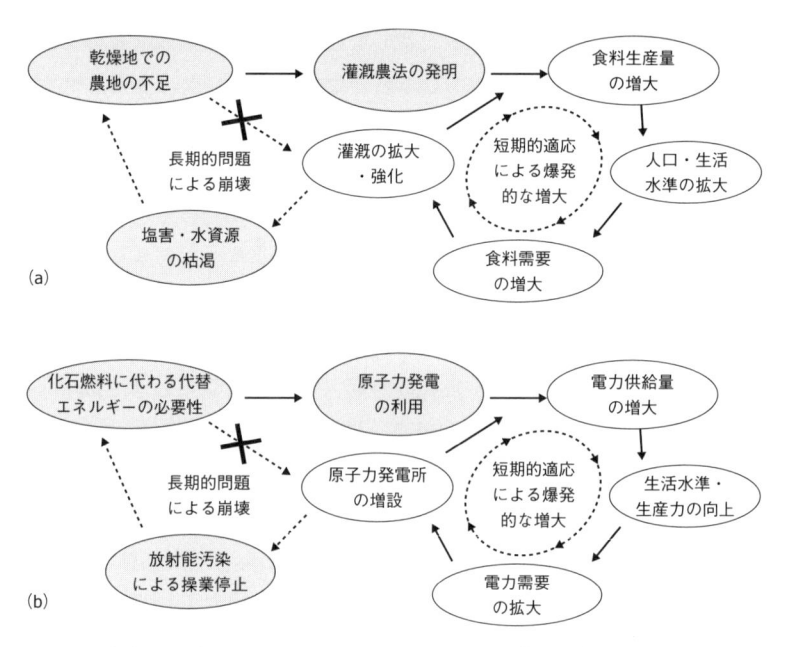

図 6.2.5 技術や制度に社会が過適応するメカニズム．(a) 灌漑農法，(b) 原子力発電の事例

制的に社会を新たな局面に導いていく．たとえば，灌漑農法や化学肥料の導入によって，貧弱な農業生産力が改善され，生産高が急激に増大した場合，拡大した農業生産力は，人口や生活水準の増大を促し，食糧需要が増大して，再び農業生産力の向上を，社会が要請するようになる．その結果，灌漑農法や化学肥料の利用が，さらに促進される．新しい技術や制度の利用と，それに対する社会的な需要が，円環的に正のフィードバックループでお互いを増幅し続けることになる．これが，過適応のメカニズムである．

しかし，過度な技術や制度の利用は，半ば必然的に世の中に何らかの副作用をもたらし，円環的な幸せなフィードバックループは，あるとき，強制的にその循環を停止させられる（図 6.2.5）．しかしその時点では，社会は，さまざまな局面で，その技術や制度に依存しすぎているため，副作用の存在が明らかになっても，もはや，その技術や制度を放棄することはできない．環境問題が，環境問題として，出現する所以である．図 6.2.5 における新しい技術や制度には，歴史上，社会に定着した，ありとあらゆる技術や制度が当てはまる．記憶に新しい例を挙げ

れば，電力会社による電力需要の創出とセットになった，原子力発電の導入から普及，さらに崩壊に至る（そして崩壊に至っても止められない）プロセスも，同じ構図である．

　もちろん社会の中には，そうした新しい技術や制度の普及を妨害する，いわゆる「規制」が存在することも多い．そうした規制は，現代社会においても数々の法制度や慣習などの形で存在するが，前近代の封建制の時代には，新しい技術や制度は，正にその新しさ故に否定されることもあった．見慣れない技術や制度の潜在的な危険性を察知して，適切な規制をかけることの重要性は，現代社会でも一般的にある程度は認識されているが，新しい技術や制度が持つ副作用の危険性を事前に正確に予測することは難しいため，技術や制度が一見して画期的なものであればあるほど，規制はあくまで形式的な効力しか持つことはできない．それゆえ，現代社会はもとより，封建制の時代でも，問題解決能力を持つ新しい技術や制度は，社会の中で速やかに伝播してきた．江戸時代前期に急速に拡大した人口を養うために日本全国で研究され農書として伝承された農業技術や，当時世界最先端の先物取引の制度を開発した江戸時代後期の商業制度など，封建制度の確立した日本の江戸時代でも，新しい技術や制度の開発や伝播のスピードは極めて速かったといえる．

　図 6.2.5 に示した「過適応」のメカニズムは，結局のところ，「短期的な適応性」を持つ技術や制度は，たとえ「長期的な持続性」を持たないものであっても，数十年という人間の 1 世代の時間スケールの中で，急速に拡大・普及してしまうということを意味している．人間社会を，進化論的な複雑適応系として見た場合，あらゆる技術や制度の普及のカギを担っているのは，その技術や制度から恩恵を得る人々が意思決定する時間スケールでの競争力である．人々の意思決定は，しばしば短期的な利得に基づいて行われるため，短期的な競争力を持つ技術や制度が選択されやすい．こうしたメカニズムは，実は人間社会における技術や制度に留まらず，情報の改変と複製を基本にした生命型システムに共通のものである．進化論の世界では，「進化には目的はなく，無定見であること」が特徴とされている．突然変異による遺伝子の改変によって駆動されてきた地球生命史においても，図 6.2.5 と全く同じ，短期的な過適応と長期的な破綻が，さまざまな生物種において繰り返されてきた．人類が今日陥っている状況は，決して特殊なものではない．むしろ，46 億年の地球史の中で繰り返されてきた生命の悲しい性の延

長にあるといってよい．その普遍的メカニズムにこそ，広い意味での環境問題の解決の本当のむずかしさが隠されている．

6.2.4　長期的持続性と短期的適応性の両立可能性

　人間社会における技術や制度の評価システムが，長期的持続性よりも短期的適応性に偏ったものであることが，実は，生命型システムの本質に由来した根本的なものである，と言った場合，そこから導き出される教訓は何であろうか．どうしようもない運命論的な絶望感であろうか．多分そうではない．実に，人間こそが唯一，「生命型システムの呪縛に自らがとらわれていること」を発見した生物なのである．つまり，私たちは，他の生物とは違って，自らの運命を理解し始めたのである．もちろん，理解できたからといって，その運命を変えられるとは限らない．運命を変えるために，生命型システムの呪縛から解き放たれる方法を見つけなければならない．しかし，その時，私たちが生命そのものであることも，忘れてはならない．つまり，生命型システムの外，すなわち，短期的適応性で評価を受けることを完全に拒否して生きることは，私たちには不可能であろう．それは，社会の死を意味するのかもしれない．

　物事を単純化して考えるために，簡単な思考実験として，技術や制度の「短期的適応性」と「長期的持続性」を，2次元座標上に表してみよう．図6.2.6では，都市における交通渋滞の緩和をめざした制度や技術の導入を例にとって，縦軸に短期的適応性，横軸に長期的持続性のある技術や制度をプロットしてみた．交通渋滞の解消のために，最も長期的持続性のある施策は，自家用車を禁止することである．しかし，これは，現在の住民のニーズに真っ向から反しているため，短期的な適応性はない．すなわち，右下にプロットされる．おそらく，実現不可能である．一方で，車に依存した住民の渋滞緩和への要求に直接応えられるのは，高速道路などの利便性の高い道路の建設である．しかし高速道路の建設は，車の利用効率を高めるが故に，車の利用者数の増大を招き，結果的に，さらに重度の渋滞を招く可能性がある．その結果，再び道路の大幅な増設を行わねばならず，最終的には，財政の悪化，大気の汚染，騒音・交通事故の増大などによって，その施策は維持できなくなる，つまり，長期的な持続性はないため，左上にプロットされる．では，右上の短期的な適応性と長期的な持続性の両方を満たすゾーン

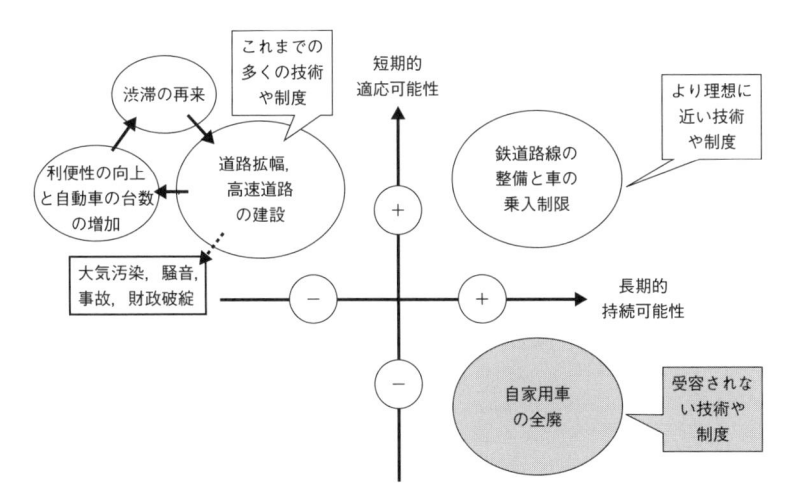

図 6.2.6 技術や制度の短期的適応性と長期的持続性（都市の交通渋滞を例として）

にプロットされる施策とは何であろうか．渋滞に巻き込まれる車の利用者にも利便性の高い，都市中心部に乗り入れられる鉄道を建設することが，短期的適応性と長期的持続性を兼ね備えた施策の1つになるかもしれない．鉄道利用の促進によって，自家用車の台数が減ってくれば，交通渋滞は，さらに緩和されるであろう．もちろん，販売台数の低下を嫌う自動車メーカーは猛反発するかもしれないが，産業構造の転換も含めた社会全体の長期的持続性が考慮されれば，自動車メーカー側からも違った反応があり得るかもしれない．

　以上の例は，自動車と鉄道という，既にその効用や副作用が十分に把握されている技術・制度の利用の仕方を議論したものだが，実際には，これから現れる技術や制度が持つ潜在的な副作用については，事前に予測することは極めて難しい．例えば，iPS細胞を用いた新しい医療技術の開発は，患者の期待に直接応えることができると同時に，新しい産業の創出が期待できることから，その効用は明らかである．しかし，iPS細胞による医療技術の高度化が生み出す究極の未来社会に何が起きるのか，事前に正確に予測することはできない．たとえば，老化のメカニズムが完全に解明されコントロールできるようになり，人間が不老不死になった場合，それは，即，社会の崩壊を招きかねない．個体が死なない，すなわち，新しい世代に交代することができない生物個体群は，持続不可能とも考えられる

からである．

　新しい技術や制度の登場に際して，規制の網をかけることは，その効用が明らかであればあるほど，不可能である．では，どうすればよいか．副作用の出現が，何らかの形で予測できるようになった時点で，その社会的拡大のシナリオを，図6.2.5のような図式に照らして，できるだけ正確に描きだすことが，基礎環境学の一分野としての「環境史」から，未来へアプローチする際の方法の1つになるに違いない．「過去のある時点の社会の状況（特定の技術や制度の活用状況や，副作用の兆候に関する情報）から，その次の時代の環境問題の発生が，果たして予測できたのかどうか」，過去のさまざまな時代に遡って検討を進めることも，未来に備える基礎環境学の研究・教育の中で，取り組むべき課題の1つといえる．

参考文献

ダイアモンド，ジャレド著，楡井浩一訳（2005）:『文明崩壊——滅亡と存続の命運を分けるもの』，草思社．
中塚武（2012）:気候変動と歴史学．平川南編『環境の日本史①日本史と環境——人と自然』，吉川弘文館，pp. 38-70．
Zhang, P., Cheng, H., Edwards, R. L., et al. (2008) : A Test of Climate, Sun, and Culture Relationships from an 1810-Year Chinese Cave Record. *Science*, 322, 940-942.

6.3

環境問題の空間的構造

6.3.1 地球環境問題への国際的取り組み

　今，世界が直面している重大な地球環境問題は，地球温暖化と生物多様性の減少であろう．それは人口減少と人口増加がアンバランスに起こる人口問題，あるいは都市化問題と連動して人類社会に大きな課題を突きつけている．地球温暖化は主に都市部に集中する人為的活動（都市化）による温室効果ガスの増加が大きく影響し，生物多様性の減少は，人口のアンバランスな増減や過剰な土地形状改変，土地利用改変などの人為的影響の結果である．すなわち，それらは人間による地球空間の利用と強い関係にあり，人間活動の空間的諸相を理解することなしには解決の道筋を立てることはできない．

　地球環境問題の空間的諸相は，地球から国家間，国，地域，そして都市や地区まで，さまざまなスケールの階層問題として現れる．そして，それらは相互に関連しあうので，シームレスに把握しなければならない．しかし，異なる空間スケールの課題をシームレスに認識し，接続する手法は，研究においても，その政策などへの応用においても十分に整っていないように思われる．本節では，地球環境問題の把握という観点から国家間スケールでの協定や取り組みをながめ，そして，それがどのような形で，国家や地域の課題として**ダウンスケーリング**されてゆくのか，その関連を見る．

　地球温暖化への警鐘が社会的に認知されるには長い時間がかかっている．その詳細は米本（1994）が詳細に語っている．1992年リオデジャネイロで開催された「国連環境開発会議」（通称，地球サミット）において「気候変動に関する国際連合枠組条約」が締結され，地球温暖化抑制に対する具体的な国際的目標が設定され，解決に向けた国際的協調の枠組みが構築された．これを受ける形で「気候変

動枠組条約締約国会議（COP）」が設置され，1995年，ドイツで第1回会議が開催された．1997年には京都で第3回会議が開催され，温室効果ガスの削減目標を定める「京都議定書」が取り交わされた．2014年5月時点で京都議定書の締結国はオブザーバーも含めて192か国に達し，EU諸国や日本などは署名・締結の上で排出割合を定めている．しかし，CO_2の最大の排出国，中国は排出目標がなく，アメリカは署名をしたものの，離脱するなど，異なる開発・経済状況や政治的思惑により国際的な足並みは揃っていない．

生物多様性については，1992年ナイロビで行われた合意テキスト採択会議で「生物の多様性に関する条約」が採択され，署名開放期間内に168か国が署名を行っている．その締結国会議もCOPと呼ばれるが，10回目が2010年に名古屋において開催されたことは記憶に新しい．日本はこの条約に関する活動の最大の貢献国である．しかし，この会議においても，たとえば遺伝的資源の扱いなどで，発展途上国と先進諸国の利害関係は必ずしも一致せず，すべての国々が納得するルールは十分に構築されていない．また，そのようなルールを設定するための科学的解明も不完全である．

このように，地球温暖化，生物多様性，それぞれ，国際的に問題が認識され，その改善に向けて取り組む基本的な枠組みは構築されつつあるものの，さまざまな利害関係の相違と科学的証明の不完全さを背景に，地球規模の大きな目標に向かう調和的な解決の筋道が十分につけられているとはいえない．米本（1994）は，地球環境問題は政治的問題であり，新しいイデオロギーの問題であると指摘しているが，まさに正鵠を射ている．

6.3.2　地球環境問題の水平統合と垂直統合

図6.3.1に国際的な環境問題調整の枠組みと課題を示す．国家間の国際協調への過程は，地球環境問題の最大スケールでの**水平統合**ということができる．先に述べたように国際的な環境問題の調整，解決の道筋は，締結国会議などの形で，基本的に国家間の政治的調整を通して行われる．しかし，その調整は，世界の国々の政治的不均質さ，経済的不均質さ，文化的不均質さ，民族的不均質さなどから派生するメリット，デメリットの相違によって非常に困難である．その困難を科学的に克服するために，国際科学会議（ICSU）[1]，気候変動に関する政府間パ

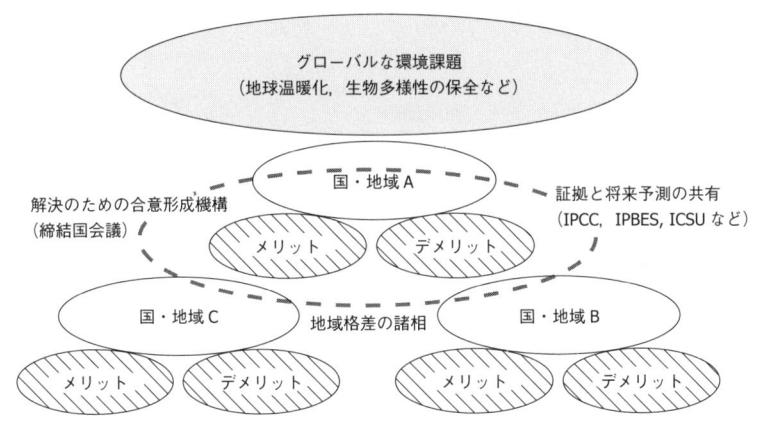

図 6.3.1 国際的な環境問題調整のフレームと課題

ネル（IPCC）[2]，生物多様性及び生態系サービスに関する政府間科学政策プラットフォーム（IPBES）[3]，などを通して，実証的な事実を明らかにする科学と政策を決定する政治的枠組みとの連携を図る機関が設立されている．

ところが，科学と，政策あるいは問題解決の現場とは深い矛盾がある．地球環境問題のような大きなスケールで起きる複雑な現象の因果関係を正確に把握することは，現代の科学においても非常に困難である．一方，問題を抱えている現場は，その問題が深刻であればあるほど，早い解決を必要とする．たとえばそれは，海面上昇に脅かされる小島，あるいは雪氷の氷解に脅かされる白熊などの生態系であり，極度に強い集中豪雨による洪水の多発なども，特にセンシティブな地域において局所的に出現する．しかし，それらの局所的な危機は，地球全体の人為的行為による総合的な影響であり，地球規模で問題を解明しないと局所的な課題は解決しない．そのような現象や危機を地球規模で救済する政策的取り決めを行

---

1) 国際科学会議（ICSU）：人類の幸福のために地球規模の課題に科学的なアプローチで貢献する非政府組織としての国際的学術機関．1931 年に設立され，事務局はパリ．
2) 気候変動に関する政府間パネル（IPCC）：国連環境計画（United Nations Environment Programme（UNEP））と世界気象機関（World Meteorological Organization）の共同で設立された，地球温暖化についての科学的な知見を国際的なレベルで整理収集する政府間機構．
3) 生物多様性及び生態系サービスに関する政府間科学政策プラットフォーム（IPBES）：UNEP との関連において，2012 年に設立された生物多様性と生態系サービスを科学的に評価し，研究と政策との連携を強化する政府間組織．所在地はボン．

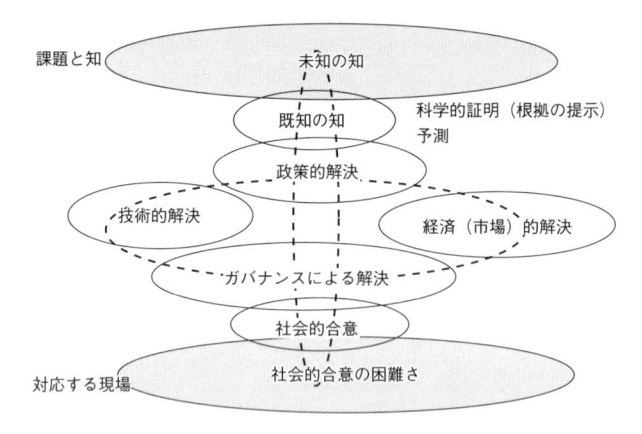

図 6.3.2 地球環境問題のジレンマ．地球環境問題は科学的知の不足と多様な利害関係の中での社会的合意の困難さとのはざまで，最良の解決を導きだす必要がある．このときには，技術的，経済的，そして国や自治体の政策的解決のみならず，住民や利害関係者によるガバナンス的解決が求められる

うには，すべての国々が納得するような科学的な論証が必要である．しかし，それらの因果関係を正確に証明することは難しい．科学的証明不足は，さまざまな利害関係の対立を超えて国際協調へいたる道程を遅らせてしまう．図 6.3.2 にそのジレンマを描いた．地球環境問題の解決に立ちはだかっているのは，ひとつは科学的証明のための知の不足，そして，もうひとつは，さまざまな利害関係が作り出す社会的合意の困難さであり，その両極端の間に，緊急を要するさまざまな技術的，政策的，経済的，そしてガバナンス的に解決すべき課題が挟み込まれている．このようなジレンマをいかに克服するのか，それを探る研究そのものを深めてゆく必要がある．このためには自然科学のみならず，政治学，社会学，哲学，政策学などの人文・社会科学からの積極的なアプローチが期待されている．

次に，地球環境問題の**垂直統合**について論じたい．それはより小さいスケールへの**ダウンスケーリングの過程での統合**である．仮に，国家間の協力関係が促進され，地球環境問題の水平的統合過程が進んだとする．国家間の協力関係は，地球環境問題のそれぞれの国やエリアに対する**負担の配分**，すなわち，**分担と連携**の形で構築される．たとえば，CO_2 の排出量をそれぞれの国の実状に合わせて配分することは分担であり，また，渡り鳥のルートを国際間で確保するというのは連携である．そうした全地球的視点から必要な役割分担や連携を，アジアとい

うエリア，あるいは日本という国家において，さらにどのように具体化するべきであろうか．そのときにどのようなシステムが要求され，どのような課題を克服しないといけないのか．

まず，アジアのスケールで考えよう．たとえば東シナ海に注目しよう．東シナ海は中国，韓国，日本に囲まれた海域である．中国の生産，経済活動が活発になるにつれて，長江などの大きな河川から流入する栄養塩は，海域を富栄養化させる．エチゼンクラゲの大量発生がその影響ではないかと指摘する声がある．しかし，その因果関係は科学的に解けていない．また，原因が発生する地域，あるいは国と，それを受ける地域，国は違う．いわゆる因果関係の空間的偏りによる**上流・下流の問題構造**がある．ただし，どこかの国を環境汚染の加害者とし，別の国を被害者として指摘することは，国際的政治課題として決して良い結果を生まない．また，正確な科学的な根拠をもって証明しない限り，その問題を国家間で話し合う基盤すら生まれない．すなわち，ここでも地域における環境問題の出現の偏りが生む水平統合の課題やジレンマが，スケールダウンした形で出現する．

次に国内のスケールで考えてみよう．日本を例示する．地球環境問題をスケールダウンする場合，その方法には2つの方法がある．ひとつは，CO_2の削減に対して行われている分担（配分）を中心とする方法である．これは，CO_2の排出削減目標を国として設定し，その達成のためのロードマップを作成することである．そして，産業界，交通，あるいは，家計でどの程度見込めるのか，それぞれのステークホルダーに，その排出の程度と改善可能性の高さなどを勘案して削減枠を割り当ててゆく．最終的には，都道府県や市町村など，行政によって，さらなる分担が検討され，そこからは，企業や個人の努力にゆだねられる．しかし，具体的な解決は，技術や行動様式の変化に期待するところが大きい．すなわち，具体的な場所を特定し，その役割をきめ細かく決めてゆくというよりは，エリアとしての貢献度を測るような対応である．このような政策的対応は日本が比較的得意とする．たとえば，CO_2の排出を少なくするような技術的な革新で，問題を乗り切ろうとする姿勢は，企業や行政にとっても対応しやすく，市民のコンセンサスも得られやすい．

もうひとつの方法は，地域に即して（即地的に）役割を決めて，それらの保全と連携で解決を図るという方法である．具体的には，生物多様性の保全がそれに該当する．生物多様性は，そもそも，地域，場所によって，持っている性格が違

表 6.3.1 日本の国土保全の法律体系とさまざまなゾーニング概念

法律名	所管官庁	ゾーニング指定，概念
国土形成計画法	国土交通省	国の国土戦略（ゾーニング概念なし）
国土利用計画法	国土交通省	都市地域，農業地域，森林地域，自然公園地域，自然保全地域
		規制区域（許可制），監視区域（事前届出制），注視区域（事前届出制）
森林法	農林水産省―林野庁	保安林
農業振興地域の整備に関する法律	農林水産省	農業振興地域，農用地区域
都市計画法	国土交通省	都市計画区域（都市地域），市街化調整区域，市街化区域，都市公園，景観地区
自然公園法	環境省	国立公園，国定公園
自然環境保全法	環境省	原生自然環境保全地域，自然環境保全地域，特別地区，野生動植物保護地区，海域特別地区，普通地区
景観法	国土交通省，農林水産省，環境省共同所管	景観地区（景観重要建造物，景観重要樹木）
都市緑地法	国土交通省	緑地保全地域，特別緑地保全地域，緑化地域
都市公園法	国土交通省	都市公園
都市の美観風致を維持するための樹木の保存に関する法律	国土交通省	保存樹木，保存樹林
		適用外→文化財保護法指定樹木・樹林，森林法（保安林），景観法（景観重要樹木）
鳥獣保護法	環境省	鳥獣保護区
水質汚濁防止法	環境省	（ゾーニング概念なし）
土壌汚染対策法	環境省	要措置地区，形質変更時要届出地区
河川法	国土交通省	水系，河川区分（一級河川など）
海岸法	国土交通省	海岸保全区域
水源地域対策特別措置法	国土交通省	水源地域

うため，CO_2 排出抑制のような配分は通用しない．具体的に，ある特定の場所の特定な生態系を基盤に，その生態系の重要性や危機度などを勘案し，その場所にあった即地的な解決が求められる．このような問題は，実は，日本は，きわめて不得意である．それは，土地所有の権利が非常に強く保護され，公共の福祉，あるいは公益として，環境保全が重要であると理解をされながらも，具体的な場所の利用，あるいは私有を制限するような行為は社会的な理解を得にくいからである．

さらに，日本の国土は，国土交通省，農林水産省，林野庁，環境省などに，別々に権限が与えられている．表 6.3.1 に，日本の空間を法的に規定している，さまざまなゾーニング概念とその所管官庁を示す．たとえば，大半の人々が住ん

でいる都市部および，その周辺は，国土交通省が定める都市計画法のコントロール下にあり，市街化区域，市街化調整区域などのゾーニング概念が規定され，建物を建てて市街化を推進する地域と，それを抑制する地域とを分けている．また，林野庁は，森林法により森林計画の対象となる地域を定め，また，水源の涵養，土砂の流出防止などの国土保全のために保安林を指定することができる．農林水産省は農業を振興させるために農用地区域，農業振興地域などのゾーニングを規定している．環境省は自然環境の保全のために，国立公園，国定公園，自然環境保全地域などを指定している．そして，これらの地域は互いに入り乱れながら，それぞれ縦割りのシステムで監督されている．

縦割りの弊害を是正するため，1974年には，全体の国土利用を調整するために国土利用計画法が制定されたが，各省庁の監督権限が強く，国土利用計画法は，それらのゾーニングを追認するのが限界で，積極的に大所高所からの調整役割は果たしきれていない．

地球温暖化対策や生物多様性の保全などの対策についても，環境省が主務官庁であるものの，各省庁をまたぐ水平的な連携は上で述べた空間マネジメントの分断化によって，非常に困難になっている．同様に，即地的な課題を扱う市町村の空間計画の相互連携は，本来，上位の都道府県の空間計画の中で総合的に判断されるべきであるが，水平統合は行われていない．たとえば，都市計画法に基づく都市マスタープランの自治体相互の関連付けは十分ではなく，ある都市の計画では自然の豊かな公園を計画している場所の隣接地で，隣町では森林を伐採し工業団地を開発する計画がなされるというような事例は日常的に発生している．

これまでの論点をまとめると次のようになる．すなわち，地球規模における地球環境問題を，あるエリアの国家間の課題，ある国の課題，そして，その国のさらに小さな地域の課題へとダウンスケーリングしてゆくたびに，それぞれのスケールにおいて，水平統合を困難にする諸状況が出現し，そのことが，結果的に，大きなスケールから小さなスケールへのシームレスな課題解決の垂直統合を阻害するという**入れ子の構造**を見ることができる．地球環境問題と向き合うには，このような状況を克服し，シームレスな垂直統合と水平統合の仕組みを作り上げることが必要なのである．

6.3.3 異なるスケールと課題の連結

これまで考察したように，地球環境問題は，空間的に見ても，さまざまなスケールでさまざまな課題が複雑に関連しあって形成されている．それを解くためには，ひとつの研究分野では対応することができず，さまざまな研究分野が連携する必要がある．そして，さらに，それらは研究に閉じるのではなく，常に，具体的な問題解決のための処方を提案し，かつ，対象となる人々とともにそれを解決してゆくのでなければならない．すなわち，きわめてトランスディシプリナリな解決法が求められる．このようなアプローチには問題マップと作業仮説ころがしの複合化が必要となると考えられる．その概念を図 6.3.3 に示す．

たとえば，ある都市スケールにおける環境問題を考えるとする．そこには，水循環，都市のスプロール，生態系保全などに関わるさまざまな環境問題があり，それらを連結して解くための拡大版の問題マップの作成と，さまざまな作業仮説ころがしを検討する必要がある．これは個別の問題マップに基づく作業仮説ころがし同士の水平統合ということができる．すなわち，水平統合には，国家間，地域間での同じ課題の水平統合のみならず，ある地域の異なる課題の水平統合も重要となる．

また，都市の問題を考えるときには，その上位の国や地域の問題と結びつけるような異なる空間スケール間の拡大版問題マップ作成と作業仮説ころがしを行うことも必要である．たとえば，次節で見る都市のスプロールは，単にひとつの都市で閉じた問題ではなく，その地域全体で，おそらくいくつものトレードオフ関係をも内包しながら，それぞれの課題を調整する必要がある．当該空間スケールと下位の空間スケールも同様である．これらは個別の問題マップに基づく作業仮説ころがしの垂直統合である．

実は，このような個別の問題マップに基づく作業仮説ころがしの複合化は，これまでの日本の空間計画においては，十分に展開されてこなかった．たとえば，ある都市の都市マスタープランの作成にあたり，隣近所の都市の都市マスタープランと詳細な調整をする手続きは法的に定められていない．今後は，こうした手続きを定めてゆくことが求められるであろう．

アジア各国を巻き込んだアジア全体，あるいは地球全体にかかる環境問題はなおさらである．こうした大きなスケールにおける環境問題にあたっては，より広

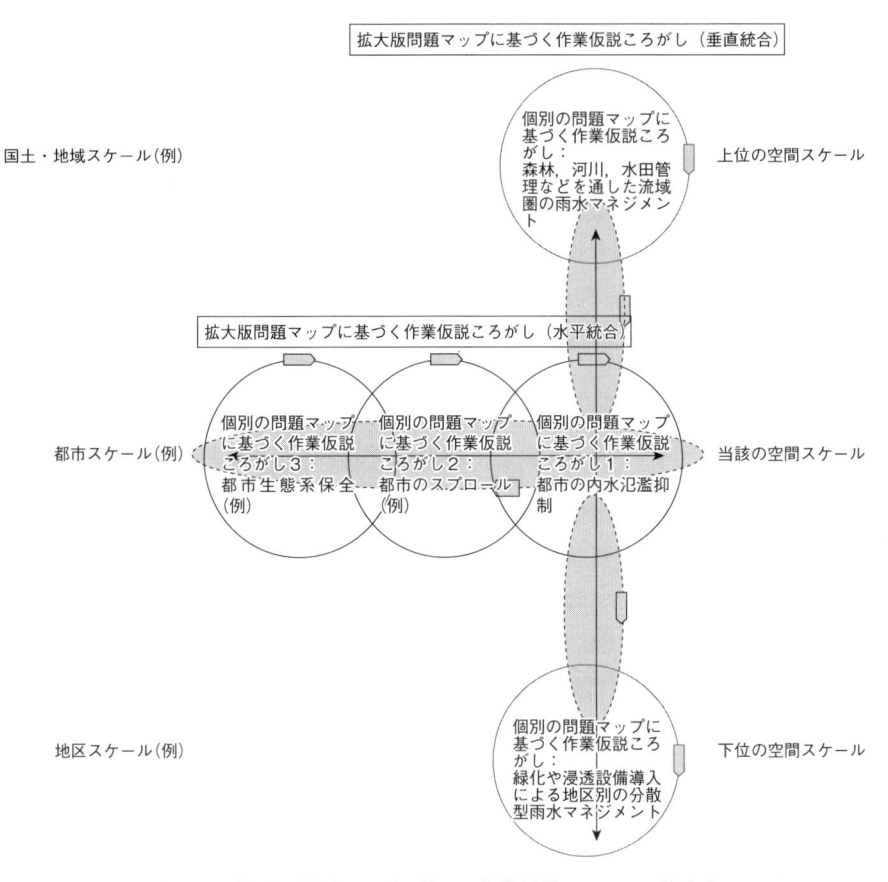

図 6.3.3 個別の問題マップに基づく作業仮説ころがしの複合化

い視点と広い分野の研究交流とその政策的反映の仕組みが国際的なレベルで構築されてゆく必要があり，生物多様性条約や京都メカニズムに基づく排出権取引などは，その連携のひとつであるが，今後さらにそれらの関係を下位のスケールなどにブレークダウンしながら，地球から地区にいたるシームレスで持続的な空間システムの構築をめざしてゆく必要があろう．

参考文献
米本昌平 (1994)：『地球環境問題とは何か』，岩波新書.

6.4

空間軸と時間軸の統合による問題解決へ

6.4.1 負のスパイラル

　環境問題はしばしば，原因と結果が空間的時間的に螺旋（スパイラル）を描きながら悪化していく．これを負のスパイラルという．

　たとえば，身近な環境問題としての都市のスプロールを考えよう．都市が田園に侵食してゆく現象をスプロールという．スプロールは，次のような負のスパイラルを作り，都市を衰退させる．

　急激な人口の都市集中が起こる．その結果，都市の宅地が不足し，地価が高騰する．都市周辺の田園や丘陵森林地帯が開墾され，住宅地が建設され，都市周辺の人口が増加する．都市周辺の地価は高騰するが，農地，山林，原野の地価は相対的に安いため，地主は不動産利益を得ようと宅地化を推進する．これらの地域は公共交通機関が整っておらず，自家用車依存度が増加する．そして，これらの客層を対象に大型店舗が郊外に立地する．さらに，郊外に工場などの働く場が立地促進される．すると，ますます，都心部の商業地域の集客力が衰え衰退する．都心部で生まれた若者が郊外に居を構え，都心部人口の高齢化が進む．このように中心市街地が停滞する一方で，都市周辺部は虫食い状態で土地が消費され，自然的環境が破壊されてゆくのである．

　次に，雨水に関する負のスパイラルを見てみよう．道路がアスファルトで固められ，空間の高度利用が推進される．すると，都市の大部分が降雨に対して不浸透性被覆となり，雨水が地面にしみこむことを阻害し，河川への直接の流出量が増加する．また，土地が被覆され，樹木が減少すると，樹木による蒸発散量も減少し，ますます，地表流出量が増大する．しかし，日本の都市部では，下水道が処理できる降水量は1時間あたり50 mm程度である．そのような環境に，近年

は1時間あたり80mm，100mmといった極端な集中豪雨が頻発するようになっている．この事態には，一般的な下水システムは対応できない．そこで，道路下に巨大雨水貯留槽を作るような計画が進められている．しかし，これには莫大な費用がかかり，整備が間に合わない．つまり，大規模インフラストラクチャーによる都市部の雨水流出抑制対策には限度があり，頻繁に発生するようになった極端な集中豪雨には十分に対応ができていない．

このように，環境問題は，時間スケールの課題と空間スケールの課題を複合的に含んでいる．それは，日本のみならず，地球上のさまざまな地域において，それぞれ異なる様相を呈して起こっている．

6.4.2　負のスパイラルから正のスパイラルへ

上記の負のスパイラルの考察は，一種の問題マップの作成である．それらは，すべて科学的に証明され，関連づけられたものではなく，これから検証すべき課題が多々ある．たとえば，森林が管理不足になると，山林からの雨水流出量が大きくなると指摘する人がいる．しかし，学術的観察では，むしろ，地表流出は樹冠遮断や蒸発散などの影響で，少なくなるという指摘がある．森林の飽和は，表層崩壊よりも表土層だけでなく深層の地盤まで崩れる深層崩壊をまねくという懸念もある．こうした現象は，今後もより精緻に研究，検証されてゆく必要があるのは言うまでもない．しかし，そうした検証がすべて終わるまで待っていたのでは，それまでに地域の生活は崩壊してしまう．すなわち，6.3節で述べた地球環境問題のジレンマがここにも潜んでいるのである．

このような不確実な事象の中で，しかし，何かの対策を行い，少しでも事態を改善しようとする方法はないのか．本書では，それを解く手法として「**作業仮説ころがし**」を提案しており，この方法は基礎環境学でも有効である．

これから考えてゆくべきなのは負のスパイラルから正のスパイラルをどのように構築するかである．具体的に都市の水マネジメントについて考えてみる．

都市の不浸透性被覆により，内水氾濫の危険性が増す．下水道整備や河川河道改修，大型貯留設備の設置だけでは，この危険に十分に対応できない．人口減少下では，その公共設備投資の費用も賄いきれない．これに対して，都市の不浸透性被覆を緑地整備などにより低減し，補いきれない部分は，浸透トレンチ，浸透

桝，浸透性舗装などの技術設備を導入することで，各々の敷地，あるいは道路脇で，分散的に雨水の浸透能力を回復させ，地区全体での雨水浸透環境の改善を図るという分散型雨水マネジメントの考え方が提案される．つまり，降った雨は降った場所で，ひとまず蓄え，ゆっくりと河川にしみ出させることで，地区全体の雨水浸透環境を改善し，結果的に内水氾濫などの危険を低下させ，また，非降雨時の河川流量を増やし，樹木も涵養することで，都市の自然環境を改善するという正のスパイラルをつくる．このような分散型雨水マネジメントはまだ日本には十分に浸透していないが，ドイツなどEU諸国やアメリカ合衆国などの先進都市では，すでに実現に移され，効果をもたらしている．

6.4.3 統合的時空間計画とマネジメント――開発と保全のバランス

　地域におけるさまざまな環境問題のマップを構築し，それを複合的に解く必要があることは6.3節で述べた．それは，どのように行うべきだろうか．

　中山間部では，人口減少，高齢化，林野の管理不足や林業としての不成立，耕作放棄地や空き家の増加，学校や病院などの生活基盤施設の撤退・不足，獣害，竹林の拡大などが起きており，平地の農業地域でも，担い手不足，海外の安い農作物・農業製品に対する競争力不足，耕作放棄地の増大，都市のスプロールと縮退の同時発生，圃場整備に伴う生産力の向上と，その裏腹の生態系サービスの低下，都市や田園を流れる河川の富栄養化，都市部では，エネルギー集中によるヒートアイランド現象，不浸透性被覆増大による内水氾濫の危険性の増大，中心市街地の衰退などさまざまな問題が同時に発生している．このような現象は，地理的空間と不可分に結びついており，また，いろいろなタイムスケールの時間軸を経て顕在化している．それらを複合的，統合的に解くことが求められている．そのことを，**統合的時空間計画**，あるいは，**統合的時空間マネジメント**という言葉で表現したい．

　地域の将来課題を総合的に判断し，それを政策課題として取りまとめることは，総合計画と呼ばれている．日本では，地方自治法により，1969年から総合計画の策定が地方自治体に課せられてきた[1]．しかし，この条文は2010年の地方自治

---

1) 地方自治法第2条第4項に「市町村は，その事務を処理するに当たっては，議会の議決を

法改正において，削除され，以後は自治体の判断にゆだねられることになった．国においては 1962 年から全国総合開発計画が立てられ，これまで 5 次の計画が立てられた．また，2005 年に国土総合開発法は国土形成計画法に改正され，その後は，国土形成計画[2]が立てられている．実は，6.3 節に述べたように，日本では，国土形成計画を含め，総合計画における具体的な空間的理解と描写が乏しい特徴がある．国土形成計画は全国計画と広域地方計画から構成されている．それらには，国土のあり方が非常に多岐にわたって書かれているが，それらを包括する，あるいは部分的な方針を地理的に描写する図版が添付されていない．具体的な空間の計画が作りやすい地方自治体の総合計画においても，空間的な具体性は年々乏しくなっている．これに対して，片山（2013）は，EU においては，Spatial Planning という概念が発達しており，具体的で，総合的な空間のあり方が計画概念として具体化されており，また，そこでは統合性が重視されていると指摘した上で，日本の総合計画は空間計画かという疑問を投げかけている．環境問題は，温室効果ガス問題などが特徴的なように，地球スケールから，小さな田んぼや宅地の生態系の劣化とその保全のような小さなスケールまで，「空間的」あるいは「即地的」に発生するという特徴を持つと理解してよい．しかし，日本の国土計画はその空間的認識が弱いのである．

ここで，地域から基礎自治体まで体系的な空間計画が用意されているドイツの事例をながめてみたい．ドイツは連邦国家であり，国は法体系を整備するのみで，具体的な地域計画に関与せず，最も上位の計画は州レベルの計画になる．ドイツの空間計画は大きく 2 つの体系で構成されている．1 つは空間秩序法（Raumordnungs Gesetz：ROG）と建設法典（Baugesetzbuch：BauGB）によって規定される国土・土地利用に関連する体系であり，もう 1 つは連邦自然保護法（Bundesnaturschutzgesetz：BNatSchG）によって規定される**景域計画**[3]の体系である．それぞれ，州のレベル，地域（Region）のレベル，市のレベル，そして，一番詳細な地区の

経てその地域における総合的かつ計画的な行政の運営を図るための基本構想を定め，これに即して行うようにしなければならない．」とあったが，2010 年の法改正でこの条文が削除された．したがって，総合計画は地方自治体が独自に判断するものとなった．
2) 国土形成計画（全国計画），国土交通省，http://www.mlit.go.jp/common/000019219.pdf
3) 景域：ドイツ語で Landschaft といい，対応する英語は Landscape である．日本語では一般的には景観と訳されているが，景観という用語は Landschaft の意味の持つ空間的概念をあいまいにする傾向があるため，ここでは学術的に定着している景域という用語を充てる．

レベルに分かれている．国土・土地利用に関する体系では，州展開計画，地域計画，市の土地利用計画，地区の地区詳細計画の作成が指示される．他方，連邦自然保護法では，州レベルの景域プログラム，地域レベルでの景域枠組計画，市レベルでの景域計画，そして地区レベルでの緑地整備計画の策定ができるようになっている．そして，これらの計画は，それぞれ，テキスト部分と図版部分とで構成され，扱うスケールは異なるが，具体的に法的に縛りのあるゾーニング指定が詳細になされているのである．また，たとえば，地域計画においては，さまざまな土地の用途に合わせて，優先地域，保留地域，適正地域の3種類の指定をすることができ，将来に向けて戦略的に土地利用の方向性を示すことができる．地区詳細計画では，緑地整備計画と連動させることで，さらに建物の色や形の制限，樹木1本までの植栽義務などを課すことができるようになっている．つまり，非常に広域から，小さなスケールの地区まで，シームレスに空間計画が連動するように体系づけられているのである．

　これに対して，日本の場合は，土地に関するゾーニング指定は，国土利用計画に森林地域，農業地域，都市地域，自然公園地域，自然保全地域の5地域の色分けは明示されているものの，将来に向けた戦略的なゾーニングのあり方は文章規定のみで図化されておらず，統合的に扱われていない．これは，日本の場合は，土地の利用の私権を尊重するあまりに，それを具体的に制限する図を載せることは，なかなか難しいためである．しかし，これからの時代，より体系的な空間計画のあり方を検討すべき時期に来ているように思われる．

　ドイツの場合の2本立ての空間計画は，あえて言うと，開発系の計画と保全系の計画の2本立てである．空間秩序法と建設法典で指定される空間計画は，もちろん，保全系の指定が厳しく入っているものの，本来は産業振興や都市の発展など人間活動にかかる空間計画を合理的に行うために作られており，一方で連邦自然保護法のもとにある景域計画は，文化的景観など人間が作ってきた景観についてもその範囲とするものの，むしろ，生態系保全，気候変動対応など自然的な空間の秩序を維持することを大きな目的としている．しかし，この2つの方向性の違う法体系で保全と開発のバランスを図っているのが印象的である．さらに，環境保全については，景域計画の体系の中に，インパクト緩和規則という強い強制力のある制度が内包されており，環境改変については，これ以上の環境劣化が起こらないように，どこかを開発するならば，開発予定地域内，あるいは，それが

できない場合は，そのほかの場所の劣化した空間を代替的に保全するというような，プラス・マイナスゼロの考え方，すなわち，ノーネットロスの強い縛りがある．

特筆すべきは，EU の指示に基づいて，2004 年までに諸空間計画に戦略的環境評価が義務付けられ，上記の計画についても，将来に向けての戦略ビジョンの設定とその達成度の報告が行われるようになった．つまり，サステイナブルな空間計画づくりに向けて，時間軸を導入した，より戦略的，統合的な展開が進んでいるのである．

EU では，こうした戦略的な空間計画の強化と同時に，環境変化に対するモニタリングの考え方が導入されていることを指摘しておきたい．先に述べた，ドイツのインパクト緩和規則の中でもモニタリングが指示されるが，環境保全，特に生態系保全領域においては，**順応的管理**（アダプティブ・マネジメント）という考え方が提出されている[4]（武内他 2001）．それは，自然のダイナミックな営みやその機能に関する人間の不完全な知見に対応するために考えられた管理方法で，いわば，不完全な知識の中で，まずは最善と思われる方法を具体的にやってみながら，その過程で学びつつ（learning-by-doing），理解を深めてゆくという方法である．これは，一般的な計画技法である spiral model あるいは spiral planning と呼ばれる考え方と対応している．また，それは先に述べた作業仮説ころがしの考え方にも対応している．

このような空間計画に対する戦略的環境評価の導入，モニタリングや順応的管理は，時間的要素の計画プロセスへの適用と理解することができる．すなわち，空間計画が時間的計画を統合してゆく兆候，あるいは，統合的時空間計画とマネジメントへの展開と読むことができる．

6.4.4 地理情報の重ね合わせ──景観生態学などの展開

これまで，統合的な時空間計画の必要性を述べた．ここでその統合化をサポートする技術の展開について触れておきたい．それはドイツを中心とする景観生態学や，アメリカを中心とする自然や土地利用などのさまざまな地理情報を重ね合

---

[4] CBD guidelines, B0 adaptive management, http://www.cbd.int/tourism/guidelines.shtml?page = 0

わせて地域の環境デザインを行う実務的研究の中で培われてきた手法である．

景観生態学は，先に示したドイツの景域計画を支える理論体系であり，C. トロールによって 1938 年に提唱され，戦後，広く普及した（横山 1995）．「景観生態学は，非生物的環境条件と複雑に絡み合ったある場所におけるすべての生物界の研究」（横山 1995, p. 10）であり，多様な生態を地理学的特徴として空間的に類型化するビオトープの考え方などが，日本にも早くから紹介されている．また，その考え方に基づいて，1980 年代には井手久登，武内和彦らによって，自然立地的土地利用計画（井手・武内 1985）など優れた研究が展開された．これらの研究に共通するのは，空中写真などの活用や植生観察などを通して，生態系を土地の空間的特徴として包括的に把握しようとするものである．

一方，I. L. McHarg は"Design with Nature"という著書（McHarg 1967）で，地域デザインの基本として，土地利用，ランドマーク，干潟エリア，現存植生，生態ハビタット，土壌，土地の傾斜などの情報を地図上に描写して，それらを重ね合わせることで，地域のデザインの基盤を作ることを提案した．

これらの研究によって，生態系，土壌，都市気候，土地利用など，さまざまな情報が重ね合わされ，その重ね合わせの中から，将来の空間構造や機能の合理的な計画をする考え方が涵養されていった．そして，今日では，さらに，衛星画像解析，地理情報システム（GIS）の活用が身近なものになり，国などによって整備されたさまざまな統計情報や現地調査などと組み合わされて，きめ細かい空間分析が可能な時代になっている．ドイツの景域計画においても，こうした技術が背景にある．

今後はさらに，これらの技法に，時間的スケールを統合してゆく研究が期待される．

6.4.5　空間計画に対する時間軸の統合

これまで，時空間計画の統合の可能性について，一歩，先を歩んでいるドイツの計画体系を示して考察した．そして，その科学的根拠として，景観生態学や I. L. McHarg の先駆的研究を紹介した．これらの研究蓄積は空間の複雑性を包括的に解くカギを示している．

しかし，忘れてはならないのは時間軸からのまなざしである．すべての環境問

題は，6.2 節で見たように，人間社会の活動と自然の変動の相互作用の中で，ある時間軸の中で顕在化する．すなわち，空間に表出するさまざまな課題も，過去からの状況の分析と時間をかけた解決策の提案を含んで検討する必要性があることを意味する．たとえば，巨大地震に対応する減災計画を行う場合には，まず，どの程度のスパンで地震が発生するか，その規模は歴史的にどのような大きさなのか，それがどのような被害を与えるかを想定する必要がある．東日本大震災においては，1000 年単位で起こる巨大地震を，計画的想定範囲に入れていなかったことが被害を大きくしたひとつの要因として指摘されている．しかし，現実には，10 年，20 年先の状況を計画的に読むことすら難しいし，その将来像を科学的に明確に描くことはきわめて困難である．また，1000 年の課題に対応するべきといって，巨大な防波堤をつくるということで事足りるわけではない．そのような費用が果たして社会的に合理的に意味があることなのか．大きな危険を意識しつつも，むしろ，10 年，20 年の日常生活を重視し，危険に対抗するのではなく，「いなす」という考え方もある．たとえば，危険な場所からはある程度時間をかけて撤退したり，避難訓練を繰り返したり，あるいは，過去の災害を語り継いで行くなどの方法がそれである．そうした，やわらかい考え方にこそ，本書にしるす環境学の「きも」があると考える．

参考文献

井手久登・武内和彦 (1985)：『自然立地的土地利用計画』，東京大学出版会．
片山健介 (2013)：EU における地域統合と空間計画の展開．諸外国の国土政策・都市政策，財団法人日本開発構想研究所，pp. 10-18, http://www.ued.or.jp/report/pdf/200801.pdf
武内和彦・鷲谷いづみ・恒川篤史編 (2001)：『里山の環境学』，東京大学出版会．
横山秀司 (1995)：『景観生態学』，古今書院．
McHarg, Ian L. (1967)：*Design with Nature*, Garden City.

第7章 基礎環境学の実践と展望

　基礎環境学，すなわち，臨床の現場の背後にある問題の歴史性や階層性を深く理解して，それを問題の解明と解決，予測に生かしていくという取り組みは，どうすれば実現可能であろうか．本章では，人口という環境問題の最大の要素を支える食料生産という最も大きな問題を例にして，その歴史性と階層性を3つの角度から考察する．

　7.1節では，現在の人類の生存基盤となった化石燃料による工業的窒素固定の発明が，その後の世界の人々の暮らしをいかに変え，それにより環境に大量に放出された窒素化合物が，いかに生態系を劣化させ，人々が対策に苦慮するようになったかを明らかにする．そこでは，1つの技術の発明が人々の生活水準を大きく向上させ，そのことでさらにその技術への依存度が高まるという，円環的な過適応のメカニズムとそこからの脱却の難しさが，日本と中国，ラオスの事例の対比から示される．7.2節と7.3節では，今日の世界の食料生産の諸問題をグローバルとローカルの双方の視点から描写し，食料生産の垂直統合のあるべき姿について議論する．7.2節では，緑の革命をはじめとする穀物生産技術の改良と，輸送コストの低減を背景にした貿易網の発達により，世界中に豊富に穀物が流通するようになり，世界各地の人々の生活水準が著しく向上した事実を示す．しかし，それが気候変動や経済危機を介して，貧困国における食糧供給を不安定化させる根本原因になっている可能性についても言及する．7.3節では，逆に，長年にわたり地域の食料生産を支えてきたローカル知（伝統知）の重要性を，ラオスの焼畑とバングラデシュの水田の事例をもとに示し，単純なグローバル知（科学知）の外部からの導入だけでは地域の食料生産の安定化にはつながらないことを論証する．

7.1

窒素循環の歴史的展開
――化学肥料がもたらした環境問題――

　1898年，物理学者のサー・ウィリアム・クルックスは英国科学アカデミー会長の就任演説で，「イギリスを始めとするすべての文明国家は，今死ぬか生きるかの危機に直面している．1930年前後から，多くの人が飢餓によって命を落とし始めるだろう」と述べ，「それを止める方法は一つしかない，つまり空中窒素から大量の肥料を生産することだ」と断言した（ヘイガー 2010）．これは，窒素が地球上において生物生産の最大の制限因子であり，近代の人口増大に伴って，窒素肥料の不足が食料生産に深刻な問題を引き起こしつつあることを警告したものである．実際には，20世紀初頭の化学肥料の発明により，問題は劇的に解決することになるが，それは新たな環境問題を引き起こすことになった．

　本節ではまず食料の生産と消費の歴史を，窒素循環の視点からとらえ直す．その上で，化学肥料の導入に関して異なる時間的ステージにある3か国を比較検討し，問題発生のメカニズムとその解決策を考える．

7.1.1　化学肥料の導入以前の窒素循環

　地球全体における窒素の分布を見ると，大部分（95.6％）がマントルと核に含まれており，2.3％が大気に含まれている．しかし，この大部分は生物が利用することはできず，利用可能な土壌・表層岩石，海洋に含まれる窒素はほんのわずかにすぎない（Nitrogen Cycles Project ウェブサイト）．地中の窒素は火山ガスの噴出によって大気に供給される．大気の体積比で78％は窒素で構成されている．

　窒素はタンパク質や核酸の主要構成成分であり，地球上のすべての生命に不可欠な元素であるが，生物が利用できる窒素は，硝酸塩やアンモニウム塩，有機態

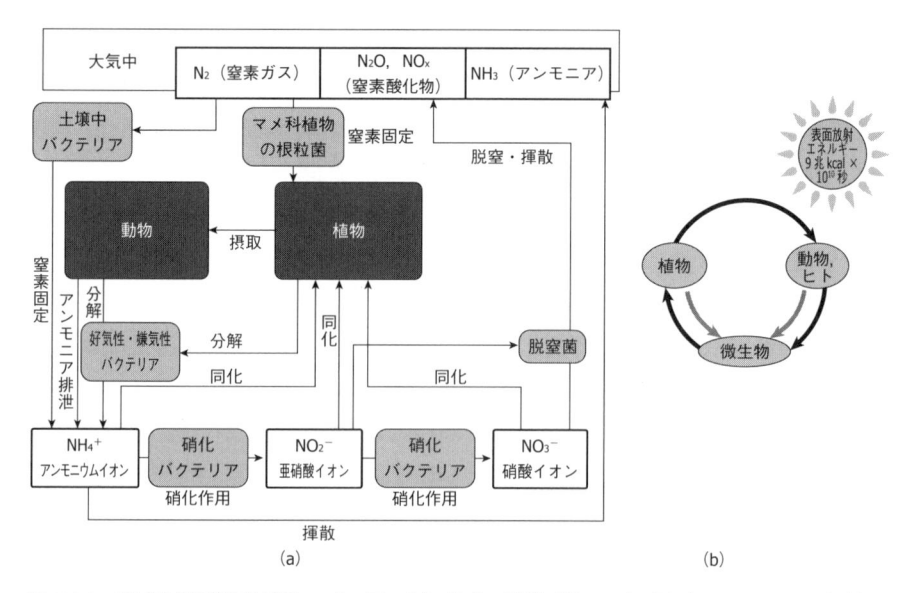

図 7.1.1 陸域生態圏窒素循環モデル図．(a) 窒素の形態変化モデル図（Seneca 21st を改変），(b) 簡易図

窒素などの活性窒素（窒素ガス以外の反応性の高い窒素で，反応性窒素とも呼ばれている）に限られ，大気の 80％を占める窒素ガス（N_2）は，不活性窒素であり一般の生物には利用できない．化学肥料が開発されるまでの間，地球では，一部の細菌や雷の放電のみが，窒素ガスを生物に利用可能な形に変える力を持ち，自然の生態系や農業生産はずっとその制約条件の下で営まれていた．そこではまず，窒素固定菌や雷が窒素ガスを硝酸塩などの窒素酸化物やアンモニアに変換し，植物と菌類がこれを吸収してアミノ酸などの有機窒素化合物を合成する．次に動物がそれを利用し，動植物の排泄物や死骸が微生物に分解されることで，窒素はまたアンモニアに姿を変える．アンモニアは再び植物に取り込まれる（同化）一方で，硝化細菌によって亜硝酸塩，さらに硝酸塩に酸化される．亜硝酸塩，硝酸塩も植物に取り込まれるが，酸素のない環境下では硝酸塩が脱窒によって窒素ガスや一酸化二窒素（N_2O）になり，揮発性のアンモニアガスなどとともに，大気中に戻っていく．自然の生態系では，大気から生態系に取り込まれる窒素の量と生態系からガスとして大気中に戻される量はほぼ均衡している（図7.1.1a）．

自然界で生物に利用可能な窒素を循環させているのは，太陽エネルギーを使っ

て行われる植物の光合成であり（図7.1.1b），その循環量には自ずと限界がある．人類が農業を始めたとされる約1万年前以降も，人間は陸上生態系の一員として窒素循環の制約の下で生きており，紀元前5000年位までは世界の人口は400-500万人しかいなかったといわれている（ポンティング 1994）．

　限られた窒素循環のサイクルを少しでも拡大するために始められた農耕は，やがて世界に普及し，それとともに人々は定住するようになって，生物圏から独立した人間圏が形成されはじめた．まず，森林や草地は燃やされて耕地に変わり，そこで豆類や麦類，トウモロコシや水稲の栽培が始まった．作物収量を維持するためには，作物の形で農地から持ち出した窒素を，農地に補給してやる必要があった．それには，グアノ（海鳥の死骸や糞などの堆積物），硝石（KNO_3）やチリ硝石（$NaNO_3$）などの化石資源が利用されることもあったが，一般には，窒素固定菌と共生したマメ科の牧草や，人や家畜の排泄物，里山の落ち葉，稲わらや草木などの有機物を肥料として利用することで，耕地→作物→人・家畜→排泄物→耕地という窒素の循環が形作られていた．したがって，19世紀までは，農業は基本的にはいわゆる自然の窒素循環の仕組みを利用しており，自給自足的な生業の段階にとどまっていた．

　その中でも，最も原始的な焼畑では，農業生産のために森林や草原が焼き払われ，草木灰や土に蓄えられた窒素化合物を利用して作物を栽培するが，収穫後は地力を回復させるため，耕地は森林や草原に戻された．また，畑作と牧畜が中心の西欧では，畑を四分割し，冬穀物→夏穀物→飼料用根菜→マメ科牧草を順番に植え替える**輪栽式農法**が普及した．これにより家畜の畜舎飼養が可能となり，家畜糞尿からの堆肥を利用し地力を維持した．一方，東アジア地域（中国東部，朝鮮半島，日本）では，人間の糞尿も肥料（下肥）として農地に還元された．たとえば，江戸時代の日本では都市部と農村の間に人の糞尿は商品（金肥）として流通するようになり，専門の汲み取り業者によって，河川を利用して江戸から関東各地へ肥船で運びだされた．また中国珠江デルタ地域には，桑基魚塘（そうきぎょとう）と呼ばれる優れた土地利用が見られる（郭他 1989）．低湿地に魚の養殖池を作り，掘り出した土で作った基台（堤）に桑を育てる．桑の葉で蚕を飼い，死蚕，屑繭などを魚の飼料として池に投入する．養分に富んだ池の泥は桑の肥料とし，桑の葉を食べた蚕が繭を作りだすという伝統農法である．こうした各地の人々の努力により農業の生産性は徐々に増加し，世界人口も1800年には約9億人にまで増加した

（国連経済社会局ウェブサイト）．

19世紀末になると，産業革命が進展して世界の人口が急増する一方で，チリ硝石などは主に火薬製造に使われるようになり，人口の増加に見合った農業生産のための窒素肥料が不足する事態となった．作物を育てられる土地も限られていたため，土地を酷使して土壌栄養分が劣化し，本節冒頭で紹介したクルックスの警告のように，食料生産が世界的に逼迫することになった．

7.1.2 化学肥料の導入による窒素循環の変化

この人類の危機を救ったのが，20世紀初頭に，ハーバーとボッシュによって開発された，化石燃料をエネルギー源として大気中の窒素ガスを固定する「アンモニアの工業生産技術」である．この技術により，化学肥料の生産が可能となり，水と化石燃料さえあれば，大気中の不活性窒素を無限に私たちの食卓に並ぶ食物に変換させられる時代に入った．特に第二次世界大戦の後，化学肥料は「緑の革命」（7.2節）を支える柱となり，単位面積あたりの穀物収量を著しく上昇させ，人口増加による食糧不足の問題は一気に解決された．その結果，世界人口は20世紀初頭の約16億人から，1961年には30.8億人，2007年には66.7億人にまで増加した（FAO 2013）．人口が増加すると作物の需要が増し，農業は食料生産を増大させるために，ますます化学肥料に依存するようになる．また生活水準の向上とともに，動物性タンパク質の摂取量が増え，肉類生産を支える穀物飼料の必要性から，さらに化学肥料が多用されるようになった．

現在ではハーバー・ボッシュ法により固定された窒素のうち，約8割が化学肥料として作物生産に使われているが，実際には，その3-5割しか作物に取り込まれず，残りは土壌圏に蓄積されるほか，大気や河川，地下水へ流出している．化学肥料の過剰使用は，肥料効率の著しい低下を伴っており，1961年からの50年間に世界の穀物生産量が約2-3倍になったのに対して，窒素化学肥料投入量はおよそ8-10倍にも達している（FAO 2013）．生産量のわずかな増加のために膨大な量の化学肥料が使用されているのである．Galloway & Cowling (2002)の推定によれば，大気から陸上生態系にもたらされる活性窒素の量はハーバー・ボッシュ法発明以前の1890年には1.4億トン/年だったものが，100年後の1990年には2.7億トン/年と2倍近くに増加している．すなわち，この100年間に，人間活動

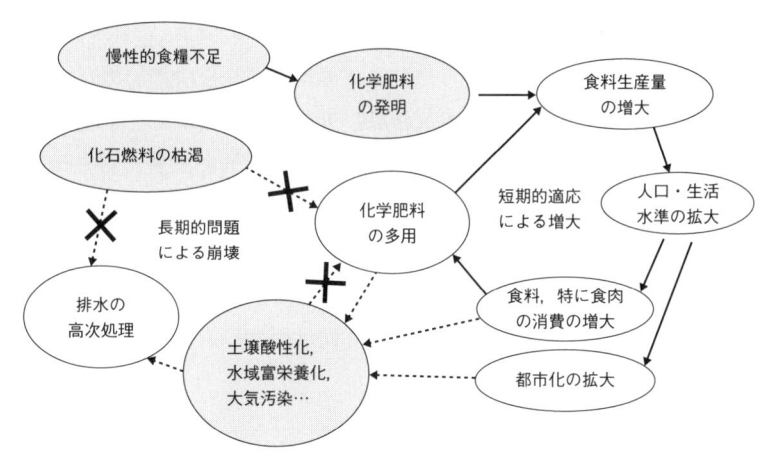

図 7.1.2 化学肥料の導入によって生じる短期的・長期的諸問題

によって地球上の窒素循環のフラックスが約2倍になったのである．Mosier et al. (2001) も同様に，1995年には地球上の全窒素固定量のうち人為起源（農作物による窒素固定，化学肥料など）の占める割合は自然窒素固定量（1億トン/年）を上回って全体の60％以上を占めると推算した．

環境中に過剰に蓄積された活性窒素は，自然の窒素循環のバランスを崩しており，陸上生態系だけではなく，海洋や大気を含めた地球生態系全体に影響を及ぼしている（Galloway et al. 2004；Gruber & Galloway 2008；Galloway et al. 2008a；Duce et al. 2008）．2009年のNature誌上において提案された，「安全な地球上の活動範囲（安全限界）」に関する10個の指標のうち，3つ（気候変動，生物学的多様性，生物圏への窒素の投入）については，すでにその限界値を超えており，特に生物圏への窒素投入については70年代前半にすでに安全限界（35 TgN/年）を超えて，現在はその4倍以上にも達していると指摘されている（Rockstrom et al. 2009）．

こうした生態系への窒素負荷量の増大と並行して，穀物の生産量は人口増加を上回る速度で増大し，1900年には約3億トンであったものが，1961年に8.8億トン，2007年に23.5億トンとなった．あり余る食糧を消費する人口は，その間に都市部に集中するようになり，農業生産や都市生活から排出される膨大な量の窒素は，土壌の酸性化，水域の富栄養化，地下水の硝酸汚染，酸性雨による大気汚染などを引き起こし，健康への影響，食の安全性に対する危惧，生態系の変調，生物多様性の低下など数多くの問題が，先進国から発展途上国まで，いたるとこ

ろで起こるようになった（図7.1.2）．

　化学肥料の過剰使用は，このように数多くの環境問題を引き起こしているが，それを支えているハーバー・ボッシュ法は，近い将来枯渇すると予測される化石燃料に依存した技術である．環境問題に加えて，エネルギー資源の枯渇という2つの大きな制約によって，化石燃料に依存した現在の世界の食料生産システムは根底から崩れてしまう危険性を持っているのである．ハーバー・ボッシュ法は，人類を慢性的な食糧不足から救う夢の技術であったが，それは人口の急増や生活水準の向上をもたらしたため，化学肥料なしには生きられない世界を作ってしまった．

7.1.3　アジアモンスーン地域における窒素循環——その歴史的変遷

　化学肥料の導入によって地球上の窒素循環は大きく変化したが，その状況は各国で同じではない．経済の発展やグローバル化への対応の度合に応じて，その様相は国ごとにさまざまである．化学肥料がもたらした人類史的な問題群への解決法を探るために，ここではモンスーンアジアという共通性を有する一方で，全く異なる歴史的状況下にあるラオス，中国，日本の3か国を対象に，農耕地を中心にした窒素循環の状況や問題発生のメカニズムを概観する．

　「モンスーンアジアでは，雨期と乾期が存在し，季節により卓越風向が全く逆転する．世界全体では，沖積低地は全陸地面積の20分の1しか存在しないが，モンスーンアジアでは，その比率が6分の1と高く，耕地として利用できる低地の面積は，世界全体の半分以上がモンスーンアジアにある．」（祖父江 1988）．このように，アジアモンスーン地域は，面積では世界の陸地のわずか14％しかないが，高い耕地割合を反映して，世界人口の54％におよぶ人々が暮らしている．主要な生業である稲作は，今から7000-8000年前に中国・長江の中・下流域で始まり（佐藤 1996），現在では，世界の米の9割がこの地域で生産されている．しかし，20世紀後半からの急速な経済成長に伴い，各地で農業近代化，都市化，工業化，自動車の普及などを背景に，窒素負荷量の増大が顕著となっている（Uno et al. 2007；Ohara et al. 2007；Galloway et al. 2008b）．

(a) ラオスにおける窒素循環の変遷

ラオスは東南アジアで唯一の内陸国で，森林面積が国土の70％以上を占める（FAO 2013）．人口密度は低く，国内の労働人口の約8割が農業に従事している．1980年代末までは，自給自足による分散型社会であり，北部山地には焼畑，中部や南部の平野部には水田を基盤とする農業システムが広がっていた．米が主な食料だが，水田の魚や小動物，焼畑の芋や野菜，香辛料なども食料として利用されており（横山・落合 2008），その頃までは化学肥料や農薬はほとんど使われていなかった．

ラオスの人口は1961年の141万人から年10万人ペースで着実に増加し，2010年には656万人に達している（FAO 2013）．その間，1990年代になると水田の集約化が進み，平野部の水田面積は1995年の26万haから2009年の87万haまで増加した．人口の増加を背景として，平野部では米の単位面積あたりの収量を増やすため，90年代に化学肥料の利用が始まり，その後，化学肥料の使用量は増加してきている（図7.1.3）．米の収量は1976年の1.26トン/haから2009年の3.60トン/ha（2005年の世界平均は3.3トン/ha）まで安定して増加したが，農地面積あたりの窒素化学肥料の使用量は4-8 kg/haとなっており，依然として低い水準にある（FAO 2013）．

雨季（5-9月）にのみ稲作する村では，これまで乾季の稲刈り後の水田に水牛などの家畜を放牧し，稲の刈り株や雑草を家畜の飼料とし，家畜の糞は肥料として水田の土壌に還元するという物質循環の仕組みがあった．このようにラオスでは近年まで，ほとんど無施肥の農業が営まれていたが，人口の急増とグローバル化の進展によって，90年代後半から一部の地域で，コーヒー，飼料用トウモロコシ，パラゴムノキなど商品作物の栽培

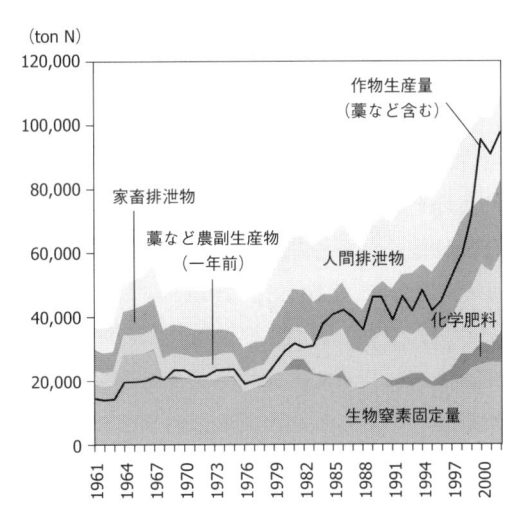

図 7.1.3 ラオス農地における窒素収支の変遷（データソース：FAO及びLaos Statistics；計算法：Liu et al. 2008）

が普及し，焼畑による自給的な作物栽培から，常畑による輸出用の画一化された契約栽培へと農業形態が変容しつつある．これらはベトナムやタイ，中国などから進出してきた企業によって行われるものが多く，化学肥料に依存する農業形態が導入されつつある．また，土地利用や生業構造の変化に伴って，食生活も変化し，豚肉・牛肉・鶏肉や卵類の消費量・生産量は急激に増加してきている．

農地の窒素収支（図7.1.3）を見ると，70年代前半までは作物生産量と生物による窒素固定量はほぼ等しい．その後，作物生産量は徐々に増加し90年代後半からは著しく増加している．農地に投与される総窒素量も，その間に急増したが，作物生産量の増加率の方が大きく，土壌中での脱窒や河川への流出，アンモニアの揮散などによる損失を考慮すると，2000年以降は，土壌中の窒素が奪われて窒素欠乏状態に陥っている可能性も指摘できる．しかし，人口の増加や生活水準の向上により，作物生産量を増加させる必要性があるため，可能な限り収量を増加させようとする動きが海外から進出した農園の企業経営者らからはじまり，地元農民にも広まりつつある．その結果，今後化学肥料の投入量が増え，窒素負荷量が増加して環境汚染につながる可能性も否定できない．つまりラオスでは，現在，化学肥料による環境への窒素負荷が，ちょうど今，問題になり始める段階にあるといえる．

(b) 中国における窒素循環の変遷

中国では，1949年の中華人民共和国の成立後，毛沢東の「大躍進」，「人民公社」政策のもとで，「大飢饉」（1958-62）も経験したが，1970年頃までには，集団農場と灌漑の普及によって食料の増産が実現した．しかし急激に増加する人口に作物生産量が追いつかず，70年代まで大都市では食糧，肉，油などの食物はすべて配給制であった．1972年のニクソンの訪中後，ハーバー・ボッシュ法による窒素固定工場が建設され，耕地面積の減少にもかかわらず，化学肥料の使用量の増加に伴って，作物生産量は増加してきている（図7.1.4）．現在，中国の農地は世界の約7％を占めるに過ぎないが，化学肥料の33％を消費し，世界人口の20％を支えている．

中国ではこの40年間に，社会全般が大きく変わった．その背景には，1978年の鄧小平の「改革・開放」政策による社会主義的市場経済の開始，生産責任制の導入による農村地域の改革，その後の1991年の「南巡講話」（鄧小平）による都

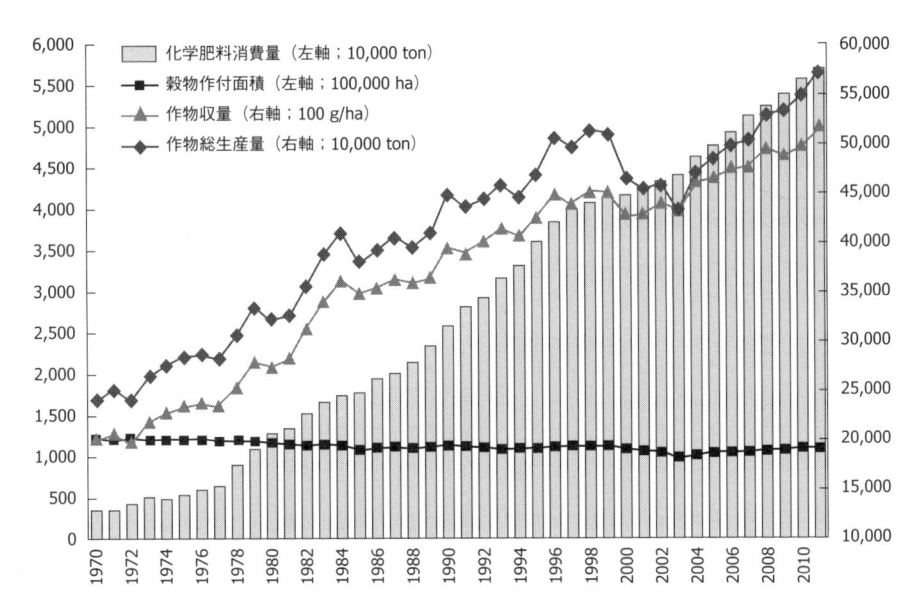

図 7.1.4 中国における耕地面積，化学肥料使用量，作物生産量の変化（データソース：中国統計年鑑各年版）

市部の経済改革の加速，2001年のWTO加盟によるさらなる経済のグローバル化などがある．稲作の発祥地として知られる長江下流部の太湖流域でも，急速な都市化によって水田の姿が消えつつある（5.3.1小節）．この地帯は元来水田と水路がつながるクリーク（密な水路網）景観を持ち，水郷文化が発達していたが，水田は高層ビルになり，水路網は地下鉄や道路などの都市交通システムへ，そして水の流れは大きな人工トンネルに集約されるようになった．このような大規模な都市化が地域の窒素循環に大きな影響を与えている（5.3.2小節）．つまり，中国では，近年の急激な経済成長に伴って化学肥料の使用量も急増し，環境への窒素負荷の増大によって，あらゆる種類の環境問題（土壌の酸性化，水域の富栄養化，酸性雨などの大気汚染など）が同時多発的に発生して，その対策に追われている．

一方で，近年まで，中国の食料・飼料生産はほぼ自給自足であったが，WTO加盟以降は，アメリカなどからの大豆やトウモロコシ，小麦などの輸入が増えてきている．また中国の企業が東南アジアに進出して，農地開発を行うようになってきた．国内作物生産の減少により，化学肥料の使用量も減り，農地からの窒素流出の減少が期待されるが，中国が必要とする食料の生産拠点を外国に移動する

ことによって，外国に問題が拡散し始める段階に来ているともいえる．また，中国の食飼料生産の自給率の減少は，今後の世界の食糧安全保障に深刻な影響を及ぼす可能性もある．

(c) 日本における窒素循環の変遷

日本でも，1950年頃までは，人間や家畜の排泄物などの地域の自然資源を循環的に利用する農業が主流であったが，50年代から80年代にかけての高度経済成長期に農業基本法（1961年）が施行され，窒素循環に質的な転換が生じた．袴田（2000）が分析した日本における食料の生産と消費に伴う窒素フローの変遷（図7.1.5）によれば，化学肥料や農作物残渣を含め環境に投入された窒素量は，窒素原子（N）の質量換算で1960年の1560 GgN/年（= 1.56×10^{12} gN/年，ギガGは10の9乗）から1992年の2380 GgN/年まで1.5倍に増大している．この間，穀物生産に関わる化学肥料と農作物残渣などによる農地への窒素投入量は減少し

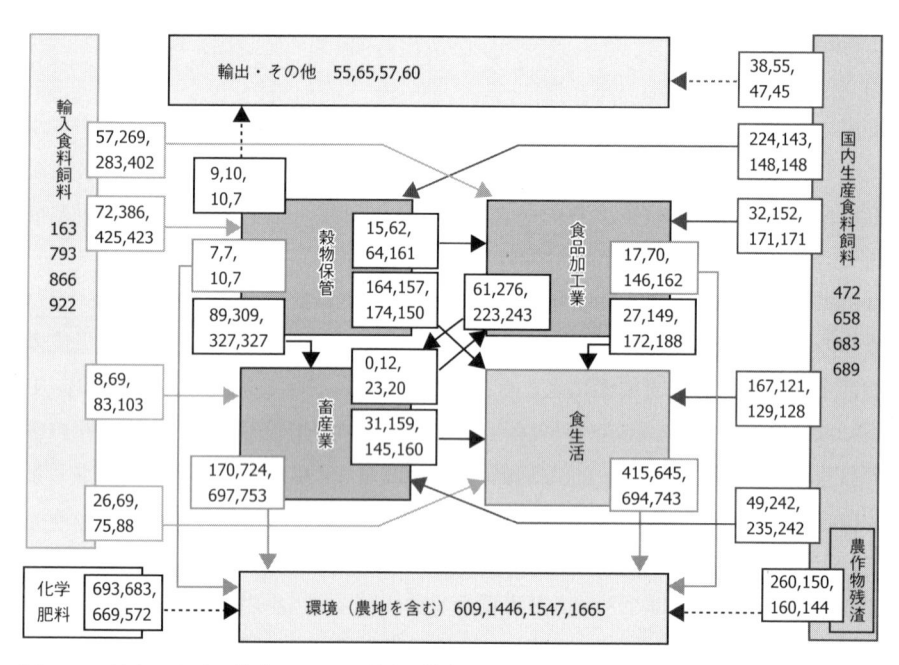

図7.1.5 日本における窒素フローの変遷．数字は，左から右に（一列の場合は上から下に），1960年・1982年・1987年・1992年の窒素フローで単位はGgN/年；破線矢印は，系の内外へのフローを指す（袴田2000を改変）

ており，これは農業生産規模の縮小（耕地面積は1960年の600万haから2011年の456万haまでほぼ一貫して減少した）が原因と考えられる．一方で食料消費による環境への窒素負荷量は大きく増加している（たとえば，輸入食飼料は5.6倍に増加した）．

　これらの窒素循環の変化は，主に食生活の変化によるものである．戦後日本では高度経済成長を背景に食生活の西欧化が進み，米の消費量が大きく減少する一方で，畜産物や油脂類の消費は大きく伸び，その生産のために大量の飼料穀物（トウモロコシなど）や油脂原料（大豆，菜種など）を必要とした．農産物の内外価格差や国土条件の違いなどにより，多くの食飼料は海外からの輸入に頼り，日本は世界一の窒素輸入国となっている．日本のカロリーベースの食料自給率は，60年代は7割以上あったのが，70年代には5割前後となり，90年代以降には4割まで低下した．日本の食生活は海外の農地に支えられているといえ，2006年には日本の食料供給のための作付面積は，国内で約467万haであるのに対し，海外ではその約2.6倍の約1200万haに達するといわれている（持続可能な農業に関する調査プロジェクト事務局 2007）．1992年の状況を見ると，1.2億人余りの食生活を支えるために，国内生産と輸入とを合わせて1610 GgNの窒素が食飼料として投入され，ほとんど同量の窒素が屎尿，生ゴミ，家畜糞尿として排出されており，食生活が日本の環境に窒素を蓄積させる主要因となっている．

　日本の輸入食飼料のうち，トウモロコシ，小麦，大麦，大豆，菜種，大豆油粕による窒素輸入量が全窒素輸入量の8割以上を占めている（2005年）．このうちトウモロコシ，大麦，大豆油粕の主な使い道は，飼料である．菜種と大豆は主に採油に使われるが，採油した後の油粕は飼料に使われる．つまり小麦を除くすべての品目の主な使用目的は畜産である．特に，牛肉の生産には豚肉や鶏肉の2倍以上の穀類が使用されている．本来牛の餌は草であるが，他の家畜より多くの穀物が必要となる理由は，日本の特異な牛肥育方式にある．すなわち，松阪牛などの筋繊維の間に脂肪を入れ込んだ「霜降り肉」を生産するために，栄養価の高い濃厚飼料（トウモロコシ，小麦，米，大豆，油粕など）が必要になる．このように日本における窒素の輸入依存は，畜産（特に牛）のための飼料が1つの重要な原因であることがわかる．

　もう1つ留意すべき点は，食べ残しや食品の廃棄である．農林水産省によれば，食品廃棄物のうち一般家庭から発生するものの割合は約58％であるが，家庭に

おける食品ロス率は4.1％で拡大傾向にある．すなわち日本では，大量に食料を輸入する一方で，家庭や食品産業を中心に大量に食料を廃棄しており，その割合は，ごみ総排出量の3-4割ともいわれている．本来，生ごみは飼料や堆肥に利用できる有機資源であるが，9割以上が埋め立てや焼却によって処理されているのが現状である（持続可能な農業に関する調査プロジェクト事務局 2007）．

　日本では，このように，化学肥料を多用した食料生産に伴う環境への窒素負荷は大きく減少してきたが，そのつけは海外の食料生産国に回され，食料生産国の窒素負荷を増大させているといえ，一方で，都市部を中心にした食料の大量消費や，特異な生産方法による畜産によって，1990年代までは，国内の環境への総窒素負荷量は依然として増大していたといえる．

7.1.4　持続可能な窒素循環に向けて

　化学肥料の導入によって世界中で発生しつつあるさまざまな環境問題や，エネルギーの枯渇に起因する食料生産の持続可能性の危機は，どうすれば解決できるであろうか．以上3か国の状況を踏まえ，基礎環境学的な視点から対策を検討することとしたい．

　現在，先進国ではあらゆる食品が入手可能で，窒素含有率の高い動物性タンパク質を制限なしに摂取できるが，その結果，子供のときから肥満との戦いが始まることとなった．また，食物から得られた貴重なエネルギーは，プールやジムに通ったり，ジョギングしたりすることで消費されている．これと同じことが，自然の生態系でも起きている．湖沼や河川，近海などの水圏では富栄養化が起き，大気圏では自動車の排気ガスからの窒素酸化物などによって酸性雨が降り，土壌圏も化学肥料の蓄積により，多くは「富栄養状態」になっている．本来，窒素は生物生産の制限因子として，生態系にとって極めて貴重なものであるはずだが，窒素の過剰により，地球生命圏全体が「富栄養状態」となり，バランスが崩れてしまっているのである．

　こうした状況を改善するためには，食料の大量生産・大量消費の抑制をはじめとする窒素循環の縮小が必要になるが，21世紀の前半には，さらに地球人口の増加が続くだけでなく，貧しい地域の人々の生活水準の向上，すなわちより豊かな食生活と自動車などの普及が予想されている．FAO（2013）の試算によると，

世界全体では2050年までに，1995年比で約2.25倍，アフリカだけでは5.14倍，アジアだけでは2.34倍の食料が必要になる．また，都市化も経済のグローバル化もより一層進むであろう．2005年版の『国連世界都市化予測』報告（UN World Urbanization Prospects）によれば，1900年に2億2000万人（世界総人口の13％）だった都市人口は，1950年には7億3200万人（世界総人口の29％）に，2005年には32億人（世界人口の49％）となっており，2030年に

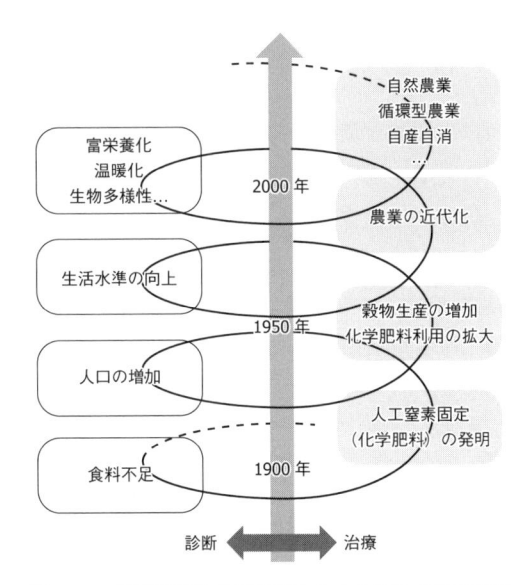

図7.1.6 窒素循環と食料生産をめぐる近代の螺旋構造

は49億人（世界人口の60％）となっていると予測されている．近年先進国では，化学肥料を使わない有機農法や循環型農法などの自然の窒素循環に立ち返った農業が提唱されているが，単位面積あたりの生産量は半減する可能性があり，膨大な人口を支え切れる保証はない．

化学肥料の導入によって，先進国から始まったさまざまな社会的現象（図7.1.6）には，人口の急増，都市化，大量生産・大量消費・大量廃棄など，環境への窒素負荷量をさらに増加させる（つまり正のフィードバックをもたらす）ものが多く含まれており，農業だけでなく，人々の生活スタイル全般に関わる，より包括的な問題の把握が必要になる．人口が増加し生活水準が向上して行く中で，同時に窒素循環の規模を小さくしていくことはこれまでの常識から考えると大きな矛盾であるが，人間社会をできるだけ循環型社会に近づけることで自然の窒素循環に及ぼす負荷を減少させる以外に解決策はない．そのためには，国や地域ごとに異なる食料生産・食料消費の状況に応じて，きめ細かく処方箋を提示していく必要がある．

日本では，1960年代から70年代の高度経済成長期に，工場や家庭からの排水によって閉鎖性水域（湖沼，ダム，ため池，内湾，内海など）で富栄養化が進行し

た．これに対して，1970年には水質汚濁防止法が制定され，1979年から始まった「水質総量削減制度」など，さまざまな取り組みにより水環境対策が強化された．当初は有機汚濁物質の削減が目標（化学的酸素要求量（COD）が規制対象）であったが，富栄養化を止めることはできず，2002年の「第5次水質総量規制」に際して全窒素（TN），全リン（TP）が規制対象に加わった．この総量規制によって，河川や内湾の水質はかなり改善したが，湖沼では，水質基準の達成率は43％と低い状況に留まっている．工場などの事業所に対しては，当初から効果的に排出規制が行われた結果，現在は一般家庭からの排水が水質汚濁の主な原因（東京湾では有機汚濁負荷量の約70％が生活排水由来）となっている．

このように，70年代以降，日本では大量のエネルギーと資金を投じた高度下水処理システムにより，陸から海に放出される窒素負荷量の削減を図ってきたが，その結果，2000年以降，瀬戸内海では栄養塩類の不足による海苔の色落ちが発生し，魚や海苔などの漁獲量が減少するといった「栄養塩異変」と呼ばれる新たな水環境問題が生じている（環境省ウェブサイト）．また，東京湾においても，大規模な貧酸素水塊がしばしば発生する一方で，陸域からの汚濁負荷量の長期的な減少により，東南部海域では貧栄養化が起こり始めたと報告されている（藤原他 2009）．日本の環境政策では，これまで窒素フローの出口での縮小のみがめざされてきたが，適度な窒素負荷によって海域の生産力を維持する，循環全体を視野に入れた新たな対策が求められる段階に至ったともいえる．

現在，日本は世界一の食料輸入国であり，窒素を食飼料の形で海外から輸入して国内の環境へと排出する，一方向の開放型窒素フローが形成されている．国内では窒素循環の問題が，工場・農場からの排水による公害型の問題から，主に都市型・生活型の問題に変化する一方で，食料の大量輸入によって，日本が関わる問題が地球規模に拡大してしまっている．先進国である日本は，生態系のバランスを重視した健全な窒素循環を国内で回復させ，陸域と海域をつなぐ総合的な食料生産・資源管理システムを，率先して構築することが求められている．開放型となっている窒素フローを，食・農・漁の見直しや，生ごみなどの有機物の資源化によって，循環型に変換することが緊急の課題となるであろう．

中国では，化学肥料の不適切な使用を見直すことがまず重要である．中国の農家の多くは収量を最大にするため，1haあたり500-600kg以上の窒素化学肥料を毎年使用している（日本の場合は100-150kg/ha程度）．化学肥料の過剰使用により，

窒素利用効率は2-3割（日本の場合は5割前後）しかなく，残りの7-8割は環境へ排出されている．一方で，中国では広域下水処理システムの普及が急がれているが，窒素循環からは再考すべき点がある．人間は，1人あたり年間400Lの尿（無害で肥料として直接使用できる窒素4kgとリン0.4kgを含む）と50Lの糞（そのままの利用は危険であるが，高温発酵などを経れば肥料になる）を排出するが，これをパイプ型下水処理システムに流すためには，膨大な真水を必要とするだけでなく，排水中の窒素を除去するために多額の費用がかかる．実際に中国で現在行われている比較的安価な下水処理方法では，窒素除去率は20％未満であり，人間の排泄物中の窒素のほとんどが水域に排出されることになる．試算（Liu et al. 2012）では，排泄物の有効な循環的利用により，少なくとも現在の化学肥料の使用量を半減することも可能であり，人口が多く，水資源が不足して，水環境が悪化している中国で適切な排泄物処理システムとは何か，慎重に考える必要がある．

　ラオスでは，当面，過度な人口増加を抑制するとともに，グローバル化した経済との関わり方を慎重に考えていくべきであろう．幸いラオスの人々は，現時点では未だ，図7.1.2や7.1.6に示したような化学肥料の多用によって生じる諸問題の循環的拡大（螺旋構造）には，巻き込まれていない．長い歴史の中で，食糧の深刻な不足もなく，自然と調和しながら暮らしていたラオスの人々は，日本や中国での教訓からも学びながら，自らの未来を自由にデザインしていくことが可能なはずである．そのためには，ラオスに進出している海外企業にも，短期的な利益だけではなく，現地住民の将来の暮らしに配慮しながら開発を進めさせる，適度な規制をかけて行くことも必要であろう．

　地球生命圏の仕組みは複雑で，未知の部分はまだ多く残されている．土壌圏や海洋圏における窒素の循環に人間活動が及ぼす影響，陸と海の間のさまざまな元素のフローが窒素循環にどのように関わっているか，人間が排出することのできる窒素をはじめ各元素の環境許容量の限界値はどれ程であるか，それらを科学的に解明する研究は，現在進行途上にある．本節では，限られた科学的知見の下でも，化学肥料の導入がもたらした窒素循環の変遷を歴史的・国別に概観して，問題点の把握と解決策の提案を試みた．問題点は把握できても，その解決は容易ではないが，それは窒素循環自身が，地域の社会，経済，文化，風習，価値観など多くの問題が関わる人間社会の総合的なあり方を反映しているからである．化学肥料の導入に起因する窒素循環の異常膨張と，人口や生活水準の拡大を特徴とす

る人間社会の変化は，表裏一体である．こうした問題群を総合的に解決していくためには，循環型・自然共生型の社会を再構築していくことが必要になるが，そのためには，研究者だけでなく，住民や企業，地方自治体，さらに途上国・先進国を含む諸国家などの，現在の人間社会を代表するさまざまなステークホルダーとの連携作業が必要なのである．

参考文献

有田正光編著（2001）:『地圏の環境』，東京電機大学出版局．
郭文韜・宋湛慶・渡部武・曹隆恭・馬孝劭翻訳（1989）:『中国農業の伝統と現代』，農山漁村文化協会．
環境省ウェブサイト：http://www.env.go.jp/water/heisa/seto_comm.html
国連経済社会局（United Nations Department of Economic and Social Affairs）：http://www.un.org/esa/population/unpop.htm
佐藤洋一郎（1996）:『DNAが語る稲作文明――起源と展開』，日本放送出版協会．
持続可能な農業に関する調査プロジェクト事務局編（2007）：本来農業への道　http://www.sas2007.jp
祖父江孝男（1988）：『稲から見たアジア社会』，放送大学教育振興会．
袴田共之（2000）：現代日本の窒素循環の問題．地球環境研究センターニュース，国立環境研究所，10 (12), 1-7.
藤原建紀・渡邉康憲・樽谷賢治（2009）：海洋と生物，特集「海の貧栄養化とノリ養殖」．
ヘイガー，トーマス著，渡会圭子訳（2010）：『大気を変える錬金術――ハーバー，ボッシュと化学の世紀』，みすず書房．
ポンティング，クライブ著，石弘之・京都大学環境史研究会訳（1994）：『緑の世界史（上）』，朝日新聞社．
横山智・落合雪野編（2008）：『ラオス農山村地域研究』，めこん．
Seneca 21st（「物質と生命の循環」の視角から地球環境問題に展望を拓く試み）：http://seneca21st.eco.coocan.jp/working/ogushi/03.html
Duce, R. A., LaRoche, J., Altieri, K., Arrigo, K. R. et al. (2008) : Impacts of Atmospheric Anthropogenic Nitrogen on the Open Ocean. *Science*, 320, 893-897.
FAO (Food and Agriculture Organization of the United Nations) (2013) : http://faostat.fao.org/
Galloway, J. N. & Cowling, E. B. (2002) : Reactive Nitrogen and the World : 200 Years of Change. *Ambio*, 31 (2), 64-71.
Galloway, J. N., Dentener, F. J., Capone, D. G. et al. (2004) : Nitrogen Cycles : Past, Present and Future. *Biogeochemistry*, 70, 153-226.
Galloway, J. N., Townsend, A. R., Erisman, J. W. et al. (2008a) : Transformation of the Nitrogen Cycle : Recent Trends, Questions and Potential Solutions. *Science*, 320, 889-892.
Galloway, J. N., Dentener, F. J., Marmer, E. et al. (2008b) : The Environmental Reach of Asia. *Annual Reviews*, 33, 461-481.
Gruber, N. & Galloway, J. N. (2008) : An Earth-system Perspective of the Global Nitrogen Cycle. *Nature*, 451, 293-296.

Nitrogen Cycles Project ウェブサイト : http://www.sws.uiuc.edu/nitro/
Laos Statistics : http://www.ruralpovertyportal.org/country/statistics/tags/laos
Liu, C., Watanabe, M. & Wang, Q. (2008) : Changes in Nitrogen Budgets and Nitrogen Use Efficiency in the Agroecosystems of the Changjiang River Basin between 1980 and 2000. *Nutrient Cycling in Agroecosystems*, 80, 19-37.
Liu, C., Wang, Q., Wang, K. et al. (2012) : Recent Trends and Problems of Nitrogen Flow in Agro-Ecosystems of China. *Journal of the Science of Food and Agriculture*, 92 (5), 1046-1053.
Mosier, A. R., Bleken, M. A., Chaiwanakupt, R. B. et al. (2001) : Policy Implications of Human-accelerated Nitrogen Cycling. *Biogeochemistry*, 52, 281-320.
Ohara, T., Akimoto, H., Kurokawa, J. et al. (2007) : An Asian Emission Inventory of Anthropogenic Emission Sources for the Period 1980-2020. *Atmospheric Chemistry and Physics*, 7, 4419-4444.
Rockstrom, J., Steffen, W., Noone K. et al. (2009) : A Safe Operating Space for Humanity. *Nature*, 461, 472-476.
Uno, I., Ohara, T., Yamaji, K. & Kurokawa, J. (2007) : Recent Trends and Projections in Asian Air Pollution. *Journal of Disaster Research*, 2, 163-172.
United Nations, Department of Economic and Social Affairs Population Division (2005) : *World Urbanization Prospects : The 2005 Revision.*

7.2
食料生産・消費構造のグローバル化

　環境問題とは，突き詰めれば人口問題の側面が強い．特に20世紀中盤以降に顕著となったあらゆる環境問題の背景には，この間に生じた人口爆発が存在する（2.3節）．またこの人口爆発は，同じ時期に起きた農業従事者の人口比の一貫した低下と相まって，都市化という20世紀を特徴づける一大潮流を生じさせている．本節では，これら人口爆発や都市化の直接的な要因である，食料の生産と消費構造の空間的・量的拡大について，その過程と影響について概説し，さらに今後の見通しについて考察する．

　ところで，本書が提言する基礎環境学とは，個々の臨床現場におけるさまざまな環境問題を，より一般性が高く，かつ総合的な枠組みで捉え直すものである．そのためには，それら環境問題を，従来の学問分野の枠にとらわれず，それが発生した直接要因から，その社会的背景まで，立体的に捉えることが肝要である．そこで，そのような私たちのチャレンジとして，本節では農学・経済学・生態学・気候学といった諸分野からの視点を有機的に統合することにより，この主題の全体像を明らかにすることを試みた．

7.2.1 「緑の革命」による近代農業の普及

　20世紀前半までの世界とは，人口の大半が食料生産に携わり，そうであっても少し天候の悪い日が続いただけで栄養不良や飢餓が発生してしまうという不安定なものであった．近世においても，1840年代のジャガイモ飢饉ではアイルランドの人口が半減し，19世紀末のインドではモンスーン気候の不順により数千万人が死亡している（フェイガン2008）．また日本でも，1930年から1934年にかけて，東北地方の冷害による米不足が昭和東北大飢饉を発生させている．この

ような状況は，20世紀後半に世界各所で生じた食物生産量の急増，および余剰食糧のグローバル市場における商品化によって，多くの地域で根底から覆った．

世界三大穀物の年間生産量（単位百万トン）は，1961年から2010年までの50年間で，小麦で222から654，米で216から696，トウモロコシで205から840と，それぞれが大幅な増加を示している（FAO 2012）．この期間の世界人口は，約31億人から約69億人へと倍増し

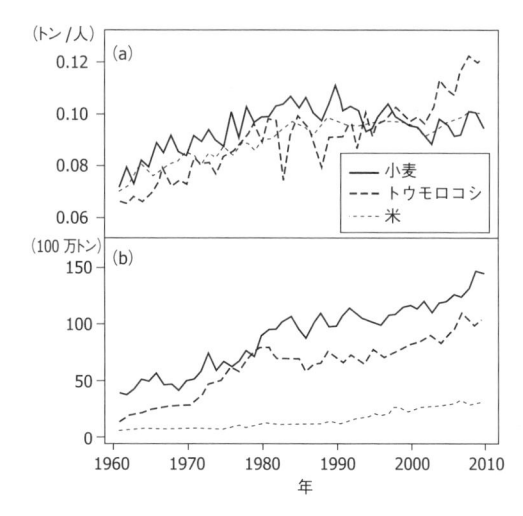

図 7.2.1 (a) 世界の人口あたり穀物生産量の推移．(b) 三大穀物の世界市場の輸出量推移（FAO 統計資料，国連経済社会局人口部（2010）*World Population Prospects : The 2010 Revision*）

たが，それでも，1人あたりが消費できる三大穀物の量は，単純な頭割り計算で5割以上も増加している（図7.2.1a）．

世界の食料生産量が，このように急増した理由は，化学肥料・高収量の改良品種・農業機械を組み合わせた資本集約的な近代農業が世界に普及したことにある．実際に，世界で使用される化学肥料の総使用量は，1961年から2002年の間に，約3351万トンから約1億4686万トンと約4.4倍も増加している（FAO 2012）．また，世界のトラクター台数は，1948-52年には600万台であったものが，2002年には2700万台にまで増加し，さらにトラクター1台の平均馬力も，1950年代の24馬力から2000年の240馬力にまで増大している（Millstone・Lang 2009）．

このような**資本集約的農業**，すなわち人的労働力の代わりに化学肥料や機械といった資本財に大きく依拠する農業は，20世紀後半に先進国から第三世界へ普及したが，それによる一連の社会的・経済的な変化は「**緑の革命**」と呼ばれ，これは19世紀中旬の産業革命に引き続く，人類史にとっての大きな革命であった．緑の革命の立役者の1つは，前節で見たように化学肥料の大量使用である．化学肥料を主に構成するのは，窒素・リン酸・カリウムという植物の生長に不可欠で，なおかつ量が不足しがちな元素である．

緑の革命のもう1つの立役者は，高収量を可能とする改良品種の作成と配布であり，それは小麦において最初の大きな成功が得られた（マクニール 2011）．ここでの小麦における**品種改良**とは，元来細長かった小麦の苗を，茎が短く，茎数が多いという品種にするものであった．この改良品種は，化学肥料の大量投入によく反応し，沢山の実を付けた．そしてそうなっても，茎が短くがっしりとしているため，倒れにくく，農業機械による収穫にも適していた．なお，この改良小麦の作成においては，昭和初期の日本の農業試験場で生まれた半矮性の小麦である小麦農林10号が大きな役割を果たした．小麦農林10号には，背が低く丈夫で倒れにくい，生長が早い，寒さに強い，収穫量が多いという長所があったものの，雨の多い日本の気候には合わず，あまり普及しなかった．しかし第二次大戦後，GHQにより米国に持ち込まれさらなる交雑が加えられたことで，この日本の戦時下における食糧不足を解決することのなかった小麦農林10号は，やがて世界の食糧事情を一変させた．

　緑の革命は，米国ロックフェラー財団の農科学者ノーマン・ボーローグ博士と，彼の率いたチームにより始められた（ヘッサー 2009）．彼らは，新しい品種や，それを栽培するための一連の技術を開発しただけではなかった．この品種と技術を，実際に食糧の増産につなげる過程に存在する，あらゆる障害と闘った．たとえば，植え付けの時期や栽培の方法，施肥や除草，害虫駆除の方法などをセットで農民たちに教え，また多くの農業指導者をさまざまな国において育成するべく組織作りも行った．さらには，大量の化学肥料を要求するこれらの品種のために，化学肥料の調達，農民への資金貸し付け，さらには小麦の売買価格といった，一連の農業経済政策の変更を迫った．その結果，1950年頃，飢餓の危機に瀕していたメキシコにおいて，7年足らずで国内の小麦生産量を2倍にし，そして1956年までには小麦の国内自給を可能にさせた．続いて彼らは，1968年までにパキスタンで，1972年までにインドで，小麦の自給を達成し，それらの国々の米国からの援助食糧への依存を解消させた．この手法と戦略は，その後，ほかの多くの国々において農業生産プログラムの手本となり，また同様の育種革命が，ジャガイモ，トウモロコシにおいても達成された．

7.2.2 グローバル市場での商品となった余剰食糧

1960年には1.4兆ドル（2010年の米ドル価値換算）であった世界総生産は，2010年には63兆ドルへと成長した（The World Bank 2013）．そしてこの間，世界の商取引額のうち国際貿易が占める割合がおよそ19％から48％に増加しており，各国の経済規模が単純に増加しただけではなく，国どうしの結びつきの深化，すなわち経済の**グローバル化**が進んだことがわかる．このような流れにおいて，近代農業の普及により生産国だけでは消費しきれなくなった余剰食糧は，やがてグローバル市場に流通する商品となった（図7.2.1b）．主要穀物の世界生産量のうち国際取引された比率は，2010年において，小麦で22％，トウモロコシで13％，米で4％となっている．また，世界の総食料販売金額に占める国際貿易の比率は約10％を占めている（Millstone・Lang 2009）．このような，近代農業と食糧の広域流通システムの組み合わせが，現代の食料システムの根幹である．

ただし，緑の革命が広まった第三世界で増産された食糧は，主にそれぞれの国内において消費されている．実際に年200億ドル以上の食料輸出国は，北米・ヨーロッパ・オーストラリアの先進国以外では，ブラジルと中国のみとなっている（Millstone・Lang 2009）．また，アフリカ大陸からの穀物の輸出は世界レベルではほぼ無視できるほど僅少であるが，2010年時点で世界の小麦・トウモロコシ・米の輸入重量の，それぞれ，26・13・29％を占めている（FAO 2012）．このように，世界全体として見た場合には，先進国の余剰食糧が途上国に流通するという構造が生じている．これは先進国では，農産物の生産・流通に関わるインフラが整備されており，また大規模農園による「**規模の経済**」のメリットが発揮できることにより，品質が高くて安い農産物を安定的に供給できることに起因している．

7.2.3 現在の食料システムがもたらした利点

近代農業による食料の増産は，公衆衛生の向上と相まって，世界の人口を激増させた．実際に，緑の革命が導入されたメキシコでは約5倍，インドでは2倍以上もの人口増加が，緑の革命から21世紀初頭までの間に生じている．このような第三世界の国々における人口爆発の結果，1950年に約25億人であった世界人口は，1987年に約50億人，そして2011年には70億人に到達している．同時に，

世界の平均寿命も，1950-55年の約48歳から，2005-10年の約68歳と，大幅に伸びた（United Nations 2010）．

　すなわち現在の食料システムは，巨視的には，人類にかってない繁栄と健康をもたらしたと言えよう．これには，食糧生産の絶対量が増大したことが大きいが，それだけではなく，食料流通における地産地消の制約が解消され，食料の供給が安定的になったことも大きい（Desrochers & Shimizu 2012；デロシェール・清水 2012）．すなわち，不作の年には他の地域で豊作であった食糧を消費し，逆に豊作であった年には他の不作の地域に食糧を販売するといった要領で，食糧生産において避けがたい年々変動を平均化できるようになったのである．現在では，少なくとも先進国においては，大規模な中間業者がさまざまな地域から農作物を集荷し，検査し，仕分けし，包装し，配送することにより，消費者は，一定の品質が確保された食材を，欲しいときに欲しいだけ近くの小売店から入手できるようになった．実際に今日栄養失調に苦しんでいるのは，海外から食料を買う経済力を持たないため自給自足の伝統農法を営んでいる，主にアフリカ大陸のサハラ以南の人々である．

　また，食料マーケットの地理的な拡大は，各地域がそれぞれの気候風土に合った産物の生産に特化することにより，より品質の高い食材を効率よく供給できるシステムを築いた．たとえば，食糧の貿易は，基本的には水あたりの生産性が高い国から低い国へと行われており，そのような貿易をなくすのならば，大量の水資源が追加的に必要となり，その量は，2000年の値で455 km^3/年にも上ると計算されている（河村 2003）．世界の農業用水消費量は約1750 km^3/年であるので（沖 2012），この量は決して少なくない．すなわちマクロに見た場合には，食糧の国際取引は，世界の水資源の使用量を節約しているのである．また，無理に地産地消を行うよりも，適地適作された作物を遠方より輸送する方がエネルギー効率の高い場合もある．たとえば，トマトをイギリスで生産するためには温室栽培が必要になるため，1 kgのトマトに対して2.4 kgものCO_2が排出されるが，スペインで露地栽培したトマトをイギリスに運搬した場合には，1 kgのトマトに対して0.63 kgのCO_2排出に抑えることができる（Smith et al. 2005）．

7.2.4 現在の食料システムがもたらした問題

　緑の革命に伴った農業の機械化と大規模化は，少ない労働力で大量の食糧を生産することを可能にするものであり，食糧増産に伴った人口増を吸収できるほどの雇用を作らなかった．その結果，20世紀後半には，農村部から都市部へという，雇用の機会を求める人口の流れが生じた．実際に，世界の総労働者に農業労働者が占める割合は，1950年には67％であったのが，2010年には41％にまで低下している．そして，都市居住者の世界人口に占める割合は，1950年の29％から，2008年の50％へと増加している（Millstone・Lang 2009）．これらの人々は，零細経営の農業よりも高収入の得られやすい工業などに従事することで，それらの国々に富をもたらした．たとえば，中国では1990年代以降に日欧米資本の積極的な導入政策を進め，それにより国民総生産の大幅な増大に成功している．他方で，このような求職者の受け皿となる産業の育成に成功しなかった国々においては，これらの人々を都市スラムの貧困層に変容させることにもなった．

　また，食糧取引のグローバル化は，食糧を輸入に大きく依存し，かつ国際市場において強い購買力を持たない国々に対しては，社会の不安定化要因の1つともなった．なぜならば，世界の食糧供給は量としては安定化しているが，その価格については，必ずしもそうはなっていないからである（図7.2.2a）．食糧の国際取引価格が大きく変動する主な理由の1つは，原油価格の変動である（図7.2.2a,b）．すなわち高い原油価格が，農業生産や運送のコストを高くすることで，食糧の小売価格の高騰をもたらすのである．図7.2.2の(a)と(b)とを比較すると，原油価格と穀物価格の値動きは，強く連動している様子がわかる．しかし，食糧の国際取引価格の変動幅をより強く支配しているのは，金融的な要素であろう．すなわち世界経済の見通しに不安が生じると，**信用リスク**を持つ債権や株式から，信用リスクを持たない食糧・原油・金といった実物商品への**国際資本移動**が生じるのである．図7.2.2cは金価格の推移であるが，これも原油価格と強く連動している．金は，毎年新たに採掘される量よりも，これまでに採掘されたストック量の方がはるかに多いため，その価格変動は世界経済の不安を反映する良い指標になる．

　2007-08年には，原油価格の上昇，過度に金融に依存した世界経済の信用収縮，バイオエネルギー戦略を含んだ政策，投機の流れなどが重なり，この2年間だけ

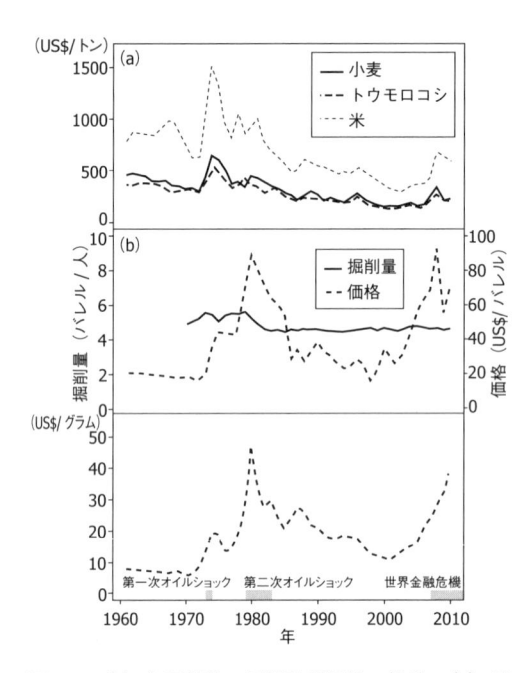

図 7.2.2 (a) 主要穀物の国際取引価格の推移．(b) 原油の国際取引価格と人口あたり掘削量の推移．(c) 金のニューヨーク市場価格（New York Market Price）の推移．なお，全ての取引価格は米国の消費者物価指数（CPI）によるインフレ調整を行ったものである（FAO 統計資料，合衆国エネルギー省，国連経済社会局人口部（2010）*World Population Prospects : The 2010 Revision*, InfrationData. com, MeasuringWorth. com）

で世界の穀物価格は2倍近くも上昇した．この食糧価格の上昇は，北アフリカや中東の人々に大きな生活不安を引き起こし，これが2011年の「**アラブの春**」の原動力の1つともなった（及川 2009）．この「アラブの春」においては，シリアでは内戦が生じ，チュニジア・エジプト・リビア・イエメンでは政権が崩壊し，その他の北アフリカや中東の多くの国々においても大規模暴動が発生した．これらの国々の多くは，カロリーベースでの食料自給率が50％以下であり（FAO 2006），かつ1人あたり国民総生産が年5000ドルを下回っており，あるいは石油輸出によりもたらされている富が公平に分配されておらず，人々の生活費に占める食費の比率が高いという特徴を共有している．なお，この時期には最大時で12か国が米や小麦の輸出を禁止し，このような国際マーケットにおける食糧価格の暴騰の影響を防ぎ，国民の最低限の食糧へのアクセスを確保した（生源寺 2011）．このように，食糧自給率を高く維持することは，国際マーケットにおいて強い購買力を持たない国々においては，現在においても食の安全に大いに貢献するものである．

農業は，国土の保全，水源の涵養，良好な景観の形成，文化の伝承など，さまざまな副次的な機能を持つ場合がある（大賀 2004）．例えば，地形が急峻で雨量の多い日本においては，水田稲作の営みは，洪水防止，土砂流出防止，土壌浸食防止といった国土保全機能をもたらしているとされる．これらの機能は，農産物

のように市場で評価されることはなく，国民が対価を直接支払わずに享受できる公共財としての性格を有している．現代の食料生産システムの普及は，農村地域からの人口流出を促すことで，また農業の手法を変容させることで，これらの機能を低下させる場合がある．

7.2.5 今後の食料生産

(a) 楽観的な要素

今後の作物生産性の見込みについては，比較的楽観的な見通しも多い（たとえば，川島 2009；浅川 2010）．その理由の1つは，現在の地域収量が達成可能な水準より相当低く，また大幅な向上の余地があることである．緑の革命により，世界の食料生産力は大幅に向上したものの，年6トン/ha 以上という穀物生産性の現在の上限に達している農地を有している地域は，イギリス，フランス，日本周辺と，アメリカの一部と決して多くない．また，南米，サハラ以南のアフリカの広大な地域，インドネシアと中国南部は，土壌改良や，品種改良作物などの導入によって，収量の高い農地に転換できる可能性がある．さらに，世界の農業地の22％が，価格調整などの理由により休耕地となっている．

世界の食糧生産の見通しを楽観的に見ることのできる理由のもう1つは，トウモロコシに代表されるように，**遺伝子組み換え技術**による収量ポテンシャルが継続的に増加していることである．これまでの品種改良は，交配可能な系統の範囲から有望な遺伝子を導入するものであったが，遺伝子組み換え技術の応用は，この壁を取り除くものである．遺伝子組み換え作物の安全性については，その歴史の浅さもあり，多くの議論がある．しかし，殺虫剤の使用量を減らせる，除草剤への耐性が強いなど，栽培上のメリットを多く与えることができ，さらに人の健康被害は報告されていないこともあり，その利用は着実に増え続けている．米国では 2012 年時点において，作付けされるトウモロコシの 93％，大豆の 88％（作付比率）が遺伝子組み換え品種となっている（NASS 2012）．

(b) 懸念される要素①——農作地の劣化

現代農業の持続性における，1つの懸念材料は，**土壌流失**や**塩害**といった農作地の劣化である．土壌流失は人類史において，文明の崩壊や弱体化を繰り返し生

じさせた古典的な環境問題であるが（ダイアモンド 2005；2.1 節も参照），化学肥料を多用する現代の農法は，土壌に有機物を戻さないため一般に土壌流失をさらに促進させる．たとえば，1990 年代後半の米国インディアナ州の農場では，1 トンの小麦を生産する際に約 1 トンの土壌が失われていたという（モントゴメリー 2010）．発展途上国においても，人間活動による土壌流失が耕地を劣化させることで，2 億 5000 万人の生活に直接の影響を及ぼしているという．オランダの国際土壌情報センターの推定では，全世界で 2000 万 km^2 近い土地が人為的な要因で劣化したというが，この面積は北米のそれに匹敵する（マン 2008）．また，灌漑面積の増大に伴って，世界各所の農作地に塩害が生じている．このような，生産性増大の環境への悪影響は，たいていは市場価格には含まれていないため，社会的に許容されるか，あるいは無視されている場合が多い（Millstone・Lang 2009）．

(c) 懸念される要素②――栽培品種の単純化

近代農業においては，高収量かつ流通させやすい品種が選好されるため，特定の栽培品種を多地域で栽培する傾向が強まる．その結果，たとえば米国では野菜・果物の伝統的な品種の 90 ％ がすでに失われ，フィリピンでは，稲の品種がかつては何千種もあったものが，今では 100 種ほどしか栽培されていないと推定されている（シーバート 2011）．このように世界の農作地から系統の多様性が失われた結果，それぞれの品種が持つ耐病性を克服する疫病が発生した際に，その影響が全世界に飛び火する可能性が増した．なぜならば，病原菌は，ごく限られた種や品種にのみ病害を引き起こすという，**宿主特異性**を持つからである．このような病原菌の宿主特異性は，有性生殖を進化させた要因である可能性が高く，また種多様性を維持する原動力の 1 つとも考えられており，その潜在的に大きなインパクトから生物集団は逃れられない（リドレー 1995）．

作物品種の単純化に伴った病害の蔓延は，19 世紀初頭のアイルランドで飢饉を起こしている．当時のアイルランドでは新大陸からもたらされたジャガイモが広く栽培され，小作農の主食となっていた．ところが，そのジャガイモに疫病が広がり生産量が大きく落ち込むと，食糧危機が起きた．これにより餓死者や移住者が続出したことで，アイルランド島の総人口は，最終的には疫病発生前の半分程度にまで落ち込んだという．一方で，ジャガイモの原産地であるペルーにおい

ては，何百もの品種をさまざまな場所に分散させて栽培することで，主食のジャガイモが病虫害や天候不順で全滅するリスクを避けていた（シーバート 2011）．現在の農業は，このような手間を殺菌剤や殺虫剤に肩代わりさせている．しかし，病原菌や害虫が抵抗性を進化させる余地を持たないような農薬を開発することは，現在においても至難である．その理由は，病原菌や害虫の種類が多様であることに加え，殺菌剤・殺虫剤・除草剤といった農薬は次に述べるさまざまな制約の下で開発されているからである（梅津・安藤 2004）：(1)病原菌・害虫・雑草には大きな効果を与えながら，その一方で作物と人間には害が少ないという種特異的な効果を持つこと，(2)散布後は速やかに無害な物質に分解され，環境中に残留しにくいこと，(3)大量生産が可能で極力安価であること．

(d) 懸念される要素③――資源制約

先に説明したように，化学肥料は，窒素，リン酸，カリウムの三大成分によって構成される．このうち窒素成分については，空気の体積の 78％を構成する気体窒素（N_2）を高温高圧下で水素と反応させ固定することにより合成されるため，エネルギーさえ投入できれば無尽蔵に生成可能である．他方で，リン酸とカリウムについては，それぞれが鉱物資源から主に生成されており，そのうちリン酸の原料となるリン鉱石については，その枯渇も懸念されている（富松 2013）．ただし，リン酸は窒素と異なり，ほとんど水に溶けず，散布された土地からは作物の収穫や土壌流出によってのみ逸失する．そのため，今後値段が高くなるに従って，ヒトや家畜の屎尿，および食品廃棄物などからリンを回収して再利用するシステムが，経済的に成り立ってくるものと思われる．

近代農業と食料の流通システム，すなわち現在の食料システムには膨大なエネルギーが必要とされるが，それは石油などの化石燃料に強く依存しており，これがそれを持続させることの基本条件である．石油が枯渇するという危機は，これまでも繰り返し指摘されてきたが，新たな油田の発見や，海上油田の開発などによって，2010 年現在でも人口あたり原油採掘量は安定した水準を保っている（図 7.2.2b）．また，より深い海底油田からの掘削も技術的に可能となってきている．とはいえ，陸上油井から自噴したり，簡単なポンプによる汲み上げが可能であった過去に比べて，その採掘コストは当然ながら高くなっている．また深海という厳しい環境での掘削作業には，2010 年の**メキシコ湾原油流出事故**のような

環境破壊を起こすリスクを伴うため,今後の大幅な増産には困難が伴うかもしれない.

米国では 2000 年代中盤より本格的な**シェールガス**の生産量を開始しており,その生産量は今後もさらに拡大すると予想されている.シェールガスの開発に際しては,パイプライン,ガス精製プラント,ガス貯留施設などのインフラ整備が不可欠であり,最新の掘削技術を使用しても,それらの採算を取るためには,原油価格が 1 バレルあたり 70 ドル以上であることが必要であるという(ディッキー 2012).さらに,地下水や土地の汚染など新たな環境問題を引き起こす可能性があり,予測の難しいリスク要因も潜んでいる(Vidic et al. 2013).そのような状況にもかかわらず,多くの国際石油資本が,そのようなインフラへ膨大な投資を行ったという事実は,彼らがさまざまな要件を徹底的に検討した末に,安い石油の時代が終わったことを確信した証拠であろう.

石炭は固形であり,飛行機・自動車・船などの移動機械の燃料としては利用がしにくいため,主に発電や暖房の用途に利用されている.しかしこの欠点は,石炭を粉末にし,精製し,そして高温高圧下で水素と化合させ炭化水素にする**石炭液化技術**によって解消することが可能である.実際に,この技術により生産された合成燃料は,経済封鎖された第二次大戦中のナチスドイツを支え,彼らが戦争で使用する航空燃料の約 9 割を賄ったという(大河内 2012).この石炭液化技術は,第二次大戦後に中東から安い石油が大量に世界に供給されるようになると,世界的にはほとんど利用されなくなった.しかし,原油価格が 1 バレルあたり 45 ドル以上になれば採算が取れることから,2000 年代中盤以降の原油価格の高止まりを背景に,中国では 250 億ドルもの開発投資を行うなど,今後大幅な増産が見込まれている(フリンベンカット 2007).

これらシェールガスや液化石炭までも含めた化石燃料は,それらの需要が急増しない限り,今後 100 年以上は枯渇しない見通しのようである.しかし,20 世紀後半の 20 年間のように,原油 1 バレルあたり 25 ドル程度という安いエネルギーが使える時代は再び来ない可能性が高い.すなわち食料を,現在の規模,またはより拡大した規模で生産できたにせよ,それをかつての水準で安く入手できる時代は終わった可能性が高いだろう.

(e) 懸念される要素④——気候変動

　CO_2 をはじめとする人間活動に由来する**温室効果ガス**の大気中濃度の増加に伴って，地球の平均気温は今世紀末までに 1.1-6.4℃ の範囲で上昇すると予測されている（IPCC 2007；また 2.3 節を参照）．ただし，地球全体が均一に温まるのではなく，一般に海上よりも陸面で，また低緯度帯よりも高緯度帯で，より強い気温上昇が生じると予測されている．降水分布の予測は，気温のそれよりも技術的に難しいものの，比較的確かとされる傾向は，現在の降水量分布のコントラストが強まるというものである．すなわち，比較的水資源が豊富な高緯度地域やいくつかの熱帯湿潤域などで年間平均河川流量と水利用可能量は 10-40％増加し，逆に比較的水資源の乏しい熱帯・亜熱帯の乾燥域においては 10-30％減少するというものである（IPCC 2007）．

　IPCC（2007）は，1-3℃までの気温上昇であれば，世界全体の作物生産能力は増大すると予測している．しかし，その生じ方には地域間の差が大きく，たとえば，乾季のある地域や熱帯地域では，1-2℃の平均気温の上昇でさえ，作物生産性が低下すると予測されている．他方で，このような小規模な温暖化に対しては，栽培品種や播種時期を適切に調節することで，広い地域における穀物収量を維持することが可能ともしている．

　また気温上昇に伴い，融雪水が重要な水資源になっている地域，たとえばヒマラヤの氷河融解水を水源とするガンジス川や長江の流域では，農業への悪影響が生じると考えられている．これらの河川では，夏季には雪解け水が水源となることで，流量が季節を通じて安定し，利用しやすい水資源を提供している．すなわち，上流域の雪や氷が天然の「**白いダム**」として機能しているのである．ただし，気候変動が農業に及ぼす影響については，気候変動の予測不確実性に加えて，どのような適応策（インフラ整備や作付けする作物の変更など）が各地域で取られるかという人間社会の応答によっても大きく影響されるため，その予測不確実性が高い点には留意しなければならない（長谷川 2012）．

　なお，大気中 CO_2 濃度の上昇そのものは小麦，稲，大豆といった作物の生産量増加に寄与する（長谷川 2012）．その 1 つの理由は，光合成の材料の 1 つである大気中 CO_2 が葉内に効率的に取り込めるようになることであり，これは **CO_2 の施肥効果**と呼ばれる．もう 1 つの理由は，水の利用効率，すなわち水消費量あたりの光合成量が増大するからである．CO_2 は，葉の気孔と呼ばれる小孔から

葉内に取り込まれるが，その過程で葉内から外部への水蒸気の漏れ，すなわち蒸散が生じる．蒸散は葉の温度を下げるといった機能も持つものの，一般には植物にとっては極力避けるべき現象であり，その証拠に，光合成を行わない夜間や曇天時，また大気や土壌が乾燥している場合には，気孔を閉じるという制御が多くの植物種で取られている．そして，大気中 CO_2 濃度が上昇すると，気孔を大きく開放しなくとも十分な CO_2 が取り込めるようになるため，気孔の開放度は全体に下がり，それによって植物が蒸散で失う水の量が少なくなるのである．

他方で大気中 CO_2 濃度の増大は，トウモロコシ，サトウキビ，ソルガムといった作物の生産性には，ほとんど影響を与えない．これらの作物は，高温で乾燥した環境への生理的適応として，元より気孔を大きく開放しておらず，またそうであっても CO_2 濃度が光合成速度の決定要因としてあまり効いてこないからである．この生理的特性は，葉内に CO_2 を有機酸として一時的に固定して濃縮し，それを用いて光合成を行うことにより達成されており，そのような形態で行われる光合成は **C4 型光合成**と呼ばれる．C4 型光合成は，CO_2 を固定・濃縮する過程でエネルギーを消費するために，乾燥のストレスやリスクの少ない環境では，非適応的な形質である．なお，CO_2 を固定・濃縮しない，より一般的な方法で行われる光合成は **C3 型光合成**と呼ばれる．

7.2.6　グローバル社会の中での食糧政策

今では私たちの身体に含まれる窒素の半分から 2/3 がハーバー・ボッシュ法に由来しており（大河内 2012；ダン 2013），また現在の農業が利用する石油量は全石油消費量の 30 ％を占めている（モントゴメリー 2010）．つまり人類の身体のかなりの割合は，生態系循環の外にあるエネルギーによって維持されているのである．また，2010 年時点で 1 億トンもの化学系窒素が世界で使用されているが，これを代替するのに必要な有機堆肥の量は約 65 億トンであり，仮にこの量を家畜の屎尿で確保しようとすると，現在の家畜数を 4 倍以上に増やさなければならず，これは現実的ではない[1]．また 65 億トンという量は，世界の穀物生産量の

---

[1] 堆肥乾重中の窒素が占める割合を 1.5 ％と仮定．肉 1 kg を生産するのに必要な飼料の量を，牛 11 kg・豚 7 kg・鶏 4 kg と仮定し，ここに FAO の 2009 年統計資料における世界の家畜

2.5倍に達するため，人間の屎尿を極力回収して堆肥にしたとしても，とても賄えるものではない．さらに現在主に栽培されている高収量の作物は，殺菌剤・殺虫剤・除草剤といった石油化学製品が適切に使用されることを前提に育種されたものであり，これらを使用しないのであれば，収量や省力性の点で劣る在来品種を作付けしなければならない．すなわち，現代の食料生産や流通システムを現在の規模で維持するためには，どうしても生態系循環の外部からエネルギーを投入し続けなければならないのである．

　食糧政策は，このような現実を見据えながら，長期的・戦略的に立案されなければならない．たとえば日本は，食料自給率よりもエネルギー自給率のほうがはるかに低い状態にある．エネルギーは食料の生産，輸送，消費のすべての場面で必要であるが，さらに，食料を輸入する外貨を得る産業を維持する点でも決定的に重要である．また，エネルギーが十分に輸入できる状況において，食料は輸入できないという事態は考えにくい．よって，日本の食糧安全保障の観点からは，食料自給率を上げる努力をするよりも，エネルギーが輸入できない事態に陥らないように努力する方が現実的といえよう（沖 2012）[2]．また同時に，土壌流失・土壌塩化・気候変動といった，経済原理による解決のインセンティブが働きにくい食料生産リスクの世界的動向も，注意深く観察を続けなければならない．

参考文献
浅川芳裕（2010）：『日本は世界5位の農業大国』，講談社．
梅津憲治・安藤彰秀（2004）：環境に配慮した農薬の開発．日本農薬学会編集『農薬の環境科学最前線』，5章1節，ソフトサイエンス社，pp. 224-248．
及川忠著，鈴木宣弘監修（2009）：『最新 食糧問題の基本とカラクリがよ〜くわかる本』，秀和システム．

　　数を乗算した．なお，放牧されることが多く，屎尿の回収が困難な羊と山羊は計算から除外した．
2) そもそも，高い食料自給率が，必ずしも食の安全を保証するわけではない．本節の冒頭で述べた1930年代の昭和東北大飢饉は，1929年より始まった世界大恐慌の影響と相まって，大きな社会不安をもたらし，その後の日本の軍事的冒険主義の主要因の1つとすらなった．当時の日本のカロリーベース食料自給率は，おそらく100％近かっただろう．他方で，1993年にも冷夏による米不足が生じたが，このような規模での社会的混乱は生じなかった．農林水産省の統計資料によると，1993年時日本のカロリーベース食料自給率はわずかに37％である（1992年と1994年は46％）．

大賀圭治（2004）：多面的機能と持続的食糧生産．大賀圭治著『食料と環境 環境学入門7』，8章，岩波書店，pp. 169-183.
大河内直彦（2012）：『「地球のからくり」に挑む』，新潮社．
沖大幹（2012）：『水危機 本当の話』，新潮社．
川島博之（2009）：『「食糧危機」をあおってはいけない』，文藝春秋．
河村愛（2003）：『仮想投入水量を考慮した世界の水逼迫度の経年変化』，東京大学大学院工学系研究科社会基盤学専攻修士論文．
シーバート，チャールズ（2011）：シリーズ70億人の地球 食の未来を守る．ナショナルジオグラフィック日本語版，2011年7月号，日経ナショナルジオグラフィック社．
生源寺眞一（2011）：『日本農業の真実』，筑摩書房．
ダイアモンド，ジャレド著，楡井浩一訳（2005）：『文明崩壊——滅亡と存続の命運を分けるもの』，草思社．
ダン，チャールズ（2013）：化学肥料で"肥沃"になった地球の未来．ナショナルジオグラフィック日本語版，2013年5月号，日経ナショナルジオグラフィック社．
ディッキー，クリストファー（2012）：世界の勢力図を塗り替えるシェール革命．Newsweek日本語版，2012年12月12日号，阪急コミュニケーションズ．
デロシェール，ピエール・清水裕子（2012）：地産地消は地球に優しくない．Newsweek日本語版，2012年8月8日号，阪急コミュニケーションズ．
富松裕（2013）：持続可能な農業に向けた適応型技術の可能性．東北大学生態適応グローバルCOE編『生態適応科学』，3章，日経BP社，pp. 78-95.
マクニール，J. R. 著，海津正倫・溝口常俊監訳（2011）：『20世紀環境史』，名古屋大学出版会．
マン，チャールズ（2008）：食を支える土壌を救え．ナショナルジオグラフィック日本語版，2008年9月号，日経ナショナルジオグラフィック社．
モントゴメリー，デイビッド著，片岡夏実訳（2010）：『土の文明史』，築地書館．
長谷川利拡（2012）：農業への影響．江守正多・気候シナリオ「実感」プロジェクト影響未来像班編著『地球温暖化はどれくらい「怖い」か？ 温暖化リスクの全体像を探る』，5章，技術評論社，pp. 164-192.
フェイガン，ブライアン著，東郷えりか訳（2008）：『古代文明と気候大変動——人類の運命を変えた二万年史』，河出書房新社．
フリンベンカット，エミリー（2007）：バイオ燃料より有望，液化石炭の未来．Newsweek日本語版，2007年1月3日号，阪急コミュニケーションズ．
ヘッサー，レオン著，岩永勝訳（2009）：『"緑の革命"を起した不屈の農学者 ノーマン・ボーローグ』，悠書館．
リドレー，マット著，長谷川真理子訳（1995）：『赤の女王——性とヒトの進化』，翔泳社．
Desrochers, P. & Shimizu, H. (2012): *The Locavore's Dilemma: In Praise of the 10,000-mile Diet*, PublicAffairs.
FAO (2006): *FAO Statistical Yearbook 2005-2006 Vol. 1.*
FAO (2012): *FAO Statistical database*, http://faostat.fao.org
IPCC (2007): Contribution of Working Group I to the Fourth Assessment Report of the Intergovernmental Panel on Climate Change. In: *Climate Change 2007: the Physical Science Basis*, Solomon, S., Qin, D., Manning, M., Chen, Z., Marquis, M., Averyt, K. B., Tignor, M. & Miller, H. L. (eds.), Cambridge University Press.
Millstone, E.・Lang, Y. 著，大賀圭治・中山里美・高田直也訳（2009）：『食料の世界地図 第2版』，丸善．

NASS (National Agricultural Statistics Service), United States Department of Agriculture (2012): *Acreage* (29 June 2012) ISSN1949-1522, pp. 25-27.

Smith, A., Watkiss, P., Tweddle, G. et al. (2005): *The Validity of Food Miles as an Indicator of Sustainable Development : Final Report Produced for DEFRA, AEA Technology Environment.* Report for Department of the Environment, Food and Rural Affairs (UK).

The World Bank (2013): *World DataBank, World Development Indicators* (*WDI*), http://databank.worldbank.org

United Nations, Department of Economic and Social Affairs, Population Division, Population Estimates and Projections Section (2010): *World Population Prospects : The 2010 Revision*, http://esa.un.org/unpd/wpp/index.htm

Vidic, R. D., Brantley, S. L., Vandenbossche, J. M. et al. (2013): Impact of Shale Gas Development on Regional Water Quality. *Science*, 340, 1235009.

7.3

ローカルな伝統知と科学知の融合
——近代的な食料生産技術の受容と乖離——

　複雑に要因が絡み合う環境問題の解決に向けて，近年さまざまな試みがなされている．本書がめざしている「統合的な」研究・教育的アプローチもその1つであり，これまで分断されてきた「診断型学問」（理学系・人文学系など）と「治療型学問」（工学系・農学系・社会科学系など）を統合し，地域のステークホルダーと協力して環境問題を解決しようとする取り組みである．しかしながら，真の意味での「統合」は本当に可能なのであろうか．また可能であるとすればどのように統合すべきなのであろうか．本節ではまず，「学問分野の統合」あるいは「知の統合」が可能か否か，という問いから始めてみることにしたい．

　「知の統合」を求める姿勢は今に始まったことではなく，その起源は18世紀ヨーロッパの啓蒙思想から生まれてきた近代進歩主義に求めることができる（原 2003）．近代進歩主義とは，「究極の唯一の理想的秩序が，あるいは少なくともそこへの一義的経路が，人間によって認識可能であるとともに，（現世で）実現可能であると信じる思考上の姿勢」をさす．このような考え方はさまざまな学問分野に影響を与え，あらゆる自然現象，社会現象，歴史現象には「客観的法則」が存在するに違いないとされるようになった．自然科学のみならず経済学や政治学をはじめとする社会科学においても客観的法則が成立するとされ，学問として継承されてきた．生産形態の発展に対応して社会が変化していくというマルクスの唯物史観は，この種の考え方の典型的な事例だといえよう．しかし一方で，このような考え方に対し，開発経済学の第一人者である原洋之介は，この近代進歩主義的姿勢をもって臨んだ「知の統合」が一向に進んでいないと指摘する（原 2003）．さらに，その近代進歩主義的思考が仮定している，「究極の唯一の理想的秩序」は認識が可能で，さらに実現が可能である，という考えはあまりに楽観的

であり,「社会変化に関する科学的（客観的）な一般理論の構築は，20世紀末になっても決して成功していない．研究・探究の方法をラディカルに客観化すれば真理が見つけられるといった信念は，もはや成立しえない」と述べている．

しかしながら，これまでの「知の統合」に向けた取り組みが一向に進んでいないという原の指摘を踏まえてもなお，われわれはより高度な「知の統合」に向けて努力していかねばならないと考える．グローバルな問題がローカルな生活にも影響を及ぼし始めており，さまざまな研究分野で得られた知識を動員して，問題を解決していく必要性が目の前に生じているからである．本節では，環境問題を解決するために，地域の現場において，いかに「知の統合」が可能か，いかに「知の統合」を行うべきかについて，「科学知」と「伝統知」という2つの知の体系を軸に考えてみたい．科学知は，グローバルな領域で主観をできるだけ排除し発展を続けてきた一方で，伝統知は，ローカルな現場で個人的な経験が，個人を超えた文化として共有され，確立されてきたものである．地域の現場においてこれらを統合することが，グローバルな問題とローカルな問題が重層的に相互作用する今日の環境問題の解決に役立つ本当の意味での「知の統合」につながるのではないか，という観点から議論を進めていく．

本節ではまず，科学知と伝統知の特徴について整理し，これまでの融合に向けた試みについて紹介する．そしてラオスとバングラデシュにおける食料生産をめぐる具体的な事例を2つ，すなわち焼畑における陸稲作と水田における水稲作というモンスーンアジアにおける典型的な2つの稲作形態について紹介する．モンスーンアジアでは今でも自然環境を基盤とした生活が営まれており，農業を基本としながらも漁撈，狩猟，採集などが複合的に行われている．地域住民は生活の中で息づく伝統知を継承させており，これら2つの事例を通じて，伝統知と科学知が交錯する様子を観察することができる．最後に，前小節までの事例を踏まえた上で，伝統知と科学知の融合を実現させるための議論を行う．

7.3.1 科学知および伝統知の特徴

哲学者の中村雄二郎は，近代科学がこれほどまでに大きな成功をおさめたのは，それが「普遍性」「論理性」「客観性」という3つの特性を持っていたからであると指摘している（中村 1992）．近代科学はこれらの特徴を持つがゆえに説得力が

あるものとして受け入れられ，「科学的理論」の有効性を高めるべく，例外，多義性，主観性を避けようとしてきた（後藤 2012）．加えて科学史家・科学哲学者の村上陽一郎は，「自己完結性」と「文化非依存性」を近代科学の特徴とし，「科学も文化の一つではあるが，（中略）本来の意味での文化に拘束されるというよりは，むしろ，それ自体が，本来の意味での文化からは何程か離脱した，それゆえ誤解をさけずに言えば「無国籍」の文化であるという側面があることを否定できない．そして，この「無国籍性」こそ，科学が「普遍的」と言われる所以である」と述べている（村上 2001）．村上は，近代科学は起源としてはキリスト教神学と結びついて誕生したことは否定していないが，その後，宗教から独立しさまざまな文化的イデオロギーとは無縁になることで，「普遍性」という，科学について言及される特性の中でも最も中心的な特性を身につけたのだという．このことが「**科学知**」に対して，今日の世界において，グローバルに受け入れられるべきスタンダードな知，としての地位を授けることになった．

　一方，人類が蓄積してきたもう１つの知であり，ローカルな地域ごとに埋もれてきた知，すなわち「**伝統知**」はどのようなものであろうか．伝統知とは，その地域に根差した人々が蓄積してきた生活の知識や知恵のことを指す．科学哲学者の伊勢田哲治は，科学知と対比させながら伝統知の特徴について述べ（伊勢田 2009a）[1]，伝統知には３つの集積，つまり空間的集積，時間的集積，集合的集積が含まれているのが特徴だという．空間的集積とは，伝統知がその地域の中で共有され，その地域内では一種の普遍性を持つということ，時間的集積とは，その場所でならいつの時代にも通用すること，集合的集積とは，時間や場所にかかわらず人々が参加や協働を通して経験を共有するという形で伝統知の集積が起きることを指す．伊勢田は，これらの集積を踏まえると，伝統知はグローバルな制度や科学的な普遍性を持った知識と対抗するような体系性を持つことができると述べている．

　このような地域における知識や知恵を重視する研究者たちは，「伝統知」という概念を提出する際に，自然科学をモデルとする近代の知が，それらを見落としてきたことを批判する．次小節では，近代の知が見落としてきたものは何なのか

---

[1] 原文では「ローカルの知」となっているが，本節で扱う「伝統知」と同義であるため，ここでは伝統知と言い換える．

ということを念頭に，伝統知と科学知の歴史的な関係性について触れ，科学知と伝統知の融合に向けた土台を提供することとしたい．

7.3.2 科学知と伝統知を融合するこれまでの試み

　知を統合する試みは上述のように18世紀ヨーロッパの啓蒙主義に始まるが，直接的に伝統知を学問に導入しようと試みたのは，20世紀初頭から文化人類学者のジュリアン・スチュワードを中心として提唱された文化生態学である（コットン 2004）．文化生態学では，これまで維持されてきた人類の文化的な行為は生態学的に適応的であると考える．すなわち，地域住民が自身の周辺環境に対して持つ生態学的知識や資源管理の知識は，総体として，人間社会の存続に貢献してきたという視点を持つ[2]．

　日本においても，伝統知を積極的に学問に取り入れてきた分野として，民俗学を挙げることができる．民俗学の祖とされる柳田國男は，20世紀初頭に制度化された官学アカデミズムのあり方，既存の学問のありさまを批判し，「経国済民」「学問救世」の「実用の学」として，また市井の人々による「自己省察の学」として民俗学を位置づけた（岩本 2012）．岩本（2012）は，民俗学は普遍的な学問として厳密さや厳格さが求められる一方で，対象とする「普通の人々」の生活を向上させるという実践的な問いから立ち上がってきた学問であるとし，民俗学の本質的な「二律背反性」すなわち，科学性と実践性の間で苦慮や思索を重ねて今

---

[2] 多様な文化を相対的に考え，単線的な発展と捉えないこのような立場は相対主義から生まれた．伊勢田（2009b）によれば，相対主義が科学社会で市民権を得てきたのは，1960年代以降である．伊勢田は，当時科学社会の一般的な立場であった合理主義に対して強い疑念が提出されるようになった端緒として，トーマス・クーンの科学革命の構造（クーン 1971，オリジナルは1962年発表）を挙げている．クーンは，「普遍的」「論理的」「客観的」に考えているはずの科学者でも，一番基礎となる理論，その背景の世界観，問題設定やその手法などを，大前提として受け入れているという事実から議論を始めた．こうしたもののひとかたまりを，「パラダイム」という．パラダイムは普段，科学者の社会では疑われることはないが，うまく解けない問題が蓄積してくると科学者は新しいパラダイムを作って，一斉に移行する．このことは「パラダイムシフト」あるいは「科学革命」と呼ばれる．クーンが提示したこのような考え方は，それまでの合理主義的な科学観，すなわち，科学は「普遍的」「論理的」「客観的」であるはずで，社会とは無関係に発展してきたものであるとする考え方に対して見直しがはじまる大きなきっかけとなり，その後の相対主義的科学観を生み出すこととなった．

に至っているとしている．さらに岩本は，この科学性と実践性を遊離せずに相互が誤認しない関係性をどう構築できるか，そして，近年増えてきた「社会連携」についても，実践至上主義を掲げた過去の民俗学がファシズムに加担していった歴史を踏まえ，実践至上主義に偏りすぎることなく，忌憚のない理性的な議論を可能とする討論のアリーナが必要であると述べている．

近年では，保全生態学の分野でも実践的な試みが行われつつある．地域に蓄積された生態系に関わる知を伝統的生態学的知識（TEK：Traditional Ecological Knowledge）と呼ぶが，これを活用しつつ地域の環境や資源を保全してゆこうとする試みである．伝統的生態学的知識は，本節で扱う伝統知のうち，生態系に関する知識を指す．伝統的生態学的知識を積極的に取り込もうとする保全生態学と旧来の生態学の違いは，保全生態学は人間の生態系における役割も含めて研究対象としており，人文社会系と協働した学際的な研究となっている点が特徴とされる（伊勢田 2009a）．保全生態学に加えて，民族生物学も伝統知を重視する学問分野として挙げることができる．初期の研究としてはコンクリンによるフィリピンのハヌノオ族の植物学的知識に関する研究が有名であるが，時代が下るにしたがって先に触れた文化生態学の影響を受け，より総合的に民族の自然観や認識を元にした自然資源管理，農法，あるいは物質文化を理解しようとする学問になった（コットン 2004）．

以上に見られるような学問分野の発展に対し，地域開発の現場でも伝統知を採用する動きも見られ始めている．これまでの途上国開発の現場では，地域の環境や文化を考慮しないまま開発が行われてきた事例が数多く見られた（カッセン 1993）．「普遍的」であるはずの科学知を，地域の現場に即した形にしないまま適用した結果，全く開発行為が機能しない事例が数多く存在したのである．これら数々の開発の失敗を踏まえ，現在では「参加型開発」や「エンパワーメント（自律性支援）」という言葉に見られるような，より地域社会の論理を考慮しながら問題を解決しようとする試みが行われるようになってきている．しかしながら未だこれらの試みの多くは試行錯誤の段階であり，体系化された知識としてなかなか構築されていないのが実状であろう．きちんと体系化された知識にするためには，事例研究の積み重ねとその検証が必要である．

次小節では，科学知と伝統知が現場でどのように交錯しているのか，東南アジアのラオスとバングラデシュにおける，食料生産をめぐる2つの事例を具体的に

追うことで見てみたい．これら2つは，科学知と伝統知のそれぞれの特徴をよく表している事例であり，以後の科学知と伝統知の融合に向けた議論の土台を提供してくれるはずである．

7.3.3　交錯する科学知と伝統知

(a) 科学知と伝統知のギャップ——ラオスの焼畑の事例

1985年11月の第23回国際連合食糧農業機関（FAO）総会において「熱帯林行動計画（TFAP：Tropical Forest Action Plan）」が採択された．TFAPは，生物多様性を維持すると同時に，熱帯林破壊に歯止めをかけるために，熱帯林を有する国において，熱帯林の保全，造成，そして適正な利用のための行動計画作成を支援するための事業である．当然のことながら，アジアの小国ラオスでも，即座に実施に移され，1989年5月に国家森林会議が開催された．そこでは，焼畑の安定化（焼畑による新たな森林の開墾の禁止）のため焼畑民に土地を分配することが話し合われた．その後，ラオスの主たる援助国であったスウェーデンの国際開発援助庁の指導によって，林地を区分し，実質的に焼畑を行う土地を制限する「森林および林地の管理と利用に関する法令（No. 169/PM）」が1993年に首相府令から発効された．法令の施行後は，森林の利用が厳しく制限され，さらに焼畑を安定化する「土地森林分配政策」が全国で開始された．そして最終的には，1996年に新しい「森林法」，そして1997年に新しい「土地法」が制定された．

「土地森林分配政策」で，一家族あたりに分配される土地は，通常は約1haの土地が3区画である．3haでは，土地をローテーションさせながら営む焼畑での米生産はできなくなるが，その代わりに商品作物を栽培し，それを販売して米を購入するというのが，「土地森林分配政策」が策定された当初のシナリオであった．ラオス政府が森林管理の厳格化を打ち出し，焼畑から常畑への移行をめざしたことで，1990年代終盤から2000年代中盤にかけて，国際機関や政府開発援助機関，またNGOなどが，社会林業，森林管理，そして「土地森林分配政策」を支援する商品作物導入などの多くのプロジェクトが実施された．すなわち，グローバルスタンダードとなっている先進国の「科学知」によって，森林を保護し，かつ同時に西側諸国が持つ作物栽培技術などを用いて現地の焼畑民の生活を改善しようとしたのである（図7.3.1）．

図 7.3.1 ラオス北部の「土地森林分配政策」が実施された村に設置された看板（ラオス・ウドムサイ県，2004 年 8 月筆者撮影）
看板に書かれた左側の村は，焼畑を実施している現在の貧しい状況だが，焼畑を止めて森林を保護すると右側の村のように豊かになれるとしている．

ところが，この「土地森林分配政策」が導入されると現地の事態はどんどんと悪化していった．米の代わりに商品作物を栽培し，それを販売しても必要な分の米が買えない世帯が多くなったのである．商品作物では食べていけない農民は，分配されたわずかな土地で従前と同じく焼畑を実施し，自給用の米を栽培する地域もあった（Tanaka et al. 2005）．しかし，限られた面積で焼畑を繰り返すことによって地力が低下し，「土地森林分配政策」によって，貧困を助長する地域も多いと Asian Development Bank, Lao P. D. R.（2001）は報告している．では，いったい何が問題であったのか．

ラオス北部で焼畑を営んでいる一部には，焼畑を終えた後の休閑地の初期段階において，トンキンエゴノキ（*Styrax tonkinensis*）が優占種となる地域がみられる．トンキンエゴノキからは，芳香性樹脂の安息香が採取され（図 7.3.2），それは高価で販売できるため，焼畑民にとって，貴重な現金収入源になっている．安息香の歴史は非常に長く，16 世紀にラオスを訪れたヨーロッパの伝道師たちによる旅行記には，ラオスの安息香はオリエントでは最も品質が良いこと，そして当時の王が安息香によって多大な利益を上げていたことなどが記されている（Ngaosrivathana & Ngaosrivathana 2002）．一般的に，焼畑休閑地の初期植生はさまざまな早生樹種によって構成されるが，安息香を採取している地域では，草本から木本への遷移の初期段階において，圧倒的にトンキンエゴノキが卓越しているのが特徴である（図 7.3.3）．焼畑民は，おそらく何百年もかけて，トンキンエゴノキを選択してきたとしか考えられない．それは，単なる生態学的「攪乱」だけでは説明できず，その土地で生活してきた焼畑民が安息香をたくさん採取できるように，長い時間をかけてトンキンエゴノキの林を形成させるような「半栽培」の状況をつくり出したと考えるのが妥当である．このようにつくり出された焼畑休閑地で

も，トンキンエゴノキ以外の木本がやがて侵入し，最終的には多様な植生の二次林が形成され，さまざまな生物資源を利用することが可能となるのだが，必ずある時点まではトンキンエゴノキが卓越するのである．「半栽培」という実践こそが，焼畑民によるローカルな「伝統知」に基づくことは間違いない．なお焼畑民にとっては，安息香だけではなく，焼畑休閑地から採取できる他の林産物も経済的に重要な役割を果たしており，焼畑を営むことで，主食の米の自給と現金収入を両立させてきたのである（Yokoyama 2004）．

国際的な支援の下，ラオス政府が実施した「土地森林分配政策」によって，焼畑ができなくなった農民は，米が自給できなくなっただけでなく，現金収入源となっていた林産物の採取もできなくなり，さらに導入した商品作物の販売も順調とはいえず，生活が以前よりも苦しくなってしまった（横山・落合 2008）．

図 7.3.2 トンキンエゴノキから採取できる安息香樹脂（ラオス・ルアンパバン県，2001 年 3 月筆者撮影）

図 7.3.3 安息香樹脂を産出するトンキンエゴノキ（ラオス・ルアンパバン県，2001 年 11 月筆者撮影）
焼畑耕作を終えて 1 年 8 ヶ月経過した休閑地の植生．写真の樹木は全てトンキンエゴノキであり，樹高はすでに 2m を超えている．住民によると，遷移の段階で樹種を選択しているわけではないという．

これまでの「伝統知」に基づいて連綿と続けられてきた生業形態が，西側諸国によって導入された「科学知」に基づく森林政策によって，いとも簡単に崩れてしまうのである．「土地森林分配政策」は，ラオス政府も今となっては否定的に受け止めており，2010 年代に入ってからは，導入当時ほど厳しく焼畑をコントロールしようとはしていない．しかし，こうした政策が一度導入されると後戻り

図 7.3.4 中国雲南省の企業によるコーヒーの契約栽培が導入されている村に掲げられているポスター（ラオス・ポンサリー県，2013年3月筆者撮影）コーヒーの栽培を行うことで，これまでの貧しい状況（上左丸）から豊かな状況（上右丸）になれるとする．

することはない．現在は「土地森林分配政策」の失敗をリカバリーするための新たな政策を模索している最中である．それも，山地部への新たな農業の導入という方法で，またも農民の「伝統知」を無視した方法が採用されようとしている（図7.3.4）．

ラオスの事例で示した「土地森林分配政策」の導入は，世界的な森林保護の気運を背景として，海外の援助機関が推進したものであった．ラオスにとって「よそ者」である海外の専門家たちは，西側諸国で蓄積されてきた「科学知」を駆使して，焼畑が営まれている地域の森林回復と生活改善を試みたのである．そこで，大きく間違っていたのは，多くは温帯や亜寒帯に位置している西側諸国の森林観を熱帯のラオスに持ち込んだことである．すなわち，温帯や亜寒帯の「よそ者」が熱帯の現状を見て，温帯や亜寒帯の理想的な姿を回復目標として定めてしまったのである．

「よそ者」の専門家がすべて，現地のことを把握していないわけではない．また，地元の農民の実践が，必ずしも持続的な自然利用を行っているともいえない．しかし，ここで述べたラオスの事例を踏まえると，生物多様性の維持，そしてそれを達成するための森林保護は，途上国であるラオスの人々が先進国の人々以上の犠牲を払って成り立っているのではないかと感じる．その政策は，国際的な合意のもとで実施されているとは言え，生物多様性の南北問題は全く解決されていない．この南北問題を世界的なレベルで考えていかなければ，生物多様性に代表される環境問題の真の解決は達成されないと言えるだろう．また，「科学知」と「伝統知」の間のギャップも埋めることは難しい．熱帯の視点から「科学知」を現地に導入し，それが「伝統知」とも融合しながら共存するためには，「科学知」を身につけた人文社会科学と自然科学の両方の分野での現地研究者の増加が求められるのではなかろうか．

(b) 伝統知の発展可能性——バングラデシュの水田の事例

人間と自然の多様な関係性を元に時間をかけて育まれてきた伝統知について，ここでさらに一歩進んで，「伝統知の発展可能性」についても紹介しておきたい．ここで紹介するのは，南アジアのバングラデシュの稲作における事例である．

バングラデシュで人々が古くから稲作を行ってきた平野部は，洪水が頻繁に起こる地域であり，人々は洪水と付き合い，対峙しながら長い間生活を送ってきた．自然環境が不安定な地域に住む人々は，必ずといっていいほど自然に対処する柔軟な対応力を持っている．バングラデシュの人々もそうであろう．ここでは，この地域の事例に大きな示唆を与えている安藤（2012）および浅田・松本（2012）の研究を中心に，人々はどのような知識を身に付け，生活を送ってきたのか，また，緑の革命から始まるイネの新品種の導入とそれに伴う新しい作付法に対して，人々はどのように現場で対応しているのか，特に大洪水を契機とした，地域住民の試行錯誤によって始まった新しい作付体系に注目して紹介したい．

安藤によれば，アジアの広い地域で起こった稲作における農業の近代化，いわゆる「緑の革命」は，バングラデシュにおいては1960年前後から始まった．しかしながら緑の革命が始まった当初に導入された品種であるIR8は，収量は高いが食味が悪かったため，もともと稲作を行ってきた農民は積極的には導入していなかった．こうして，緑の革命の恩恵がバングラデシュの農民に十分行き渡らない状況がしばらく続いていた．そのような中，1987年，1988年に連続して大洪水が起こった．この大洪水は住民にとっては極めて深刻であり，この洪水を契機として，地域の作付体系が大きく変化したという．洪水が起こるまでは在来品種が多く栽培されていたが，住民は洪水の損失を埋めるべく，作付体系を大きく転換させるとともに，IR8以降継続して現地で開発されてきた高収量品種を広く導入するようになった．

ここで特筆すべきは，その導入の仕方である．村の水田では従来，在来種の栽培と裏作でナタネ栽培が行われており，高収量品種はそれとは別の場所で灌漑を利用して行われてきた．しかし洪水を機に，在来種による雨季の稲作，ナタネの栽培，高収量品種による乾季の稲作を組み合わせる新しい三毛作の作付体系が生まれた．これを可能にしたのは，雨季の稲作で利用されていた深水稲と呼ばれるイネの品種群の栽培期間の短縮である．このイネの栽培期間の短縮は，籾をばらまいて播種する散播と呼ばれる方法が用いられていた深水稲の品種群に，苗床を

つくって移植する方法を適用したことによって実現した．栽培学的に見れば，移植を行うとき苗は根の活着のためにエネルギーを使うため，当面の間は節間生長が期待できない．それまでイネを完全に水没させてしまう洪水が起こる危険性がある6月に移植することは避けるのが常識であった．また移植後に行われる除草はまぐわによって行われ根が傷つくため，生育が遅れる．この時期のわずかな生育の遅れは，出穂時期や収穫時期が生理的に決定されているため，収量低下の要因になるとされていた．しかし地域住民は，現場で最適な品種群の選択やイネの移植方法の試行錯誤等を行った結果，数々の困難を乗り越えて深水稲の栽培期間の短縮に成功し，三毛作を可能にする新たな作付体系を自ら生み出した．住民は試行錯誤を行うことで深水稲の栽培体系を転換し三毛作を実現する一方，科学知で生み出された高収量品種も導入することで，地域の農業生産を拡大することに成功したのである．このような技術のことを安藤は，「在地の技術」と呼んでいる．技術を客観的に説明するよりも農家の主体的な目的意識と技術統合の背景を重視し，技術を工夫した「開発者」とそれを使う「実践者」が分離せずに，「人格的統合性」を持つものであるとし，住民による絶え間ない実践が，不安定な環境を安定化させるのに重要な役割を果たしていると指摘している．

7.3.4 科学知と伝統知の融合に向けて

今日の世界でグローバルなスタンダードとなっている科学知は，環境問題が起こっている現場では決して万能ではない．たしかに，近代科学は対象を「普遍的」「論理的」「客観的」な視点から分析し，圧倒的な発展を遂げてきた．しかしながら科学知として暗黙のうちに限られた条件下での自然環境や社会を想定しており，「普遍性」を謳ってはいても，結局，生態系や社会の一断面における現象を映し出しているに過ぎない場合が多い．にもかかわらず，往々にして環境問題を解決しようとする場では，その条件付きの「普遍性」が拡大解釈され，万能薬のように見なされてきた．生態系や社会の動態を理解するための出発点として便利であったためにさまざまな条件が付与されていた事実が忘れ去られ，意識しないうちに一般化されてしまうのである．

自然環境は地域によって異なり，それを基盤にして成り立ってきた生活の様式も当然異なる．ラオスの事例では，地域にある自然資源をさまざまに利用した生

業活動が行われてきたのにもかかわらず，これまで先進国で開発されてきた土地管理方法を政策として適用しようとした結果，皮肉にも貧困が助長された地域が数多く生み出されたり，さらには自然環境破壊も引き起こされたりしてしまったことが批判されている．熱帯の焼畑農業のような循環型の土地管理が行われていた地域に，温帯における固定的な土地管理法が適していると判断することが誤りであったという指摘である．焼畑農業が完璧な農業なので，地域住民に全て任せておけばよい，という意味ではない．生計を担保できるような最低限の土地森林管理を行うような施策が必要とされており，そのためには地域住民の伝統知をいかに政策に反映させることができるのかが求められている．

バングラデシュの事例では，大洪水を契機として，外部から持ち込まれた作付技術が想定されていた範囲を超えて現地で改良され，これまでにない稲の増収が認められるようになったことが示されている．不安定な自然環境に依存しながらも，したたかにその自然環境と付き合ってきた人々が蓄積してきた伝統知や「在地の技術」が，大きな可能性を持っていることを示す好例である．これら2つの事例から，科学知と伝統知がさまざまに交錯するさまを見てとることができる．

熱帯ではいまだに多くの人々が自然環境に強く依存して生活している．2つの事例からもわかるように，社会が持続的に発展していくためには，伝統知への理解，そして地域の文化への理解を基本としつつ，科学知を適用していく必要がある．地域に生きる人々が世界を理解し，意味づけを行っている構造を明らかにし，その理解に基づいて科学知を適用しなければ，持続的な発展にはつながらないであろう．

これに対応するように，環境問題解決の現場に立たされる研究者は，伝統知が持つ意味を理解しなくてはならない．伝統知が持つ「意味」を理解しようとすると，当然自身の専門領域を超える必要が出てくる．たとえば農学の研究者であっても，地理学，民俗学，人類学などのさまざまな学問分野の知識を動員する必要が出てくるのである．あらゆる生物社会の諸理論の統合とその人間社会への適用を試みた『社会生物学』（ウィルソン 1999）を著したエドワード・ウィルソンは，別の著書『知の挑戦――科学的知性と文化的知性の統合（原題：*CONSILIENCE : The Unity of Knowledge*）』の中で，学問分野を統合していくためには科学者自身も知的な営みを拡大していかなくてはならないと指摘する（ウィルソン 2002）．彼は，「そもそも現代の科学者が受けている教育は，世界の広い輪郭に向かわせる

ものではなく，最前線に出て，できるだけすみやかに独自の発見をするために必要な訓練である．100万ドルの研究室に就任する生産性の高い科学者は，全体像を考えるだけの時間を持たず，そこに益を見出さない」「科学で補助金や名誉が与えられるのは，発見に対してであって，学識や知恵に対してではない」(ウィルソン 2002) と指摘する．研究者や専門家は，このような現実を超えて，地域の問題と対面しなくてはならない．地域の問題に直面したとき，専門分野の知識に加え，複数の分野をまたぐような知識を身につけることが必要になってくるであろう．近代科学の学問分野における専門分化によって個別学問領域（ディシプリン）が生まれ発展しうるが，まさにその専門分化によって衰退する（ギアツ 2001) という事態はあってはならない．

グローバル化が進展するに従って熱帯と温帯の距離が短くなり，それまでの温帯域ででき上がった「発展モデル」が，熱帯域にそのまま適用されることでさまざまな弊害が起こってきた．これまでの社会の発展は，画一化・標準化された技術によって生産性を短期的に増加させることで成し遂げられてきたが，このような急激な発展形態は，歴史的に経験したことのない速さで膨張する人間社会の欲求に応えるために用意された「緊急避難装置」であった（河野他 2012）．より持続的な発展をめざすとすれば，これからはより長期的な視野から地域をデザインしていく必要がある．地域社会独自の文化を理解しながら，そこに蓄積されている伝統知を取り込み，科学知と融合させていくこと，すなわち地域の多様性を考慮した科学知との接合が必要とされるであろう．

参考文献

浅田晴久・松本淳 (2012)：南アジアにおける降雨・洪水と稲作．横山智・荒木一視・松本淳編『モンスーンアジアのフードと風土』，明石書店，pp. 229-251．

安藤和雄 (2012)：ベンガル・デルタの洪水，サイクロンと在地の技術．柳沢雅之・河野泰之・甲山治・神崎護編『地球圏・生命圏の潜在力——熱帯地域社会の生存基盤』，京都大学学術出版会．

家田修・太田英利・柴崎亮介・立本成文・秋道智彌 (2009)：「地域環境情報」研究をデザインする——3つの学知を統合知にするために．シーダー，0，4-19．

伊勢田哲治 (2009a)：ローカルな知識の活用．奈良由美子・伊勢田哲治編『生活知と科学知』，放送大学教材，pp. 177-191．

伊勢田哲治 (2009b)：文化・価値と科学．奈良由美子・伊勢田哲治編『生活知と科学知』，放送大学教材，pp. 192-205．

岩本通弥（2012）：民俗学と実践性をめぐる諸問題――「野の学問」とアカデミズム．岩本通弥・菅豊・中村淳編『民俗学の可能性を拓く――「野の学問」とアカデミズム』，青弓社．
ウィルソン，エドワード著，坂上昭一・宮井俊一他訳（1999）：『社会生物学』，新思索社．
ウィルソン，エドワード著，山下篤子訳（2002）：『知の挑戦――科学的知性と文化的知性の統合』，角川書店．
カッセン，ロバート著，開発援助研究会訳（1993）：『援助は役立っているか？』，国際協力出版会．
河野泰之・佐藤孝宏・渡辺一生（2012）：熱帯生存圏における農業発展のメカニズム．柳沢雅之・河野泰之・甲山治・神崎護編『地球圏・生命圏の潜在力――熱帯地域社会の生存基盤』，京都大学学術出版会，pp. 257-282.
ギアツ，クリフォード著，池本幸生訳（2001）：『インボリューション――内に向かう発展』，NTT出版．
クーン，トーマス著，中山茂訳（1971）：『科学革命の構造』，みすず書房．
コットン，C. M. 著，木俣美樹男・石川裕子訳（2004）：『民族植物学』，八坂書房．
後藤正英（2012）：人間の生の『知』――臨床知と徴候知．後藤正英・吉岡剛彦編『臨床知と徴候知』，作品社，pp. 13-27.
ダイヤモンド，ジャレド著，楡井浩一訳（2005）：『文明崩壊――滅亡と存続の命運を分けるもの』（上・下），草思社．
中村雄二郎（1992）：『臨床の知とは何か』，岩波書店．
原洋之介（2002）：『新東亜論』，NTT出版．
原洋之介（2003）：アジア学の方法とその可能性――ひとつの覚え書き．東京大学東洋文化研究所編『アジア学の将来像』，東京大学出版会，pp. 1-33.
村上陽一郎（2001）：『文化としての科学／技術』，岩波書店．
横山智・落合雪野（2008）：開発援助と中国経済のはざまで．横山智・落合雪野編『ラオス農山村地域研究』，めこん，pp. 361-394.
Asian Development Bank, Lao P. D. R. (2001): *Participatory Poverty Assessment, Lao P. D. R.* Vientiane: Asian Development Bank.
Geertz, C. (1995): *After the Fact: Two Countries, Four Decades, One Anthropologist.* Harvard University Press.
Griggs, B. (1981): *Green Pharmacy.* Healing Arts Press, Rochester.
Ngaosrivathana, M. & Ngaosrivathana, P. (2002): Early European Impressions of the Lao. In Mayoury Ngaosrivathana & Kennon Breazeale (eds.) *Breaking New Ground in Lao History*, Chiang Mai: Silkworm Books, pp. 95-149.
Tanaka, K., Yokoyama, S. & Phalakhone, K. (2005): Land-allocation Program and Stabilization of Shifting Cultivation in the Northern Mountain Region of Laos. In CPI Laos and JICA (eds.) *Macroeconomic Policy Support for Socio-economic Development in the Lao PDR, Phase 2, Main Report Vol. 2*, Tokyo: JICA, pp. 318-335.
Yokoyama, S. (2004): Forest, Ethnicity and Settlement in the Mountainous Area of Northern Laos. *Southeast Asian Studies*, 42 (2), 132-156.

コラム3：比較優位の原理と，経済のグローバル化の背景

　環境学を学び始めた者は，経済のグローバル化は絶対悪として，その本質を理解せずに批判することがある．しかし，グローバル化の根底にあるものを十分に理解していなければ，有効な議論を組み立てることはできない．そこで，本コラムでは，経済のグローバル化が進んだ背景について解説する．図の例は国際分業のメリットを説明したものである．ここでは自動車5台の生産に必要な人数は，A国では1人に対して，B国では10人である．他方で，米20トンを生産するのに必要な人数は，A国では1人に対して，B国では2人である．このように，A国はいずれの生産効率も高いという絶対的な競争力を持つものの，A国が車の生産に特化し，B国が米の生産に特化した場合，そのような国際分業を行う以前に比べて，自動車と米のどちらの生産量も増加する．このように，国々が「比較的」競争力のある産業に特化するという国際分業は，絶対的な競争力がどうであれ，それに参加する国々全体としての生産性を高める．この原理は「**比較優位の原理**」と呼ばれる．なお，この例では労働者数を商品の生産量を決める資源としているが，それが材料のような他の資源量でも基本的な考え方は変わらない．

　ここで紹介した論理は，商品の輸送コストなどを無視した単純なものである．このような国際分業の利益は，商品を国の間で輸送するコストが高いほど，失われていく．第二次大戦後に経済のグローバル化が加速した主な理由の1つは，まさにその輸送コストが下がったからである．1958年には，満載排水量10万トンを超える石油タンカーが初めて登場，その後も石油タンカーの大型化は進行し，1979年には載貨重量56万トンという史上最大の石油タンカーが日本で建造された．このような石油タンカーの大型化に伴い，大量の原油が安く輸送できるようになり，船や車両の燃料が安くなったことで，輸送コストも下がった．そして輸送コストの低下は，材料の調達価格を下げるため，輸送機材の価格を下げ，それによりさらに輸送コストが下がるという正のフィードバックをもたらした．石油価

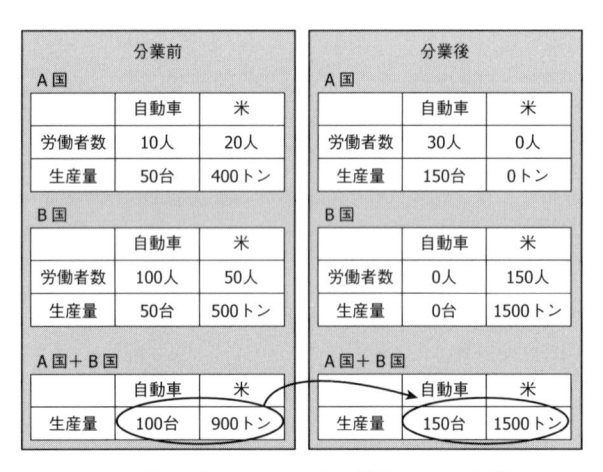

分業前		
A国		
	自動車	米
労働者数	10人	20人
生産量	50台	400トン
B国		
	自動車	米
労働者数	100人	50人
生産量	50台	500トン
A国＋B国		
	自動車	米
生産量	100台	900トン

分業後		
A国		
	自動車	米
労働者数	30人	0人
生産量	150台	0トン
B国		
	自動車	米
労働者数	0人	150人
生産量	0台	1500トン
A国＋B国		
	自動車	米
生産量	150台	1500トン

　　　　図　国際分業が，各国の生産効率に与える影響

格は 1973 年と 1979 年に始まったオイルショックの後，以前の安い水準まで戻らなかったが（図 7.2.2b），それでも，このような石油文明の仕組みが大きく変わることはなかった．人口あたりの原油採掘量は，現在までも安定した水準を保っている（図 7.2.2b）．

　気をつけなければならないのは，ここで言う効率性とは，あくまでも短期的な経済利益を最大化するという性質のものであり，食糧安全保障，文化の基盤としての農業，途上国の長期的発展戦略，地産地消の魅力などといった視点は考慮されていない点である．たとえば，化石燃料の大量消費がもたらす気候変動リスクなどは，この効率性には含まれていない．このような，ある経済活動主体の意思決定に影響を与えず，しかしその経済活動がもたらす不利益は，**外部不経済**と呼ばれる．公害は典型的な外部不経済であるが，土壌の流出や重金属汚染といった比較的ローカルな環境問題の場合は，誰が「加害者」で誰が「被害者」かがわかりやすく，よって当事者間，または国家や行政を介した対策が取られやすい．しかし，これが気候変動のようなグローバルかつ，現世代の行動が次世代に悪影響をもたらすような環境問題の場合，しかも化石燃料の使用という現代の経済メカニズムの根幹に関わる活動に対しては，そのような対策を行うことは容易ではない．

終　章　新しい環境学をめざして

終.1　環境問題の解決に貢献する学問とは

　環境問題の解決に本当に役立つ学問とは，どのようなものなのだろうか．無尽蔵の太陽エネルギーを手中に収められる太陽光発電の画期的な新技術だろうか．高レベル放射性廃棄物を無毒化できる夢のテクノロジーだろうか．はたまた，行き詰まりを見せつつあるグローバル化に代わる新しい世界の政治経済秩序の構想だろうか．そうしたものは，確かに魅力的であり，必要でもある．しかし本書では，その問いに対する1つの答えとして，臨床環境学というものを提起することにした．その中身について，最後にもう一度ふり返っておきたい．

　第I部で詳しく述べたように，近代科学は新しい技術や制度を開発することには長けていたが，技術や制度を広く社会に普及させた結果発生した，さまざまな副作用に的確に対応することができなかった．それは，近代科学の研究者の多くが，縦割りの個別学問分野の中に安住し，社会で起きている現実の問題や他の学問分野の社会への影響について，無関心だったからである．そこで，臨床環境学では，まず，あらゆる分野の研究者が，広い意味での環境問題が起こっているさまざまな現場に赴き，分野の壁を越え，学問と社会の壁も越えて，多くの人々と問題を共有し，共に悩み，共に考えることを，出発点とする．つまり，環境問題の解決をめざすというからには，環境問題を自分自身の問題として受け止める必要があると考えるのである．臨床医が患者に接する際に，患者に寄り添い患者の全生活を丸ごと理解しながら診療に臨むことが求められるように，臨床環境学では，研究者に対して，環境問題の現場・当事者に寄り添うことで，問題の社会的背景とその自然科学的メカニズムを総合的に理解した上で，適切な処方箋を提示することを求めている．

しかし，そうは言っても精神論だけでは問題は解決しない．問題を総合的に考えるということは，言うは易いが行うは難しい．「学問分野」の壁，「社会的立場」の壁は，一般の人が考えるよりもはるかに高い．そこで，本書では，臨床環境学のノウハウと実践例を詳しく紹介するとともに，これまでの個別の基礎科学とは全く違った意味で，臨床の現場での実践を支える共通の基盤として，基礎環境学というものを，合わせて提起することにした．グローバル化した今日の世界では，あらゆる環境問題の現場・当事者は，そこから遠く離れたさまざまな事象・人々と，時空を越えて深く結びついている．その事実と構造を論理的に理解することが，臨床における環境問題への対応を具体化していく上で，不可欠であると考えた．

終.2　臨床環境学の6つのキーワード

臨床環境学には，3つの対をなす，6つのキーワードがある．「診断」と「治療」，「インターディシプリナリ」と「トランスディシプリナリ」，「問題マップ」と「作業仮説ころがし」である．

今日の総合大学では，膨大な数の学問分野を見ることができるが，それらの多くが，「環境○○学」という形で，環境学の一端を担っている．こうした既存の環境○○学は，環境問題の「診断」と「治療」の2大領域のどちらか一方に位置づけられる．大きく分けて，理学や人文学などは，環境問題の「診断」を重視し，工学や農学，法学などは，環境問題の「治療」を担っているが，両領域の交流は，これまでは盛んではなかった．しかし，医療において自明なように，「診断を抜きにした治療」や「治療を目的としない診断」は存在しない．本書では，臨床の現場で問題を共有することで，「診断」と「治療」の双方の専門家が互いに深く交流し，特定の環境問題の診断から治療，さらに治療の経過観察や副作用の発見に至るまでの首尾一貫した取り組みを行えるようにする学問的営みとして，臨床環境学を提起した．

こうした「診断」と「治療」の協力は，「インターディシプリナリ」な取り組みであるが，あくまでも研究者の世界の中での話である．しかし，環境問題の背景を正確に理解し，的確に問題を解決，あるいは予防していくためには，研究者だけではなく，問題の被害者・加害者をはじめとした，あらゆるステークホルダ

ーの協力が必要である．環境問題に関わるすべてのステークホルダーの参画は，問題の発見といった研究の初期段階から，問題の原因究明，解決策の探索などの研究の成熟段階，さらに，解決策の実行から経過観察に至る研究の最終段階まで，あらゆる機会に必要であると考えられる．そうした一連の研究者と一般社会の人々の協力は，「トランスディシプリナリ」な取り組みと定義されており，臨床環境学の根幹を成している．

　そうは言っても，具体的にどのようにすれば，「インターディシプリナリ」で，「トランスディシプリナリ」な，環境問題への取り組みが可能になるのであろうか．臨床環境学では，まず，さまざまなステークホルダーが参加して，特定の環境問題の背後にある多くの要因の関係性を示した「問題マップ」を作成する．「問題マップ」は，問題を「診断」し「治療」の方法を探るためのツールであるが，研究者が専門知識を総動員して完璧なマップを作成することだけが目的なのではない．むしろ，すべてのステークホルダーが「問題マップ」の作成を通して主体的に研究に関与できるようにするため，すなわち「トランスディシプリナリティ」を実現するための手段でもある．第5章で示された「問題マップ」の多くは完成版ではなく，多様な意見に基づく暫定的なものであるが，「問題マップ」を作成したならば，次に問題解決をめざした具体的な処方箋を作成することを，臨床環境学では提案する．しかし，処方箋をいきなり全面的に社会実装することには，大きなリスクが伴うので，部分的かつ試験的な社会実施やシミュレーション実験を通した処方箋の効果の予測が必要になる．これが「作業仮説ころがし」である．処方箋の社会的試行には，さまざまなステークホルダーの協力が不可欠であるが，シミュレーションの実行は，基礎環境学が描写する環境問題の時空間的性格を深く理解している研究者の仕事になる．

　一言でまとめるならば，「診断」と「治療」の両領域にまたがる「インターディシプリナリ」な多分野の研究者たちが，多くのステークホルダーと「トランスディシプリナリ」に協力して，「問題マップ」を作成・更新しながら，「作業仮説ころがし」を繰り返すことで，より現実的で実効性があり，ネガティブな副作用の少ない問題解決の方法を，探って行くことが可能になる．大変骨の折れる面倒な取り組みであるが，これが臨床環境学の心髄であり，そうした取り組みの中で多くのステークホルダーが，研究者とともに成長していくことこそが，さまざまな環境問題の深刻化を防ぎ，持続可能な社会を実現して行くために不可欠なこと

終.3 基礎と臨床の連携による問題解決をめざして

　本書では，臨床環境学と対を成す学問分野として，第6章で基礎環境学というものを定義し，第7章でその具体化を試みた．しかし，問題の現場に根ざした「臨床」の明確さとは対照的に，「基礎」が何を担うべきなのかは理解されにくい．最もよくある受け止め方は，「基礎＝診断」，「臨床＝治療」という図式である．これは，図6.1.1に示したように，全くの誤解である．臨床に，診断と治療がともに必要なように，基礎にも，その両者が含まれるべきであると本書では考えている．第6章で定義したように，基礎環境学とは，環境問題の階層性と歴史性をキーワードにして，ともすれば近視眼的な取り組みに終始しがちな臨床環境学の実践を，より広い空間的・時間的な枠組みの中に置き直すことで，臨床環境学における「問題マップ」づくりや「作業仮説ころがし」の取り組みを，支援する学問であると言える．そしてその前提には，6.1節で述べたように，無数の臨床の現場における実践から得られた過去から現在までの知見・経験を時間・空間的に統合して行く取り組み，すなわち，臨床環境学と基礎環境学の間での不断の相互協力が求められる．

　とは言え，臨床環境学も，それを支えるべき基礎環境学も，未だ誕生したばかりである．本書に書かれているその双方の事例も，まだまだ不十分なレベルに留まっていることは，認めなければならない．しかし持続可能な社会の実現をめざして，学問が環境問題に向き合い続けるためには，問題を一気に解決してしまうような万能の巨大科学技術の構築をめざすだけではなく，あるいはそれ以上に，臨床環境学・基礎環境学という形で示したような，地道なアプローチこそが，重要なのではないだろうか．そして，そのためには，「インターディシプリナリ」な広がりを持った多くの研究者が，「トランスディシプリナリ」にさまざまなステークホルダーと協力して，自分たちと世の中の考え方を変えて行く，幅広く，粘り強い取り組みこそが必要になる．本書を読まれた多くの人々が，今後，何らかの形で，そうした取り組みに参加・連帯して行かれることを，切に願っている．

あとがき

　本書は，名古屋大学において，環境学研究科が中核となり，地球水循環研究センター，生命農学研究科生物圏資源学専攻と工学研究科社会基盤工学専攻などが連携して企画運営してきたグローバル COE プログラム「地球学から基礎・臨床環境学への展開」(2009-2013 年) の成果の中から生まれたものである．このプログラムの背景とその活動を紹介しておきたい．

　名古屋大学大学院環境学研究科は，理学，工学，文系の異なるディシプリンの出身者が地球環境科学専攻，都市環境学専攻，社会環境学専攻を構成して互いに密接に連携する，日本初の本格的文理融合型研究科として 2001 年に発足した．その際，構成員の出自である縦型ディシプリンをつないで，(a) 自然災害や高齢社会における vulnerability (綱渡りをするサーカス団員のバランス取りの困難さ) とその克服に係わる resilience (バランスを回復する復元力) を扱う学問としての「安全・安心学」と，(b) 気候変化など地球環境変動やエネルギー問題に対する人間社会の sustainability (綱の上で現在のバランスを足場として次の一歩を踏み出す動的安定性) を扱う学問としての「持続性学」という 2 つの梁を構築して新しい学理の共同制作を行うことをミッションとして掲げた．そして，ディシプリンを横断して自主的にメンバーが集まり，勉強会を続けてきた．この活動が核となり，また，先行して実施されていた 21 世紀 COE プログラム「太陽・地球・生命圏相互作用系の変動学」，脱温暖化都市研究グループ，および魅力ある大学院プログラム「社会環境学教育カリキュラムの構築：専門性に裏付けられた環境実務家養成プログラム」などの活動が融合する形で，「臨床環境学」とそれを支える「基礎環境学」という境地に到達した．

　優れた医師は，血圧や MRI 画像など検査データをよく見て科学的な診断を下した上で，薬の処方や手術などの技を駆使して治療に当たる．ところが，地球や社会の病理に関しては，診断から治療まで一貫して取り組む研究者は少ない．そこで，本グローバル COE では，環境問題に対する優れた医師を育成すべく，各国各地域で生じている問題群を科学的に診断し，それに基づいて処方箋を作成して治療に至るまで一貫して取り組める人材を育てることをめざした．すなわち，

既存の複数の学問を学んでそれらを横断的に活用しつつ，欠落するものは現場での経験から新たに自ら想像・創造して補う臨床環境学の考え方を構築し，その実践のための研修課程である On-site Research Training（ORT）において，博士課程学生が実際の現場で経験を積んだ．それと同時に，気候変動や生物多様性，水問題・大気汚染などに関する既存の学問知識と，臨床での経験から帰納された法則をつないで，診療を支える一般原理としての基礎環境学の構築を開始した．

ORTでは，経済の発展段階の異なるラオス，中国，日本の都市と農村を対象に，専門分野の異なる博士課程学生の混成チームを結成し現地に入り，そこで生じている環境問題を診断し処方箋を作成する作業に取り組んだ．学生には，単に現場で診断し直接の治療を提案するだけでなく，そこから抽出された課題を普遍化することを要求した．自然環境を巧みに利用するラオスの村人の生活ぶりを見ての「周回遅れのトップランナー」，あるいは激しい都市化が進む中国で痛感された「コントロールされた成長」の必要性などが ORT における回答の例である．さらに，現地でセミナーを開催し，診断と治療を現地の方々にも伝わる方法で発表し，意見交換することを求めた．たとえば，ラオスの村では文字が読めない人が多いため，活動の成果をラオ語とイラストで示す小冊子を作り配布もした．ORT の成果の一端は本書第 4・5 章に盛り込まれている．

ORT などの取り組みを通じて，新たな境地を切り開き，問題を柔軟に捉えて横断的につなぐ思考をするのは教員よりむしろ学生であり，彼らが先生となってしまうことが往々にしてあった．このようなグローバル複合人材が育ったことは，臨床環境学の担い手の育成という目的に対する大きな収穫であった．教員にとっても，「診断から治療まで」を合い言葉に 1 つの目標に向かって連携できたことにより，教員同士が刺激し合い，さらには学生から教えられ目から鱗という体験を通じ，新たな展望をもつ貴重な機会となった．

こうした成果から生まれた本書が，グローバル複合人材教育の場で使われるとともに，地球と社会の環境問題解決への 1 つの有力なアプローチの指針となることを切に願っている．

2014 年 8 月

林　良嗣

索　引

A–Z

Anthropocene　51
C3 型光合成　288
C4 型光合成　288
CDM　200
CO_2 の施肥効果　287
COP　13, 242
DA　125, 165, 199
Future Earth　73, 110
GgN　268
ICSU　51, 116, 242
IPCC　3, 242
ISSC　119
NPP　6, 8
ORT　137, 180, 222
PgC　6
PM2.5　34, 193
ppm　8
tipping point　51

ア　行

アイス・アルベドフィードバック　7, 25
赤潮　37, 186
足尾銅山鉱毒事件　36, 88
アラブの春　282
アルベド　5, 25, 33
暗黙知　117, 121
イースター島　28, 55
伊勢湾流域圏　168
イタイイタイ病　36, 79
遺伝子組み換え技術　283
入れ子の構造　247
インターディシプリナリ　18, 73, 96, 108, 110, 310
魚付林　93
宇宙船地球号　11
エアロゾル　6, 34, 48
栄養塩　186, 272
エネルギーフラックス　5
塩害　26, 283
オキシダント　35
オゾン層　2, 43, 60, 82, 99
オゾンホール　43, 60, 63, 65
オンサイトリサーチトレーニング　137, 180, 222
温室効果　6
温室効果ガス　4, 5, 40, 48, 287

カ　行

海水準の変動　4, 22
階層性　228, 312
開発　183
外部不経済　307
海洋酸性化　8, 44
外来種　46
科学革命　66
科学知　33, 294
科学のための科学　69
化学肥料　10, 186, 222, 262, 277
化石燃料　3, 6, 32
価値自由　11, 71
活性窒素　10, 37, 260
過適応　234
灌漑農業　25, 26
環境学　11, 15, 72
環境基本法　83
環境教育　192
環境収容力　232
環境庁　76, 81
環境問題　54, 103, 226, 309
完新世　25, 51
気候変化　4
気候変動に関する政府間パネル　3, 242
気候変動枠組条約締約国会議　13, 242
規制なき成長　193
基礎環境学　15, 225, 312
木の駅プロジェクト　153
規模の経済　279
急激な転換点　51
漁業者による植林運動　93
巨大都市　14, 187, 207
クリーン開発メカニズム　200
グローバル化　13, 177, 227, 279, 306
景域計画　253
系外惑星　3
景観生態学　256
形式知　116

欠落モデル　117
限界集落　128
顕熱　5
公害　34, 63
公害対策基本法　76, 79
光化学スモッグ　35
光合成　2, 6, 8, 58
高齢化社会　14, 128
国際科学会議　51, 242
国際資本移動　281
国土形成計画　253
国連環境開発会議　63, 82, 241
個別学問領域　68, 110, 304
コントロールされた成長　193

サ　行

再開発　183
最終氷期　22
在地の技術　302
作業仮説ころがし　18, 126, 165, 248, 251, 310
里山　11, 211
産業革命　32, 68
酸性雨　35, 82
酸素同位体比　230
シアノバクテリア　2, 58
シェールガス　286
シカ問題　170
時間発展方程式　16
資源委員会（資源調査会）　76
自然環境　11
自然哲学　67
持続可能な開発（発展）　82, 197
持続可能な社会　12
ジビエ　175
資本集約的農業　277
市民参加　119, 194
市民参加のはしご　119
社会主義新農村建設　182
社会のための科学　116
周回遅れのトップランナー　215
充足モデル　117
宿主特異性　284
ジュネーブ条約　35, 82
純一次生産量　6, 8
巡回診断　133
循環型社会　12, 271
順応的管理　255
蒸散　7, 288
商品作物　204, 265
上流・下流の問題構造　245

食糧生産　26, 259, 276
白いダム　287
シンクタンク　76, 81
人口収容力　14
真光層　8
人工林　147, 201
人材育成　136, 161
人新世　51
診断　12, 103, 218, 310
診断型学問　107, 292
診断と治療の無限螺旋　218, 271
信用リスク　281
侵略的外来種　46
森林伐採　28, 41, 55
森林利用　146, 212
人類世　51
水郷文化　180, 267
水質汚濁防止法　81, 272
垂直統合　244
水平統合　242
ストリートウッドデッキ　155
ステークホルダー　18, 96, 118, 144, 228
スプロール　210, 250
スモッグ　34
生態系サービス　45
生態系破壊　26
成長の限界　7, 18, 80
生物絶滅　24, 44, 54
生物多様性　45, 201, 242
生物濃縮　36
生命型システム　59, 237
赤外放射　5
石炭液化技術　286
石油化学コンビナート建設反対運動　91
全国総合開発計画　78, 90, 253
潜熱　5
雑木林　211
総合計画　252
創造産業　184
相転移　17
ゾーニング　246, 254

タ　行

大気CO_2濃度　8, 40
大気海洋結合大循環モデル　47
太陽放射　5
ダウンスケーリング　241, 244
田中正造　88
短期的適応性　237
炭素吸収源　8

索　引　317

炭素循環　8
地域資源　176
地域づくり　124
地球温暖化　3, 6, 47, 60, 66, 72, 99, 241
地球学　3, 16
地球環境問題　3, 11, 63, 72, 241
地球サミット　63, 82, 241
地球生命圏　3, 5, 99
地球と生命の共進化　2
地球放射　5
地産地消　14, 280
知識学　121
窒素循環　9, 37, 187, 259
知の共同デザインと共同生産　119
知の統合　292
長期的持続性　237
長距離越境大気汚染条約　35, 82
治療　12, 103, 218, 310
治療型学問　107, 292
チンタナカーン・マイ（新思考）　198
ディシプリン　68, 110, 304
天水農業　25
伝統知　118, 294
天然資源　198
統合的時空間計画　252
都市化　181, 207, 241
都市の木質化　147
土壌汚染　36
土壌流失　27, 283
土地森林分配政策　297
土地利用変化　8, 48
トップダウン政策　193
ドライビング・アクター　125, 165, 199
トランスディシプリナリ　18, 73, 96, 115, 125, 310
トンキンエゴノキ　205, 298

ナ 行

二次的自然　11, 299
認識　115
沼津コンビナート反対運動　91

ハ 行

ハーバー・ボッシュ法　33, 37, 262
排出シナリオ　48
ハビタブルゾーン　3
パラメタリゼーション　50
比較優位の原理　306
ヒト　2
一人学際　80, 111

氷期-間氷期サイクル　16, 41, 51
氷床・氷河の融解　4
貧酸素水塊　37
品種改良　278
ファシリテータ　19, 129
富栄養化　37, 185, 245, 270
不確実性　50, 118
副作用　57, 65, 106, 226, 234, 309
負担の配分　244
物質循環　7
負のスパイラル　250
文化生態学　295
分担と連携　244
放射強制力　6, 37
ボンドアルベド　5, 25, 33

マ 行

三島・沼津型　92
水惑星　7
緑の革命　39, 277, 301
緑のダム　42
水俣病　36, 79
民俗学　295
メガシティ　14, 187, 207
メキシコ湾原油流出事故　285
モード論　116
モデル地区　194
森は海の恋人　93
モンスーンアジア　145, 207, 264
問題マップ　17, 127, 169, 219, 248, 310
モントリオール議定書　43, 61, 82

ヤ 行

焼畑　199, 203, 297
焼畑休閑林　205
谷中学　90
ユーカリ植林　201
要素還元型科学　15
四日市ぜんそく　80, 90, 193

ラ 行

リン　9, 189, 272, 285
輪栽式農法　261
臨床環境学　15, 103, 109, 124, 218, 226, 309
臨床環境学研修　137, 180, 222
歴史構築型科学　16
歴史性　228, 312
歴史的町並保全　184
レジーム　17
連鎖構造（環境問題の）　57

執筆者一覧（執筆順，＊印は編者）

＊渡邊誠一郎（奥付参照，第1章，第2章扉，第3章扉）
　佐藤　　永（海洋研究開発機構地球表層物質循環研究分野，2.1，2.2，2.3，7.2，コラム3）
　安成　哲三（総合地球環境学研究所，2.2，2.3，3.1）
＊中塚　　武（奥付参照，2.4，4.1，5.5，第6章扉，6.1，6.2，第7章扉，7.1，終章）
＊王　　智弘（奥付参照，3.2，3.3，第4章扉，4.2，4.3，第5章扉，5.4）
　劉　　　晨（上智大学地球環境研究所，コラム1，5.3，7.1）
　山下　博美（立命館アジア太平洋大学アジア太平洋学部環境・開発分野，4.2，4.4）
　白井　正樹（電力中央研究所環境科学研究所，4.2）
　高野　雅夫（名古屋大学大学院環境学研究科，4.3，4.4，5.1，5.3）
　平野　恭弘（名古屋大学大学院環境学研究科，4.4，5.2）
　河村　則行（名古屋大学大学院環境学研究科，4.4）
　田代　　喬（名古屋大学減災連携研究センター，4.4）
　冨吉　満之（金沢大学人間社会研究域，4.4）
　萩原　　和（滋賀県立大学地域共生センター，4.4）
　永井　裕人（宇宙航空研究開発機構地球観測研究センター，4.4，コラム2）
　加藤　博和（名古屋大学大学院環境学研究科，4.4）
　清水　裕之（名古屋大学大学院環境学研究科，4.4，6.3，6.4）
　富田　啓介（法政大学文学部，4.4）
　佐々木康寿（名古屋大学大学院生命農学研究科，5.1）
　山崎真理子（名古屋大学大学院生命農学研究科，5.1）
　古川　忠稔（名古屋大学大学院環境学研究科，5.1）
　村山　顕人（東京大学大学院工学系研究科，5.1）
　山田　容三（名古屋大学大学院生命農学研究科，5.1）
　黒田　由彦（名古屋大学大学院環境学研究科，5.3）
　李　　全鵬（一橋大学大学院社会学研究科，5.3）
　竹中　千里（名古屋大学大学院生命農学研究科，5.4）
　横山　　智（名古屋大学大学院環境学研究科，5.4，7.3）
　岡本　耕平（名古屋大学大学院環境学研究科，5.4）
　広田　　勲（名古屋大学大学院生命農学研究科，5.4，7.3）
　林　　良嗣（名古屋大学大学院環境学研究科，あとがき）

《編者紹介》

渡邊誠一郎

1964 年生まれ
1990 年 東京大学大学院理学系研究科博士課程中途退学
      山形大学助手，名古屋大学准教授等を経て
現　在 名古屋大学大学院環境学研究科教授，理学博士
主著書 『新しい地球学――太陽-地球-生命圏相互作用系の変動学』（共編，本会，2008 年）

中塚　武

1963 年生まれ
1991 年 名古屋大学大学院理学研究科単位取得退学
      北海道大学助教授，名古屋大学教授等を経て
現　在 総合地球環境学研究所教授，博士（理学）
主著書 『環境の日本史①日本史と環境――人と自然』（共著，吉川弘文館，2012 年）

王　智弘

1973 年生まれ
2009 年 東京大学大学院新領域創成科学研究科博士課程単位取得退学
      名古屋大学大学院環境学研究科 COE 研究員等を経て
現　在 総合地球環境学研究所プロジェクト研究員，国際協力学博士
主著書 『人々の資源論――開発と環境の統合に向けて』（共著，明石書店，2008 年）

臨床環境学

2014 年 9 月 30 日　初版第 1 刷発行

定価はカバーに
表示しています

編　者　渡邊誠一郎
　　　　中塚　　武
　　　　王　智弘

発行者　石井三記

発行所　一般財団法人　名古屋大学出版会
〒464-0814　名古屋市千種区不老町 1 名古屋大学構内
　　　　　　電話(052)781-5027/FAX(052)781-0697

© Seiichiro WATANABE, et al., 2014　　　Printed in Japan
印刷・製本 ㈱太洋社　　　　　　　　　ISBN978-4-8158-0781-8
乱丁・落丁はお取替えいたします。

Ⓡ〈日本複製権センター委託出版物〉
本書の全部または一部を無断で複写複製（コピー）することは，著作権法上
での例外を除き，禁じられています。本書からの複写を希望される場合は，
必ず事前に日本複製権センター（03-3401-2382）の許諾を受けてください。

渡邊誠一郎／檜山哲哉／安成哲三編
新しい地球学
―太陽-地球-生命圏相互作用系の変動学―

B5・356 頁
本体4,800円

清水裕之／檜山哲哉／河村則行編
水の環境学
―人との関わりから考える―

菊判・332頁
本体4,500円

J. R. マクニール著　海津正倫／溝口常俊監訳
20世紀環境史

A5・416 頁
本体5,600円

G. C. デイリー／K. エリソン著　藤岡伸子他訳
生態系サービスという挑戦
―市場を使って自然を守る―

四六・392頁
本体3,400円

広木詔三編
里山の生態学
―その成り立ちと保全のあり方―

A5・354 頁
本体3,800円

出口晶子著
川辺の環境民俗学
―鮭遡上河川・越後荒川の人と自然―

A5・326 頁
本体5,500円

木村眞人編
土壌圏と地球環境問題

A5・288 頁
本体5,000円

木村眞人／波多野隆介編
土壌圏と地球温暖化

A5・260 頁
本体5,000円

谷田一三／村上哲生編
ダム湖・ダム河川の生態系と管理
―日本における特性・動態・評価―

A5・340 頁
本体5,600円